绿色建筑工程技术与实践丛书

建筑工程
施工技术与项目管理

王士超　陈　立　朱海峰　毛　竹 ◎ 主编

湖南大学出版社 · 长沙

图书在版编目(CIP)数据

建筑工程施工技术与项目管理/王士超等主编．

长沙：湖南大学出版社，2025.6.－ISBN 978-7-5667-
4098-4

Ⅰ.TU7

中国国家版本馆 CIP 数据核字第 20251QY546 号

建筑工程施工技术与项目管理

JIANZHU GONGCHENG SHIGONG JISHU YU XIANGMU GUANLI

主　　编：王士超　陈　立　朱海峰　毛　竹

责任编辑：胡戈特

印　　装：长沙市雅捷印务有限公司

开　　本：787 mm×1092 mm　1/16　印　　张：15.75　字　　数：413 千字

版　　次：2025 年 6 月第 1 版　　　印　　次：2025 年 6 月第 1 次印刷

书　　号：ISBN 978-7-5667-4098-4

定　　价：62.00 元

出 版 人：李文邦

出版发行：湖南大学出版社

社　　址：湖南·长沙·岳麓山　　邮　　编：410082

电　　话：0731-88822559(营销部),88821315(编辑室),88821006(出版部)

传　　真：0731-88822264(总编室)

网　　址：http://press.hnu.edu.cn

编委会

前　言

　　21 世纪,我国在经济、信息、科技、文化上进入了高速发展期,作为深化改革的支柱产业之一,建筑业同样获得了迅速发展。在此期间,全国各地涌现出众多具有里程碑意义的工程项目,涵盖了地铁车站、铁路站房、航空港等交通建筑,以及文化场馆、体育设施、医疗设施等公共建筑,同时,装配式建筑等新型建筑形式也得到了广泛应用。

　　在这股建设热潮中,不仅各类重点工程遍地开花,建筑工程施工技术也随之取得了卓有成效的进步。建筑工程施工技术主要指的是贯穿于整个施工项目的硬软件支持,它决定着建筑工程的质量标准、企业效益及硬核技术水平。智能建造与建筑工业化协同发展的技术创新可以提升整个项目的施工质量,并且能大大缩短项目的完成时间,建筑企业想要有长足发展,就必须大力提升自身的建筑施工技术水平。项目的施工质量、进度等问题均属于建筑工程项目管理的范畴。建筑工程项目管理是以具体的建设项目或施工项目为对象、目标、内容,不断优化目标的全过程一次性综合管理与控制过程。建筑工程项目管理的目的是使建设项目在规定的投资预算范围内,以最短的工期,安全且高质量地完成项目建设,使投资尽快发挥效益,收回投资并使投资增值。

　　本书共九章,包括绪论、地基与基础结构施工技术、主体结构施工技术、装配式建筑工程施工技术、建筑工程绿色施工技术、建筑工程项目进度管理、建筑工程项目成本管理、建筑工程项目质量管理、建筑工程项目安全管理等内容,具体介绍了建筑工程施工技术与项目管理的相关理论,以期为相关专业学生及从业人员提供参考,但须注意各地、各项目具体情况不同,在参考的过程中,应对其中有关的具体指标根据实际情况进一步细化或强化要求,对未尽事宜应予补充完善。

　　本书在编写过程中参阅、引用了国内外大量参考文献资料,在此,谨对所有指导者和原著(编)者表示衷心感谢。由于作者水平有限,书中难免有疏漏和不足,恳请广大读者提出宝贵意见。

编者
2025 年 1 月

目　　录

第1章 绪 论

1.1 建筑工程施工技术概述

1.1.1 建筑工程施工技术标准规范、规程与工法

建筑规范、规程与工法是我国建筑界常用的标准表达形式。它以建筑科学、技术和实践经验的综合成果为基础，经有关方面协商一致，由国务院有关部委批准、颁发，作为全国建筑界共同遵守的准则和依据。工程建设中的标准体系，按其等级、作用和性质的不同可分为不同类型。按等级可分为国家标准、行业(部)标准、地方标准和企业标准四级；按性质可分为强制性标准和推荐性标准；按作用可分为基础标准(如计量单位、名词术语符号、可靠度统一标准、荷载规范等)、材料标准(如钢筋、水泥及其他建筑材料标准等)、设计标准(如钢结构、混凝土结构、砌体结构设计规范等)、施工标准(如各类工程的施工验收规范)、检验评定标准(如混凝土、预制构件、建筑安装工程质量检验评定标准)。

1. 规范

建筑施工方面的规范按工业建筑工程与民用建筑工程中的各分部工程，分别有《建筑地基基础工程施工质量验收标准》(GB 50202—2018)、《砌体结构工程施工质量验收规范》(GB 50203—2011)、《混凝土结构工程施工质量验收规范》(GB 50204—2015)、《钢结构工程施工质量验收标准》(GB 50205—2020)、《木结构工程施工质量验收规范》(GB 50206—2012)、《屋面工程质量验收规范》(GB 50207—2012)、《地下防水工程质量验收规范》(GB 50208—2011)、《建筑地面工程施工质量验收规范》(GB 50209—2010)等国家级标准。由国家住房和城乡建设部等颁布实施，编号均表示"GB ××××—××××"或"GB/T ×××××—××××"字样，如"GB 50404—2017"表示《硬泡聚氨酯保温防水工程技术规范》。各分部工程的施工及验收规范中，对施工工艺要求、施工技术要点、施工准备工作内容、施工质量控制要求以及检验方法等均做了具体、明确、原则性的规定，特别是规范中的强制性规范必须执行。因此，凡新建、改建、修复等工程，在设计、施工和竣工验收时，均应遵守相应的施工及验收规范。

2. 规程

规程(规定)比规范低一个等级，是规范的具体化，是根据规范的要求对建筑安装工程的施工过程、操作方法、设备及工具的使用以及安全技术要求等所做的具体技术规定，属

一般行业或地区标准，由各部委或重要的科学研究单位编制，呈报规范的管理单位批准或备案后发布试行。它主要是为了及时推广一些新结构、新材料、新工艺而制定的标准，如《种植屋面工程技术规程》(JGJ 155—2013)、《健康住宅建设技术规程》(T/CECS 179—2023)、《现浇混凝土空心楼盖结构技术规程》(CECS 175—2004)等，除对设计计算和构造要求做出规定以外，还对其施工及验收做出规定，其内容不尽相同，根据结构与工艺特点而定。设计与施工规程(规定)一般包括：总则、设计规定、计算要求、构造要求、施工规定和工程验收，有时还附有具体内容的附录。

规程试行一段时间后，在条件成熟时也可以升级为国家规范。规程的内容不能与规范抵触，如有不同，应以规范为准。对于规范和规程中有关规定条目的解释，由其发布通知中指定单位负责。随着设计与施工水平的提高，规范和规程每隔一定时间要做修订。

3. 工法

工法是以工程为对象，以工艺为核心，运用系统工程的原理，把先进技术与科学管理结合起来，经过工程实践形成的综合配套技术的应用方法。它具有新颖、适用和保证工程质量，能提高施工效率、降低工程成本等特点。工法的内容一般应包括：工法特点、适用范围、施工程序、操作要点、机具设备、质量标准、劳动组织及安全、技术经济指标和应用实例等。

工法制度自 1989 年底在全国施工企业中施行，是一种具有指导企业施工与管理的规范性文件，并作为企业技术水平和施工能力的重要标志。工法分为一级(国家级)、二级(省部级)、三级(企业级)三个等级，一级工法由住房和城乡建设部会同国务院有关部门组织专家进行评审、认定。

从事建筑工程施工，学好用好施工规范、规程、工法是一项关键性工作，特别是国家强制性规范，施工管理人员必须遵守施行。

1.1.2　建筑工程施工技术现存问题、要点及其创新应用

现阶段，中国的经济正在持续发展当中，施工项目持续增多，而建筑工程的施工要求亦愈来愈多。基于此，建筑业也迅速发展，而传统建筑工程项目的施工要点也已愈来愈无法切合于新时期下建筑工程项目施工的具体要求。所以，建筑工程急需变革，多在施工技术要点上发力，尽可能地切合于新时期的建筑工程施工要求。基于对现阶段下建筑工程施工过程中存在问题的深层次分析，来对建筑工程的施工技术要点展开系统化、深层次的总结，并就此提出工程项目的施工技术要点及其创新方式。

1. 建筑工程施工技术现存的问题

(1)施工技术理论同工程实际存在偏差

建筑工程施工过程中的技术理论、理论模型构建往往与实际情况有一定的偏差，这是一个普遍存在的问题，容易造成施工项目的完整性和精确性不能达到期望值的现象。导致施工技术理论与实际情况产生偏差的原因是复杂多样的，比较常见的原因有：施工人员与理论技术人员之间存在较大的素质差异，由于缺乏较强的技术理论支撑，施工人员在实际操作中，不能有效做出符合技术理论的行为；施工现场的环境复杂程度往往超出理论技术

的预期，这就导致原有的理论规划难以满足实际施工的需求，为建筑工程实际运行增大了难度，影响了工程项目的最终品质。

(2)施工技术发展不足而影响施工效率与质量

目前现有的施工技术已较为完善，足以应对相对常见的施工环境。但随着越来越多的基于复杂地势环境及高技术含量的施工项目需求的出现，对施工技术提出了更高的要求。这就需要不断发展，探索出当前乃至未来可能需求的施工技术。事实上，在当前建筑施工技术的发展中，仍有相当大一部分的高精尖技术领域处于空白。对于某些复杂环境或者特殊建筑需求条件下的施工技术理论基础研究还相当薄弱，理论设计的缺失导致以现有施工技术应对此类复杂问题时的试错成本大大提高。这不仅降低了建筑施工技术与经验发展和累积的效率，也给建筑施工质量和经济性带来负面影响。除了前沿技术理论研究的缺失，基础施工人员的建筑施工理念同样相对陈旧，无法满足高强度、高精度施工作业需求，对施工的整体效率及质量保证造成影响。

2. 建筑工程的施工技术要点

(1)建筑基础结构施工技术的要点

地基施工技术是建筑基础结构施工技术的核心。在当前以高层建筑和超高层建筑为主的施工项目中，其在地基施工技术方案设计的选择上通常以桩体承力技术为主流。桩体承力技术是利用钻孔灌注形成桩体整体受力，桩体周围土层加固，进而稳固整体建筑的高层、超高层建筑地基施工技术。在加固桩体周围土层时，对含水量较大的土层，要采取防渗漏设计以降低土层含水量，并持续监测，避免土质因较软而发生坍塌。此外，在打桩前需要进行完善的土质监测和地质勘探，合理设计桩体承载力及桩体点位，保证桩体能够达到预期的设计要求。

(2)混凝土结构施工技术的要点

混凝土结构施工技术的要点涵盖多个方面，包括模板的选择与施工、钢筋的绑扎与连接、混凝土的浇筑与养护等。模板的选择应综合考虑其实用性、安全性和经济性，确保模板构造简单、支拆方便，同时满足混凝土构件的形状尺寸和强度要求。施工过程中，需严格控制模板的接缝严密性，避免漏浆，并涂刷适当的隔离剂以保证混凝土表面质量。钢筋的绑扎与连接是关键技术之一。钢筋的规格、形状、尺寸需符合设计要求，绑扎时需确保接头位置合理，避免在同一截面内接头过多。对于直径较大的钢筋，可采用机械连接或焊接方式，以提高连接强度。同时，还需注意钢筋的保护层设置，确保混凝土对钢筋的有效握裹。在混凝土浇筑过程中，应控制混凝土的坍落度和自由落体高度，避免离析现象，并采用合适的振捣方式确保混凝土密实。浇筑完成后，需及时进行养护，根据水泥品种和外加剂的使用情况确定合理的养护时间，以保证混凝土的强度和耐久性。

(3)钢结构施工技术的要点

钢结构是构建建筑主体框架的主要部分，因此钢结构施工技术及钢结构的质量决定了建筑项目的整体质量。进行钢结构施工时，尤其需要注意钢材的选择。钢材的选择需要严格遵循施工设计的要求，确保钢材的各项指标能够满足整体结构的使用。在施工过程中，需要对选择的钢材进行防锈防腐蚀处理，对特殊结构处用到的钢材，应根据其实际情况进行额外处理，例如增加防火涂料的附着，以保持高温情况下钢材维持其稳定性等。此外，钢结构在组装焊接的过程中，尤其要注意刚性节点的组装及焊接情况，确保节点处强度和稳定性。对于刚性节点的材质设计需要更高的强度，例如螺栓节点中，可以选用紧密型螺栓，确保满足设计需求和承载需求。

3. 建筑工程的施工技术要点的创新应用

(1)用结构设计优化技术确定好施工流程

结构设计优化一直是建筑施工技术研究的热点。在建筑项目设计上，对结构设计进行优化，往往能大幅降低施工难度和经费耗用，提高施工效率。较好的结构设计优化对建筑整体质量也有较大提升。因此，在建筑项目设计之初，要根据实际施工环境，综合参考优化设计，充分挖掘和利用环境便利及施工要求导向，对建筑整体、布局进行深度优化。剪力墙是其中较为经典的案例。剪力墙利用先行桩体建设，减少了暗桩的耗用，并在支撑系统完成后附加钢结构架设，增强了建筑强度的同时也缩减了工程成本。

(2)基础施工的技术要点创新应用

建筑工程基础施工的技术要点创新应用体现在多个方面，如采用先进的桩基施工技术(预应力管桩、旋挖成孔灌注桩等)，以提高地基承载力和稳定性；引入建筑信息模型(building information modeling，BIM)技术进行基础施工模拟与优化，精准预测并解决潜在问题；以及利用智能化监测设备实时监控基础施工过程中的各项参数，确保施工安全与质量。此外，还有绿色施工技术的创新应用，如采用环保材料、优化施工流程以减少对环境的影响，展现了建筑工程基础施工在技术创新与可持续发展方面的不断探索与实践。

(3)混凝土施工的技术要点创新应用

混凝土是建筑项目施工中最常见最基础的施工材料，混凝土的质量一定程度上决定了施工项目的质量。而在实际配制混凝土的过程中，尤其是复杂或极端环境下，优质混凝土的配制是相当困难的。此外，在这类极端环境下，普通混凝土无法达到原有设计的需求。因此，对混凝土施工技术进行创新尤为重要。以清水混凝土为例，由于其性质较为细腻，适用于墙体粉饰。在配制此类特殊混凝土时，需要预先为其提供适宜的温度和水。除此之外，对于混凝土吸水后的色泽变化和硬度变化也需要提前考虑，对已配置的混凝土进行干燥处理。确保其长期不变性，以达到工程需要。

综上所述，现阶段国内的建筑工程施工要点具体囊括了建筑基础结构施工、混凝土结构施工、钢结构施工这三大领域，而若是要针对它们来加以创新应用，则可借助于结构设计优化的技术来对设计施工流程进行辅助，并且，基础部分的施工以及混凝土系统的施工均可运用新技术来提高建筑物的性能，相信在日后的建筑施工之中，组装型建筑的建设模式将会被大加应用，基于此来提高建筑工程的建设效率及质量。并且还要针对有关人员完成培训，新型技术的选出要能够有专业的从业人员来全面掌握，而要将新技术掌握好却并不是易事，故而，建筑单位需要注重人员方面的特别培训，让他们能够掌握相应的技术。

1.2 建筑工程项目管理概述

1.2.1 项目管理的发展背景

1. 项目管理的来源

古代埃及建筑的金字塔、古代中国开凿的大运河和修筑的万里长城等许多建筑工程都可以被认为是人类祖先完成的优质项目。有项目就必然会存在项目管理问题。古代对项目的管理主要是凭借建筑师个人的经验、智慧，依靠个人的才能和天赋进行的，还谈不上应用科学的、标准化的管理方法。

近代的项目管理是随着管理科学的发展而发展起来的。1917 年，亨利·甘特发明了著名的甘特图。甘特图被用于车间日常工作安排，经理们按日历徒手画出要做的任务图表。20 世纪 50 年代后期，美国杜邦公司路易斯维化工厂创造了关键路径法(critical path method，CPM)。使用 CPM 进行研究和开发、生产控制和计划编排，大大缩短了完成预定任务的时间，并节约了 10% 左右的成本，取得了显著的经济效益。同一时期，美国海军在研究开发北极星(Polaris)号潜水舰艇所采用的远程导弹 F. B. M 的项目中开发出计划评审技术(program E-valuation and review technique，PERT)。PERT 的应用使美国海军部门顺利解决了组织、协调参加这项工程的遍及美国 48 个州的 200 多个主要承包商和 11000 多个企业的复杂问题，节约了投资，缩短工期近 25%。其后，随着网络计划技术的广泛应用，该项技术可节约投资 10%～15%，缩短工期 15%～20%，而编制网络计划所需要的费用仅为总费用的 0.1%。

20 世纪 80 年代，信息化在世界范围内蓬勃发展，全球性的生产能力开始形成，现代项目管理逐步发展起来。项目管理快速发展的原因主要有以下几方面。

(1)应对激烈的竞争

当前，世界经济正在进行全球范围的结构调整，竞争和兼并激烈，使得各个企业需要重新考虑如何进行业务的开展，如何赢得市场、赢得消费者。要抓住经济全球化、信息化的发展机遇，最重要的就是创新。为了具有竞争能力，各个企业不断地降低成本，加速新产品的开发速度。为了缩短产品的开发周期，缩短从概念到产品推向市场的时间，提高产品质量，降低成本，必须围绕产品重新组织人员，将从事产品创新活动、计划、工程、财务、制造、销售等的人员组织到一起，从产品开发到市场销售全过程，形成一个项目团队。

(2)适应现代复杂项目的管理

项目管理的吸引力在于，它使企业能处理需要跨领域解决方案的复杂问题，并能实现更高的运营效率。可以根据需要把一个企业的若干人员组成一个项目团队，这些人员可以来自不同的职能部门。与传统的管理模式不同，项目不是通过行政命令体系来实施的，而是通过所谓的"扁平化"的结构来实施的，其最终的目的是使企业或机构能够按时在预算范围内实现其目标。

（3）适应以用户满意为核心的服务理念

传统项目管理的三大要素分别是时间、成本和质量指标。评价项目成功与否的标准也就是这三个条件满足与否。除此之外，现在最能体现项目成功的标志是客户和用户的认可与满意。使客户和用户满意是现今企业发展的关键要素，这就要求企业必须加快决策速度、给职员授权。项目经理的角色从活动的指挥者变成了活动的支持者，他们尽全力使项目团队成员尽可能有效地完成工作。

正是在上述背景下，经过工程界和学术界不懈的努力，项目管理已从经验上升为理论，并成为与实际结合的一门现代管理学科。

2. 项目管理的发展

作为新兴的学科，项目管理来自工程实践，又最终用来指导各行各业的工程实践。在这个反复交替、不断提高的过程中，项目管理要吸收其他学科的知识和成果。在项目管理的过程中，至少涉及建设方、承建方和监理方三方。要想把项目管好，这三方必须对项目管理有一致的认识，遵循科学的项目管理方法，这就是"三方一法"。只有这样，步调才能一致，避免无谓的纠纷，协力把项目完成。

与其他学科一样，项目管理这门学科的成长和发展也需要一个漫长的过程，而且是永无止境的。分析当前国际项目管理学科的发展现状，可以发现它有三个特点：全球化的发展、多元化的发展和专业化的发展。

20世纪60年代由我国数学家华罗庚引入的PERT技术、网络计划与运筹学相关的理论体系，是我国现代项目管理学科第一发展阶段的重要成果。

1982年的鲁布革水电站项目是利用世界银行贷款开展的项目，并且是我国第一次聘请外国专家，采用国际招标的方法，运用项目管理进行建设的水利工程项目。项目管理的运用，大大缩短了工期，降低了项目造价，取得了明显的经济效益。随后在二滩水电站、三峡水利枢纽工程、小浪底水利枢纽工程和其他大型工程的建设中都相应采用了项目管理这一有效手段，并取得了良好的效果。

1991年，我国成立了中国项目管理研究委员会（Project Management Research Committee，China，PMRC），随后出版了刊物《项目管理》，建立了许多项目管理网站，有力地推动了我国项目管理的研究和应用。

我国虽然在项目管理方面取得了一些进展，但是与发达国家相比仍有一定的差距。统一的、体系化的项目管理思想还没有在我国得到普及和贯彻，目前，虽然承建方和监理方的项目管理水平有很大的进步，但建设方的项目管理意识和水平仍有待提高。

1.2.2 建筑工程项目管理的含义、特点与内容

1. 建筑工程项目管理的含义

建筑工程项目管理的内涵：自项目开始至项目完成，通过项目策划和项目控制，以使项目的费用目标、进度目标和质量目标得以实现。

"自项目开始至项目完成"指的是项目的实施期；"项目策划"指的是目标控制前的一系列筹划和准备工作；"费用目标"对业主而言是投资目标，对施工方而言是成本目标。项目决策期管理工作的主要任务是确定项目的定义，而项目实施期管理工作的主要任务是通过

管理使项目的目标得以实现。

项目是一种一次性的工作，它应当在规定的时间内，在明确的目标和可利用资源的约束下，由专门组织起来的人员运用多种学科知识来完成。美国项目管理学会（Project Management Institute，PMI）对项目的定义是：将人力资源和非人力资源组合成一个短期组织以达到一个特殊目的。

2. 建筑工程项目管理的特点

（1）复杂性

工程项目建设时间跨度长，涉及面广，过程复杂，内外部各环节链接运转难度大。项目管理需要各方面人员组成协调的团队，要求全体人员能够综合运用专业技术和经济、法律等知识，步调一致地进行工作，随时解决工程项目建设过程中出现的问题。

（2）一次性

工程项目具有一次性的特点，没有完全相同的两个工程项目。即使是十分相似的项目，在时间、地点、材料、设备、人员、自然条件以及其他外部环境等方面也都存在差异。项目管理者在项目决策和实施过程中，必须从实际出发，结合项目的具体情况，因地制宜地处理和解决工程项目实际问题。因此，项目管理就是将前人总结的建设知识和经验，创造性地运用于工程管理实践。

（3）寿命周期性

项目有明确的结束点，即任何项目都有其产生、发展和结束的时间，也就是项目具有寿命周期。在寿命周期内，不同的阶段有其特定的任务、程序和内容。

（4）专业性

工程项目管理需对资金、人员、材料、设备等多种资源进行优化配置和合理使用，专业技术性强，需要专门机构、专业人才来进行。

3. 建筑工程项目管理的基本内容

建筑工程项目管理的基本内容包括以下八个方面。

（1）进度控制

进度控制包括方案的科学决策、计划的优化编制和实施有效控制三个方面的任务：方案的科学决策是实现进度控制的先决条件，它包括方案的可行性论证、综合评估和优化决策，只有决策出优化的方案，才能编制出优化的计划；计划的优化编制包括科学确定项目的工序及其衔接关系、持续时间以及编制优化的网络计划和实施措施，是实现进度控制的重要基础；实施有效控制包括同步跟踪、信息反馈、动态调整和优化控制，是实现进度控制的根本保证。

（2）投资控制

投资控制包括编制投资计划、审核投资支出、分析投资变化情况、研究投资减少途径和采取投资控制措施等五项任务。前两项是对投资的静态控制，后三项是对投资的动态控制。

（3）质量控制

质量控制包括制定各项工作的质量要求及质量事故预防措施、制定各个方面的质量监督和验收制度，以及制定各个阶段的质量事故处理和控制措施等三个方面的任务。制定的质量要求要具有科学性，质量事故预防措施要具备有效性。质量监督和验收包含对设计质量、施工质量及材料设备质量的监督和验收，要严格检查制度和加强分析。质量事故处理与控制要对每一个阶段均严格管理和控制，采取细致而有效的质量事故预防和处理措施，以确保质量目标的实现。

（4）合同管理

建筑工程项目合同是业主和参与项目实施各主体之间明确责任、权利和义务关系的具有法律效力的协议文件，也是运用市场经济体制、组织项目实施的基本手段。从某种意义上讲，项目的实施过程就是建设工程项目合同订立和履行的过程。一切合同所赋予的责任、权利履行到位之日，也就是建设工程项目实施完成之时。

建筑工程项目合同管理，主要是指对各类合同的依法订立过程和履行过程的管理，包括合同文本的选择，合同条件的协商、谈判，合同书的签署；合同的履行、检查、变更和违约、纠纷的处理；索赔事宜的处理工作；总结评价等内容。

（5）组织协调

组织协调是工程项目管理的职能之一，是实现项目目标必不可少的方法和手段。在项目实施过程中，项目的参与单位需要处理和调整众多复杂的业务组织关系。组织协调的主要内容如下。

①外部环境协调。与政府管理部门之间的协调，如与规划部门、城建部门、市政部门、消防部门、人防部门、环保部门、城管部门的协调；资源供应方面的协调，如供水、供电、供热、电信、通信、运输和排水等方面的协调；生产要素方面的协调，如图纸、材料、设备、劳动力和资金方面的协调；社区环境方面的协调等。

②项目参与单位之间的协调。项目参与单位主要有业主、监理单位、设计单位、施工单位、供货单位、加工单位等。

③项目参与单位内部的协调。项目参与单位内部各部门、各层次之间及个人之间的协调。

（6）风险管理

随着工程项目规模的大型化和工艺技术的复杂化，项目管理者所面临的风险越来越多。工程建设的客观现实告诉人们，要保证建设工程项目的投资效益，就必须对项目风险进行科学管理。

风险管理是一个确定和度量项目风险以及制定、选择和管理风险处理方案的过程，其目的是通过风险分析减少项目决策的不确定性，以使决策更加科学，并在项目实施阶段保证目标控制的顺利进行，更好地实现项目的质量目标、进度目标和投资目标。

（7）信息管理

信息管理是工程项目管理的基础工作，是实现项目目标控制的保证。只有不断提高信息管理水平，才能更好地承担起项目管理的任务。

工程项目的信息管理主要是指对有关工程项目的各类信息的收集、储存、加工整理、传递与使用等一系列工作。信息管理的主要任务是及时、准确地向项目管理各级领导、各参加单位及各类人员提供所需的综合程度不同的信息，以便在项目进展的全过程中动态地进行项目规划，迅速正确地进行各种决策，并及时检查决策执行结果，反映工程实施中暴露的各类问题，为项目总目标服务。

信息管理工作的好坏将直接影响项目管理的成败。在我国工程建设的长期实践中，缺乏信息，难以及时取得信息，所得到的信息不准确或信息的综合程度不满足项目管理的要求，信息存储分散等原因，会造成项目决策、控制、执行和检查困难，以致影响项目总目标实现的情况屡见不鲜，这应该引起广大项目管理人员的重视。

(8)环境保护

工程建设可以改造环境、为人类造福，优秀的设计作品还可以增添社会景观，给人们带来观赏价值，但一个工程项目的实施过程和结果也存在着影响甚至恶化环境的种种因素。因此，应在工程建设中强化环保意识，把环境保护和避免损害自然环境、破坏生态平衡、污染空气和水质、扰动周围建筑物和地下管网作为项目管理的重要任务。项目管理者必须充分研究和掌握国家和地区的有关环保法规和规定，对于环保方面有要求的建设工程项目，在项目可行性研究和决策阶段，必须提出环境影响报告及其对策措施，并评估其措施的可行性和有效性，严格按建设程序向环保管理部门报批。在项目实施阶段，做到主体工程与环保措施工程同步设计、同步施工、同步投入运行。在工程施工承发包中，必须把依法做好环保工作列为重要的合同条件加以落实，并在施工方案的审查和施工过程中，始终把落实环保措施、克服建设公害作为重要的内容，并予以密切注视。

1.2.3 建筑工程项目管理的主体与任务

一个建筑工程项目往往由许多参与单位承担不同的建设任务和管理任务(如勘察、土建设计、工艺设计、工程施工、设备安装、工程监理、建设物资供应、业主方管理、政府主管部门的管理和监督等)，各参与单位的工作性质、工作任务和利益不尽相同，因此，就形成了代表不同利益方的项目管理。由于业主方既是建筑工程项目实施过程(生产过程)的总集成者(人力资源、物质资源和知识的集成)，也是建筑工程项目生产过程的总组织者，因此，对于一个建设工程项目而言，业主方的项目管理往往是该项目的项目管理的核心。

按建筑工程项目不同主体的工作性质和组织特征划分，项目管理有以下几种类型。

①业主方的项目管理，如投资方和开发方的项目管理，或由工程管理咨询公司提供的代表业主方利益的项目管理服务。

②设计方的项目管理。

③施工方的项目管理(施工总承包方、施工总承包管理方和分包方的项目管理)。

④建设物资供货方的项目管理(材料和设备供应方的项目管理)。

⑤建筑项目总承包(或称建设项目工程总承包、工程总承包)方的项目管理。如设计和施工任务综合的承包，或设计、采购和施工任务综合的承包[简称 EPC(engineering、procurement、construction，采购、设计、施工)承包]的项目管理等。

1. 业主方的项目管理

业主方的项目管理服务于业主的利益。业主方项目管理的目标包括项目的投资目标、进度目标和质量目标。投资目标指的是项目的总投资目标；进度目标指的是项目动用的时间目标，也即项目交付使用的时间目标，如工厂建成可以投入生产、道路建成可以通车、办公楼可以启用、旅馆可以开业的时间目标等；质量目标不仅涉及施工的质量，还包括设计质量、材料质量、设备质量和影响项目运行或运营的环境质量等，质量目标包括满足相应的技术规范和技术标准的规定，以及满足业主方相应的质量要求。

项目的投资目标、进度目标和质量目标之间既有矛盾的一面，也有统一的一面，它们之间的关系是对立的统一关系：要加快进度往往需要增加投资，要提高质量往往也需要增加投资，过度地缩短进度会影响质量目标的实现，这都表现了目标之间关系矛盾的一面；但通过有效的管理，在不增加投资的前提下，也可缩短工期和提高工程质量，这反映了目标之间关系统一的一面。

业主方的项目管理工作涉及项目实施阶段的全过程，即在设计前的准备阶段、设计阶段、施工阶段、动用前准备阶段和保修期分别进行以下工作。

①安全管理。

②投资控制。

③进度控制。

④质量控制。

⑤合同管理。

⑥信息管理。

⑦组织协调。

其中安全管理是项目管理中最重要的任务，因为安全管理关系到人身的健康与安全，而投资控制、进度控制、质量控制和合同管理等则主要涉及物质的利益。

2. 设计方的项目管理

作为项目建设的一个参与方，设计方的项目管理主要服务于项目的整体利益和设计方本身的利益。由于项目的投资目标能否得以实现与设计工作密切相关，因此，设计方项目管理的目标包括设计的成本目标、设计的进度目标和设计的质量目标以及项目的投资目标。

设计方的项目管理工作主要在设计阶段进行，但也涉及设计前的准备阶段、施工阶段、动用前准备阶段和保修期。设计方项目管理的任务包括以下几项。

①与设计工作有关的安全管理。

②设计成本控制和与设计工作有关的工程造价控制。

③设计进度控制。

④设计质量控制。

⑤设计合同管理。

⑥设计信息管理。

⑦与设计工作有关的组织和协调。

3. 施工方的项目管理

(1)施工方项目管理的目标

由于施工方是受业主方的委托承担工程建设任务，施工方必须树立服务观念，为项目建设服务，为业主提供建设服务，另外，合同也规定了施工方的任务和义务，因此，作为项目建设的一个重要参与方，施工方的项目管理不仅应服务于施工方本身的利益，也必须服务于项目的整体利益。项目的整体利益和施工方本身的利益是对立的统一关系，两者有其矛盾的一面，也有其统一的一面。

施工方项目管理的目标应符合合同的要求，包括以下几项。

①施工的安全管理目标。

②施工的成本目标。

③施工的进度目标。

④施工的质量目标。

如果采用工程施工总承包模式或工程施工总承包管理模式，施工总承包方或施工总承包管理方必须按工程合同规定的工期目标和质量目标完成建设任务，而施工总承包方或施工总承包管理方的成本目标是由施工企业根据其生产和经营的情况自行确定的。分包方必须按工程分包合同规定的工期目标和质量目标完成建设任务。分包方的成本目标是该施工企业内部自行定的。

按国际工程的惯例，当指定分包商时，由于指定分包商合同在签约前必须得到施工总承包方或施工总承包管理方的认可，因此，施工总承包方或施工总承包管理方应对合同规定的工期目标和质量目标负责。

（2）施工方项目管理的任务

施工方项目管理的任务包括以下内容。

①施工安全管理。

②施工成本控制。

③施工进度控制。

④施工质量控制。

⑤施工合同管理。

⑥施工信息管理。

⑦与施工有关的组织与协调等。

施工方的项目管理工作主要在施工阶段进行，但由于设计阶段和施工阶段在时间上往往是交叉的，因此，施工方的项目管理工作也会涉及设计阶段。在动用前准备阶段和保修期施工合同尚未终止期间，还有可能出现涉及工程安全、费用、质量、合同和信息等方面的问题，因此，施工方的项目管理也涉及动用前准备阶段和保修期。

从 20 世纪 80 年代末开始，我国的大中型建设工程项目引进了为业主方服务（或称代表业主利益）的工程项目管理咨询服务，这属于业主方项目管理的范畴。在国际上，工程项目管理咨询公司不仅为业主提供服务，而且向施工方、设计方和建设物资供应方提供服务。因此，不能认为施工方的项目管理只是施工企业对项目的管理。施工企业委托工程项目管理咨询公司对项目管理的某个方面提供的咨询服务也属于施工方项目管理的范畴。

4. 建设物资供货方的项目管理

作为项目建设的一个参与方，建设物资供货方的项目管理主要服务于项目的整体利益和建设物资供货方本身的利益。建设物资供货方项目管理的目标包括建设物资供货方的成本目标、供货的进度目标和供货的质量目标。

建设物资供货方的项目管理是指对材料和设备供应方的项目管理，工作主要在施工阶段进行，但它也涉及设计准备阶段、设计阶段、动用前准备阶段和保修期。建设物资供货方的项目管理的主要任务如下。

①供货的安全管理。

②建设物资供货方的成本控制。

③供货的进度控制。

④供货的质量控制。

⑤供货合同管理。

⑥供货信息管理。

⑦与供货有关的组织与协调。

5. 建筑项目总承包方的项目管理

(1)建筑项目总承包方项目管理的目标

由于建筑项目总承包方是受业主方的委托而承担工程建设任务,项目总承包方必须树立服务观念,为项目建设服务,为业主提供建设服务。另外,合同也规定了建筑项目总承包方的任务和义务,因此,作为项目建设的一个重要参与方,建筑项目总承包方的项目管理主要服务于项目的整体利益和建设项目总承包方本身的利益。建筑项目总承包方项目管理的目标应符合合同的要求,包括以下几项。

①工程建设的安全管理目标。

②项目的总投资目标和建设项目总承包方的成本目标(前者是业主方的总投资目标,后者是项目总承包方本身的成本目标)。

③建设项目总承包方的进度目标。

④建设项目总承包方的质量目标。

建筑项目总承包方项目管理工作涉及项目实施阶段的全过程,即设计前的准备阶段、设计阶段、施工阶段、动用前准备阶段和保修期。

(2)建筑项目总承包方项目管理的任务

建筑项目总承包方项目管理的主要任务如下。

①安全管理。

②项目的总投资控制和建设项目总承包方的成本控制。

③进度控制。

④质量控制。

⑤合同管理。

⑥信息管理。

⑦与建设项目总承包方有关的组织和协调等。

(3)建筑项目总承包方项目管理的内容

在《建设项目工程总承包管理规范》(GB/T 50358—2017)中对项目总承包管理的内容做了以下的规定。

①工程总承包管理应包括项目经理部的项目管理活动和工程总承包企业职能部门参与的项目管理活动。

②工程总承包项目管理的范围应由合同约定。根据合同变更程序提出并经批准的变更范围也应列入项目管理范围。

③工程总承包项目管理的主要内容如下。

a. 任命项目经理,组建项目经理部,进行项目策划并编制项目计划。

b. 实施设计管理、采购管理、施工管理、试运行管理。

c. 进行项目范围管理,进度管理,费用管理,设备材料管理,资金管理,质量管理,安全、职业健康和环境管理,人力资源管理,风险管理,沟通与信息管理,合同管理,现场管理,项目收尾等。

第2章 地基与基础结构施工技术

2.1 基坑工程施工技术

建筑基坑指为进行建筑物基础、地下建筑物施工而开挖形成的地面以下的空间。随着经济的发展和城市化进程的加快，城市人口密度不断增大，城市建设向纵深方向飞速发展，地下空间的开发和利用成为一种必然，基坑工程的数量日益增多，规模不断扩大，基坑复杂性和技术难度也随之增大。大规模的高层建筑地下室、地下商场的建设和大规模的市政工程如地下停车场、大型地铁车站、地下变电站、地下通道、地下仓库、大型排水及污水处理系统和地下民防工事等的施工都面临深基坑工程施工问题，并且不断刷新着基坑工程的规模、深度和难度纪录。

2.1.1 土方开挖准备工作与基坑降水

1. 土方开挖前的准备工作

土方工程施工前通常须完成下列准备工作：施工场地清理；地面水排除；临时道路的修筑；油燃料和其他材料的准备；供电与供水管线的敷设；临时停机棚和修理间等的搭设；土方工程的测量放线和施工组织设计的编制等。

(1)施工场地清理

施工场地清理包括清理地面及地下的各种障碍。在施工前应拆除旧有房屋和古墓，拆迁或改建通信设施、电力设备、上(下)水道以及地下建筑物，迁移树木，去除耕植土及河塘淤泥等。此项工作由业主委托有资质的拆卸(拆除)公司或建筑施工公司完成，产生的费用由业主承担。

(2)地面水排除

场地内低洼地区的积水必须排除，同时应注意雨水的排除，使场地保持干燥，以利于土方施工。地面水的排除一般采用排水沟、截水沟、挡水土坝等措施。

应尽量利用自然地形来设置排水沟，使水直接排至场外或流向低洼处用水泵抽走。主排水沟最好设置在施工区域的边缘或道路的两旁，其横断面和纵向坡度应根据最大流量确定。一般排水沟的横断面尺寸不小于 0.5 m×0.5 m，纵向坡度一般不小于 2%。在场地平整过程中，要使排水沟保持畅通，必要时应设置涵洞。山区的场地平整施工，应在较高一面的山坡上开挖截水沟。在低洼地区施工时，除开挖排水沟外，必要时还应修筑挡水土坝，以阻挡雨水的流入。

（3）修筑临时设施

修筑好临时道路及供水、供电等临时设施，并做好材料、机具及土方机械的进场工作。

（4）土方工程的测量放线

放灰线时，可用装有石灰粉末的长柄勺靠着木质板侧面，边撒边走，在地上撒出灰线，标出基础挖土的界线。

①基槽放线。根据房屋主轴线控制点，首先将外墙轴线的交点用木桩测设在地面上，并在桩顶钉上钢钉作为标志；房屋外墙轴线测定以后，再根据建筑物平面图，将内部开间所有轴线都一一测出；最后根据中心轴线用石灰在地面上撒出基槽开挖边线。同时，在房屋四周设置龙门板或者在轴线延长线上设置轴线控制桩（又称引桩），以便基础施工时复核轴线位置。附近若有建筑物，也可用经纬仪将轴线投测在建筑物的墙上。恢复轴线时，只要将经纬仪安置在某轴线一端的控制桩上，瞄准另一端的控制桩，该轴线即可恢复。为了控制基槽开挖深度，当快挖到槽底设计标高时，可用水准仪根据地面相对标高，在基槽壁上每隔 2.0～4.0 m 及拐角处打一水平桩（作为清理槽底和打基础垫层、控制高程的依据）。测设时，应使桩的上表面与槽底设计标高间的距离为整分米数。

②柱基放线。在基坑开挖前，从设计图上核对基础的纵、横轴线编号和基础施工详图，根据柱子的纵、横轴线，用经纬仪在矩形控制网上测定基础中心线的端点，同时在每个柱基中心线上，测定基础定位桩，在每个基础的中心线上设置四个定位木桩，其桩位与基础开挖线的距离为 0.5～1.0 m。若基础之间的距离不大，可每隔 1～2 个基础打一定位桩，但两定位桩的间距不宜超过 20 m，以便拉线恢复中间柱基的中线。在桩顶上钉钉，标明中心线的位置，然后按施工图上柱基的尺寸和已经确定的挖土边线的尺寸，放出基坑上口挖土灰线，标出挖土范围。当基坑挖到一定深度时，应在坑壁四周距离坑底设计高程 0.3～0.5 m 处测设几个水平桩，作为基坑修坡和检查坑深的依据。

大基坑开挖时，根据房屋的控制点用经纬仪放出基坑四周的挖土边线。

2. 基坑（槽、沟）降水

在开挖基坑或沟槽时，土壤的含水层常被切断，导致地下水不断地渗入坑内。雨期施工时，地面水也会流入坑内。为了保证施工的正常进行，防止边坡塌方和地基承载能力下降，必须做好基坑降水工作。基坑降水方法可分为明排水法（如集水井、明渠等）和人工降低地下水水位法两种。

（1）明排水法

施工现场常采用的方法是截流、疏导、抽取。截流是将流入基坑的水流截住；疏导是将积水疏干；抽取是在基坑或沟槽开挖时，在坑底设置集水井，并沿坑底的周围或中央开挖排水沟，使水由排水沟流入集水井内，然后用水泵抽出坑外。

四周的排水沟及集水井一般应设置在基础范围以外，地下水水流的上游。基坑面积较大时，可在基础范围内设置盲沟排水。根据地下水水量、基坑平面形状及水泵能力，集水井每隔 20.0～40.0 m 设置一个。

集水井的直径或宽度一般为 0.6～0.8 m；其深度随着挖土的加深而增加，要始终低于挖土面 0.7～1.0 m，井壁可用竹、木等简易加固。当基坑挖至设计标高后，井底应低于坑底 1.0～2.0 m，并铺设 0.3 m 碎石滤水层，以免在抽水时将泥砂抽出，并防止井底的土被搅动。必要时坑壁可用竹、木等材料加固。

（2）人工降低地下水水位法

人工降低地下水水位法就是在基坑开挖前，预先在基坑四周埋设一定数量的滤水管（井），在基坑开挖前和开挖过程中，利用真空原理，不断抽出地下水，使地下水水位降低到坑底以下，从根本上解决地下水涌入坑内的问题；防止边坡由于受地下水流的冲刷而引起塌方；使坑底的土层消除地下水水位差引起的压力，也防止坑底土上冒；没有了水压力，可使板桩减少横向载荷；由于没有地下水的渗流，也就防止了流砂现象的产生。降低地下水水位后，由于土体固结，还能使土层密实，增加地基土的承载能力。

细颗粒（颗粒粒径为 0.005～0.050 mm）、均匀颗粒、松散（土的天然孔隙比大于75％）、饱和的土容易发生流砂现象，但出现流砂现象的重要条件仍是动水压力大。因此，防治流砂应着眼于减小或消除动水压力。

防治流砂的方法主要有水下挖土法、打板桩法、抢挖法、地下连续墙法、枯水期施工法及井点降水法等。

①水下挖土法。水下挖土法即不排水施工，使坑内外的水压互相平衡，不致形成动水压力，如沉井施工，不排水下沉，进行水中挖土、水下浇筑混凝土等，是防治流砂的有效措施。

②打板桩法。打板桩法是将板桩沿基坑周围打入不透水层，以起到截住水流的作用；或者打入坑底面一定深度，这样将地下水引至桩底以下才流入基坑，不仅增加了渗流长度，而且改变了动水压力的方向，从而达到减小动水压力的目的。

③抢挖法。抢挖法即抛大石块、抢速度施工，如在施工过程中发生局部的或轻微的流砂现象，可组织人力分段抢挖，挖至标高后，立即铺设芦席并抛大石块，增加土的压重以平衡动水压力，力争在产生流砂现象前，将基础分段施工完毕。

④地下连续墙法。地下连续墙法是沿基坑的周围先浇筑一道钢筋混凝土的地下连续墙，从而起到承重、截水和防止流砂的作用。地下连续墙也是深基础施工的可靠支护结构。

⑤枯水期施工法。枯水期施工法即选择枯水期间施工，由于此时地下水水位低，坑内外水位差小，动水压力减小，从而可预防或减轻流砂现象。

⑥井点降水法。以上几种方法都有较大的局限，应用范围窄，而采用井点降水法可将地下水水位降到基坑底以下，使动水压力方向朝下，增大土颗粒间的压力，则无论对细砂、粉砂，都一劳永逸地消除了流砂现象。井点降水法是避免流砂危害的常用方法。

2.1.2 基坑支护

1. 基坑支护总体方案

基坑支护总体方案的选择直接关系到工程造价、施工进度与周围环境的安全。总体方案主要有顺作法和逆作法两种基本形式，它们各有特点。在同一个基坑工程中，顺作法和逆作法也可以在不同的基坑区域组合使用，从而在特定条件下满足工程的技术经济要求。

（1）顺作法

定义：先施工周边围护结构，然后由上而下分层开挖，并依次设置水平支撑（或锚杆系统），开挖至坑底后，再由下而上施工主体地下结构基础底板、竖向墙柱构件及水平楼板构件，并按一定的顺序拆除水平支撑系统，进而完成地下结构施工的过程。

特点：施工工艺成熟，支护结构体系与主体结构相对独立，设计、施工均比较便捷，对施工单位的管理和技术水平要求相对较低。

（2）逆作法

定义：每开挖一定深度的土体后，即支设模板浇筑永久的结构梁板，用以代替常规顺作法的临时支撑，以平衡作用在围护墙上的土压力。因此当开挖结束时，地下结构即已施工完成。

特点：能够缩短工程总工期，减少临时支撑的设置和拆除，经济性好，且有利于降低能耗、节约资源。但技术复杂，对施工技术要求高，如立柱和立柱桩的承载能力、垂直度控制等。

2. 基坑支护方法分类

基坑支护方法多种多样，可以根据不同的工程条件、地质情况、基坑深度等因素进行选择。常见的支护方法如下。

（1）放坡开挖及简易支护

适用于基坑开挖深度较浅、场地开阔且周围无重要建筑物的情况，包括放坡开挖、辅以坡脚短桩、隔板或其他简易支护形式。

（2）直立式围护体系

①水泥土重力式围护。利用水泥土的重力作用形成挡土结构，适用于开挖深度不大的基坑。

②土钉支护。通过土钉与土体的共同作用形成支护结构，适用于有一定开挖深度的基坑。

③悬臂板式支护。采用具有一定刚度的板式支护体，如钻孔灌注桩或地下连续墙，适用于中等开挖深度且对围护变形有一定控制要求的基坑。

（3）板式支护体系

由围护墙和内支撑（或锚杆）组成，围护墙种类多样，如地下连续墙、灌注排桩围护墙等。内支撑可采用钢支撑或钢筋混凝土支撑，适用于基坑周边环境条件复杂、变形控制要求高的软土地区。

（4）其他支护方法

如门架式支护结构、重力式门架支护结构、拱式组合结型支护结构、沉井支护结构等。

基坑支护方法种类繁多，每一种支护方法都有一定的适用范围，也都有其相应的优点和缺点，一定要因地制宜，选用合理的支护方式，具体工程中采用何种支护方法主要根据基坑开挖深度、岩土性质、基坑周围场地情况以及施工条件等因素综合考虑决定。

2.2 基础工程施工技术

基础工程是基础的设计与施工工作，以及有关的工程地质勘察、基础施工所需基坑的开挖、支护、降水和地基处理工作的总称。

2.2.1　基础概述

房屋建筑均由上部结构和基础两大部分组成。一般以室外地面整平标高为基准，地面标高以上部分称为上部结构，地面标高以下部分称为基础。基础埋置于地面以下承受上部结构荷载，并将荷载传递给下卧层的人工构筑物。

上部结构的荷载通过基础传至地层，使其产生应力和变形。随着深度增加，地层中应力向四周深部扩散，并迅速减弱。到某一深度后，上部荷载引起的应力与变形已很小，对工程已无实际意义而可忽略。故一般将基础底部标高至该深度范围内的地层统称为建筑物的地基。对地基承载力和变形起主要作用的地层称为地基主要受力层，简称地基受力层。在受力层范围内，埋置基础底面处的地层称为持力层，持力层下的地层称为下卧层，强度低于持力层的下卧层称为软弱下卧层。

基础的主要功能如下。

（1）扩散压力

由于基础的底面积较上部结构的底面积大，基础可将所受较大荷载转变为较低压力传递到地基。

（2）传递压力

当上部地层较差时，采用深基础（如桩基、墩基、地下连续墙以及沉井）把荷载传递到深部较好的地层（如岩层或砂卵石层）。

（3）调整地基变形

利用筏形和箱形基础、摩擦群桩基础等所具有的刚度和上部结构共同作用，调整地基的不均匀变形沉降。

此外，采取相应措施，基础还可起到抗滑或抗倾覆及减振的作用。

在工程实践中，通常将基础分为浅基础和深基础两大类，但其尚无准确的区分界限，目前主要按基础埋置深度和施工方法不同来划分。一般埋置深度在 5 m 以内，且能用一般方法和设备施工的基础属于浅基础，如条形基础、独立基础等；当需要埋置在较深的土层上，采用特殊方法和设备施工的基础则属于深基础，如桩基础等。浅基础技术简单，施工方便，不需要复杂的施工设备，可以缩短工期、降低工程造价。因此，在保证建筑物安全和正常使用的前提下，应优先采用天然地基上的浅基础设计方案。

浅基础可以按使用的材料、基础的刚度和结构形式分类。按使用的材料可分为砖基础、毛石基础、混凝土和毛石混凝土基础、灰土和三合土基础、钢筋混凝土等；按基础的刚度不同可分为无筋扩展基础（刚性基础）、扩展基础；按结构形式可分为条形基础、单独基础、箱形基础等。

深基础的主要类型有桩基础、地下连续墙基础、墩基础和沉井基础。深基础由于埋置深度大，一般需要专业的施工队伍使用特殊方法与设备施工，例如大口径钻挖孔技术等。

基础对整个建筑物的安全、使用、工程量、造价及工期的影响很大，并且属于地下隐蔽工程，一旦失事，难以补救，因此，在设计和施工时应引起高度重视。

2.2.2　基础工程施工的主要技术

(1)钻孔技术

在现代地基基础施工中，钻孔技术被大量使用。就目前来说，对地下深部土层、岩层揭露和破碎的主要技术手段就是岩土钻孔技术，地基与基础施工正是利用了这一特性。在地基与基础施工中使用的钻孔技术和"钻探工程"课程中讲解的钻探技术本质上是一样的，但也有其特点，在地基与基础施工中钻孔的主要目的就是揭露和破碎岩土层并形成钻孔，另外，工作的岩土层类型和埋藏深度不同，其主要是浅层松软的土层。

具体的施工技术如下。

①设备选型与准备。根据工程地质勘察报告，选择适合的钻机类型，如回转式钻机、冲击式钻机或旋挖钻机等，以满足不同岩土层特性的需求。准备配套设备，包括钻杆、钻头、泥浆循环系统、钻具提升装置及安全防护设施等，确保施工顺利进行。

②泥浆制备与护壁。针对不同岩土层，配制适宜性能的泥浆，用于冷却钻头、润滑钻具、携带岩屑并稳定孔壁，防止坍塌。在钻进过程中，根据孔内情况适时调整泥浆参数，确保孔壁稳定。

③钻孔定位与开孔。利用全站仪或全球定位系统(global positioning system，GPS)等测量工具，精确测定钻孔位置，并进行标记。开孔时，应轻压慢转，确保钻头垂直进入地层，避免偏斜。

④分层钻进与取样。根据岩土层的变化情况，适时调整钻进参数，如钻压、转速和泥浆流量等，以实现高效钻进。在关键岩土层段，进行原状土样或岩芯取样，为后续地质分析提供依据。

⑤孔深与孔径控制。定期检查钻具长度，确保钻孔深度达到设计要求。使用孔径规等工具，检测孔径是否满足设计要求，必要时进行扩孔处理。

⑥成孔质量检测。钻孔完成后，采用孔内电视、声波测井等方法，对成孔质量进行检测，确保孔壁稳定、孔形规则、孔深达标。

(2)基础施工技术

基础施工技术主要包括桩基础施工(钻孔灌注桩、沉管灌注桩和静压桩)和地下连续墙等基础工程施工。这两种基础都是深基础，而且在施工中应用了大口径钻孔技术。

这两种基础工程施工技术及其具体施工方法如下。

①桩基础施工技术。桩基础通过将桩体打入或沉入地基中，利用桩与土层的摩擦或端承力来传递上部结构的荷载，是高层建筑、桥梁、港口等大型工程常用的基础形式。根据施工方法的不同，桩基础可分为钻孔灌注桩、沉管灌注桩和静压桩等多种类型。

a. 钻孔灌注桩。钻孔灌注桩施工首先采用大口径钻孔技术，在预定位置钻出设计孔径和深度的孔眼。钻孔过程中需控制钻孔的垂直度、孔径和孔深，避免塌孔、缩颈等质量问题。随后，清理孔底沉渣，并放置钢筋笼，最后灌注混凝土至设计标高。该技术适用于各种地质条件，尤其是土层变化大、岩石强度高的复杂地层。

b. 沉管灌注桩。沉管灌注桩则是利用振动、锤击或振动加锤击的方法，将带有活瓣式桩尖或预制钢筋混凝土桩靴的钢管沉入土中，然后边拔管边向管内灌注混凝土而成。这种方法施工速度快，但需注意拔管速度的控制，以免混凝土离析或断桩。沉管灌注桩适用于土层较均匀、无地下水或地下水较少的地区。

c. 静压桩。静压桩则是利用静压力将预制桩逐节压入土中的一种沉桩方法。施工时，利用压桩机的自重和配重通过桩架上的液压装置或卷扬机滑轮组将预制桩压入土中。静压桩具有无噪声、无振动、无冲击力等优点，适用于城市中心和居民密集区的施工。

②地下连续墙施工技术。地下连续墙是一种在基坑开挖前，沿基坑周边施工的一道钢筋混凝土墙体，作为基坑开挖和主体结构施工期间的围护结构，同时又是主体结构的一部分。其施工技术主要包括导墙施工、成槽施工、钢筋笼制作与吊放、混凝土浇筑等环节。

a. 导墙施工。导墙是地下连续墙施工的首要步骤，其作用是作为成槽机械运行的导轨，控制成槽精度，同时储存泥浆以稳定槽壁。导墙施工需严格控制其垂直度、标高和平面位置，确保后续成槽施工的顺利进行。

b. 成槽施工。成槽施工是地下连续墙施工的关键环节，采用大口径钻孔技术或抓斗、铣槽机等专用设备，在导墙内开挖出设计宽度和深度的槽段。成槽过程中需保持槽壁的垂直度和稳定性，避免塌方或漏浆。

c. 钢筋笼制作与吊放。钢筋笼根据设计要求制作，并在槽段内准确吊放。吊放过程中需防止钢筋笼变形或碰撞槽壁，同时确保钢筋笼的位置和标高符合设计要求。

d. 混凝土浇筑。最后，向槽段内灌注混凝土，形成连续的钢筋混凝土墙体。混凝土浇筑需连续进行，避免产生施工冷缝，同时需控制混凝土的坍落度和浇筑速度，确保混凝土的质量。

（3）地基处理施工技术

地基处理的基本方法主要是置换、夯实、挤密、排水、胶结、加筋和热学等方法，专门用来改善地基条件，以期达到满足地基强度、变形及其稳定性等要求。具体方法包括强夯法、挤密碎石桩、振冲碎石桩、深层搅拌桩、高压旋喷桩、塑料排水板、堆载预压、真空预压、砂桩、静压注浆等。因篇幅关系，仅对其中一些常用的方法进行介绍。

①强夯法。利用重锤自由落体产生的巨大冲击力，对地基进行反复夯实。施工前需进行试夯确定参数，施工过程中需控制夯击能、夯击遍数及间歇时间。

②挤密碎石桩。采用沉管、振动或冲击等方法成孔，然后向孔内投入碎石等材料，通过振动或锤击使碎石与周围土体紧密结合成桩。

③深层搅拌桩。利用特制深层搅拌机械，在地基中就地将软土与固化剂强制搅拌混合，使软土硬结成具有整体性、水稳定性和一定强度的地基处理方法。

④高压旋喷桩。利用高压水射流切割土体，同时将水泥浆等固化剂注入土体并与其混合，形成具有一定强度的旋喷桩。

⑤塑料排水板。在软土地基中铺设塑料排水板，形成竖向排水通道，加速土体排水固结。施工时须控制排水板间距、深度和铺设质量。

⑥真空预压。在软土地基上铺设砂垫层，并设置竖向排水通道（如塑料排水板），然后覆盖密封膜并抽气形成负压，加速土体排水固结。

（4）锚固技术

锚固技术作为维持建筑物或岩土层稳定的一种技术，大量应用于基坑护壁、地下厂房、隧洞、船坞、水坝加固和边坡加固等工程。锚固技术通过在岩土层中钻孔，随后置入锚杆（通常由钢筋或钢绞线制成），并灌注高强度水泥浆或砂浆以形成锚固体，从而将建筑物或岩土层与稳定的岩土层紧密相连，达到增强整体稳定性的目的。其具体施工技术要点如下。

①钻孔施工。根据地质条件选择合适的钻孔机械，如回旋式钻机、冲击式钻机等。精确测量并标记钻孔位置，确保锚杆布置的准确性和合理性。控制钻孔速度，避免扰动周围岩土层，同时注意清理孔内残渣，保证孔壁光滑。

②锚杆安装。选用符合设计要求的钢筋或钢绞线，检查其材质证书和外观质量。将锚杆缓缓放入孔内，确保锚杆位置正确，避免弯曲或扭曲。对锚杆进行必要的防腐处理，以提高其耐久性。

③注浆施工。根据设计要求和岩土层特性，配制适当比例的水泥浆或砂浆，确保注浆材料具有良好的流动性和早期强度。采用自下而上的注浆方式，确保浆液充满孔内并渗透至岩土层中，形成牢固的锚固体。注浆过程中需控制注浆压力和注浆量，避免浆液流失或造成环境污染。

④张拉与锁定。待注浆体达到设计强度后，进行锚杆的张拉试验，以检验其承载力和变形性能。使用张拉设备对锚杆施加预紧力，使其达到设计要求的张拉值。张拉过程中需监测锚杆的变形和应力情况，确保张拉过程安全可控。张拉完成后，使用锚具将锚杆锁定在预定位置，防止其松动或失效。

⑤监测与维护。在锚固施工过程中，对岩土层变形、锚杆应力等关键参数进行实时监测，及时发现并处理异常情况。定期检查锚固系统的完整性和有效性，对发现的问题及时采取补救措施，确保锚固效果的长期稳定。

（5）降排水工程

在现代岩土工程施工中，由于基础的埋置深度不断加大，为保证基础的顺利施工，降低地下水位就是一项必不可少的工作。具体包括以下施工技术。

①井点降水技术。

a. 轻型井点降水：适用于基坑开挖深度不大、土层渗透系数较小的情况。通过在基坑周围布置一系列轻型井点管，利用真空泵或射流泵抽取地下水，形成降水漏斗，有效降低基坑内地下水位。

b. 管井井点降水：适用于基坑开挖深度大、土层渗透系数大的情况。通过钻设大口径的管井，利用潜水泵或离心泵直接抽取地下水，具有排水量大、降水效果明显的特点。

②深井降水技术。对于超深基坑或复杂地质条件，常采用深井降水技术。通过钻设深达数十米的降水井，结合高效的抽水设备，有效降低深层地下水位，为深基础施工提供干燥的作业环境。深井降水需精确计算降水井的布置间距、数量和抽水能力，确保降水效果满足设计要求，同时避免对周边环境造成不利影响。

③截水帷幕技术。为减少地下水向基坑内渗流，常采用截水帷幕技术。通过在基坑周边施工高压旋喷桩、深层搅拌桩或地下连续墙等止水结构，形成一道连续的隔水屏障，有效阻断地下水通道。截水帷幕的施工需严格控制施工质量，确保帷幕的连续性和止水效果，防止地下水绕过帷幕渗入基坑。

2.3　地下防水工程施工

当地下结构底标高低于地下正常水位时，必须要考虑结构的防水、抗渗能力。地下防水工程是指对地下建筑物进行防水设计、防水施工和维护管理等各项技术工作的工程实体。

2.3.1　防水层防水

防水层防水又称构造防水，是通过结构内外表面加设防水层来达到防水效果，常用的有多层抹面水泥砂浆防水、掺防水剂水泥砂浆防水、卷材防水层防水等。下面以卷材防水层防水为例进行介绍。

1. 材料要求

卷材防水层应选用高聚物改性沥青类或合成高分子类防水卷材。卷材外观质量品种和主要物理力学性能应符合现行国家标准或行业标准；卷材及其胶黏剂应具有较好的耐水性、耐久性、耐穿性、耐腐蚀性和耐菌性；胶黏剂应与粘贴的卷材材性相容。

2. 施工方法

地下室卷材防水层施工一般多采用整体全外包防水做法，按工艺不同可分为外防外贴法（简称外贴法）与外防内贴法（简称内贴法）两种。

（1）外贴法施工

外贴法是待地下建筑物墙体施工完成后，把卷材防水层直接铺贴在边墙上，然后砌筑保护墙（或做软保护层）的方法。

外防外贴法防水构造如图 2-1 所示。

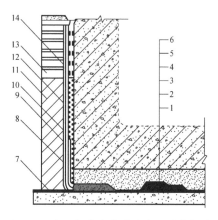

图 2-1　地下室外防外贴法卷材防水构造

注：1—混凝土垫层；2—水泥砂浆找平层；3—防水层；4—卷材压条及密封膏；
5—细石混凝土保护层；6—混凝土底板及立墙；7—干铺油毡；8—卷材附加层；
9—密封膏；10—防水层；11—永久保护砖墙；12—砂浆找平层；
13—临时保护砖墙；14—5 mm 厚聚乙烯泡沫塑料软保护层。

外贴法的施工工序：混凝土垫层施工——→砌永久性保护墙——→砌临时性保护墙——→内墙面抹灰——→刷基层处理剂——→转角处附加层施工——→铺贴平面和立面卷材——→浇筑钢筋混凝土底板和墙体——→拆除临时保护墙——→外墙面找平层施工——→涂刷基层处理剂——→铺贴外墙面卷材——→卷材保护层施工——→基坑回填土。

外贴法的优点：

①建筑物与保护墙有不均匀沉陷时，对防水层影响较小。

②防水层做好后即进行漏水试验，修补也方便。

外贴法的缺点：

①工期长，占地面积大。

②底板与墙身接头处卷材容易受损。

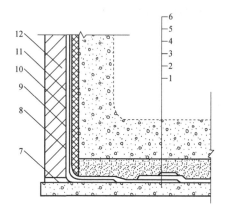

图 2-2　地下室外防内贴法卷材防水构造

注：1—混凝土垫层；2—水泥砂浆找平层；

3—防水层；4—卷材压条及密封音；

5—细石混凝土保护层；6—混凝土底板及立墙；

7—干铺油毡；8—卷材附加层；9—密封膏；

10—防水层；11—砂浆找平层；12—永久保护砖墙。

（2）内贴法施工

内贴法是指在结构边墙施工前，先砌保护墙，然后将防水层贴在保护墙上，最后浇筑边墙混凝土的方法。外防内贴法防水构造如图 2-2 所示。

内贴法施工工序：垫层施工、养护——→砌永久性保护墙——→水泥砂浆找平、抹圆角——→养护——→涂布基层处理剂或冷底子油——→铺贴卷材防水层、复杂部位增加处理——→涂布胶黏剂、附加油毡保护层——→保护层施工——→地下结构施工——→回填土。

内贴法的优点：

①防水层的施工比较方便，不必留接头。

②施工占地面积小。

内贴法的缺点：

①建筑物与保护墙发生不均匀沉降时，对防水层影响较大。

②保护墙稳定性差。

③竣工后发现漏水较难修补。

2.3.2　防水混凝土的施工

防水混凝土是采用调整混凝土配合比、掺外加剂或使用新品种水泥等方法，来提高混凝土密实性、憎水性和抗渗性而配制的不透水性混凝土。它分为普通防水混凝土和外加剂防水混凝土。

1. 材料要求

防水混凝土不受侵蚀性介质和冻融作用时，可采用不低于 32.5 级的普通硅酸盐水泥、火山灰质硅酸盐水泥、粉煤灰硅酸盐水泥。掺外加剂可采用矿渣硅酸盐水泥，每立方米混凝土水泥用量不少于 320 kg。防水混凝土石子的最大粒径不应大于 40 mm，含水率不大于 1.5%，含砂率控制在 35%～40%，灰砂比为 1∶2.5～1∶2.0。

2. 防水混凝土的施工

防水混凝土施工时，必须严格控制水灰比，水灰比值不大于 3：5，坍落度不大于 50 mm。混凝土必须采用机械搅拌、机械振捣，搅拌时间不应小于 2 min，振捣时间10～20 s。

底板混凝土应连续浇筑，不留施工缝，墙体一般只允许留设水平施工缝，其位置不应留在剪力与弯矩最大处或底板与侧墙的交接处，应留在高出底板表面不小于 200 mm 的墙体上。墙体有预留孔洞时，施工缝距孔洞边缘不应小于 300 mm。如必须留垂直施工缝时，应避开地下水和裂缝水较多的地段，并宜与变形缝相结合。

在施工缝上继续浇筑混凝土时，应将施工缝处的混凝土表面凿毛、清除浮粒和杂物，用水洗干净，保持潮湿，再铺上一层 20～30 mm 厚的水泥砂浆。水泥砂浆所用水泥和灰浆比应与混凝土的水泥和灰砂比相同。防水混凝土应加强养护，充分保持湿润，养护时间不得少于 14 d。

对于大体积的防水混凝土工程，可采取分区浇筑、使用发热量低的水泥或加掺和料（如粉煤灰）等相应措施，以防止温度裂缝的产生。水平施工缝浇筑混凝土前，应将其表面浮浆和杂物清除，先铺净浆，再铺 30～50 mm 厚的 1：1 水泥砂浆或涂刷混凝土界面处理剂，并及时浇筑混凝土。

防水混凝土必须采用高频机械振捣密实，振捣时间宜为 10～30 s，以混凝土泛浆和不冒气泡为准，应避免漏振、欠振和超振。防水混凝土的养护对其抗渗性能影响极大，因此，应加强养护，一般混凝土进入终凝（浇筑后 4～6 h）即应覆盖，浇水湿润养护不少于 14 d。

2.3.3　防水工程质量要求

1. 质量要求

建筑防水工程各部位应达到不渗漏和不积水；防水工程所用各类材料均应符合质量标准和设计要求。

细部构造要求：各细部构造处理均应达到设计要求，不得出现渗漏现象。地下室防水层铺贴卷材的搭接缝应覆盖压条，条边应封固严密。

卷材防水层要求：铺贴工艺应符合标准、规范规定和设计要求，卷材搭接宽度准确，接缝严密。平立面卷材及搭接部位卷材铺贴后表面应平整，无皱褶、鼓泡、翘边，接缝牢固严密。

密封处理要求：密封部位的材料应紧密粘结基层。密封处理应达到设计要求，嵌填密实、表面光滑、平直。不出现开裂、翘边，无鼓泡、龟裂等现象。

2. 防水施工检验

找平层和刚性防水层的平整度，用 2 m 直尺检查，面层与直尺间的最大空隙不超过 5 mm，空隙应平缓变化，每米长度内不多于一处。屋面工程、地下室工程等在施工中应做分项交接检查。未经检查验收，不得进行后续施工。

防水层施工中，每一道防水层施工完成后，应由专人进行检查，合格后方可进行下一道防水的施工。检验屋面有无渗漏、积水，排水系统是否畅通，可在雨后或持续淋水

2 h以后进行。有可能做蓄水检验时，蓄水时间为 24 h。厕浴间蓄水检验的蓄水时间亦为 24 h。

各类防水工程的细部构造处理，各种接缝、保护层等均应做外观检验。膜防水的涂膜厚度检查，可用针刺法或仪器检测。每 100 m² 防水层面积不应少于一处，每项工程至少检测三处。各种密封防水处理部位和地下防水工程，经检查合格后方可隐蔽。

第3章　主体结构施工技术

3.1　钢筋工程

土木工程结构中常用的钢材有钢筋、钢丝和钢绞线三类。

钢筋按其强度分为 HPB235、HRB335、HRB400、RRB400 四种等级。钢筋的强度和硬度逐级提高，但塑性则逐级降低。HPB235 为热轧光圆钢筋，HRB335 和 HRB400 为热轧带肋钢筋，RRB400 为余热处理钢筋。

常用的钢丝有光面钢丝、三面刻痕钢丝和螺旋肋钢丝三类。

钢绞线一般由 3 根或 7 根圆钢丝捻成，钢丝多为高强钢丝。

目前我国重点发展屈服强度标准值为 400 MPa 的新型钢筋和屈服强度为 1570～1860 MPa 的低松弛、高强度钢丝的钢绞线，同时辅以小直径(4～12 mm)的冷轧带肋螺纹钢筋。同时，我国还大力推广焊接钢筋网和以普通低碳钢热轧盘条经冷轧扭工艺制成的冷轧扭钢筋。

钢筋出厂时应有出厂质量证明书或试验报告单。每捆(盘)钢筋均应有标牌。运至工地后应分别堆存，并按规定抽取试样对钢筋进行力学性能检验。对热轧钢筋的级别有怀疑时，除做力学性能试验外，尚需进行钢筋的化学成分分析。使用中如发生脆断、焊接性能不良和机械性能异常时，应进行化学成分检验或其他专项检验。对国外进口钢筋，应按国家的有关规定进行力学性能和化学成分检验。

钢筋一般在钢筋车间或工地的钢筋加工棚内进行加工，然后运至现场安装或绑扎。钢筋加工过程取决于成品种类，一般的加工过程有冷拔、调直、剪切、镦头、弯曲、连接、绑扎等。这里着重介绍钢筋的冷拔及钢筋的连接。

3.1.1　钢筋的冷拔

冷拔是用热轧钢筋(直径为 8 mm 以下)通过钨合金的拔丝模(图 3-1)进行强力拉拔。钢筋通过拔丝模时，受到轴向拉伸与径向压缩的作用，钢筋内部晶格变形而产生塑性变形，因而抗拉强度提高(可提高 50%～90%)，塑性降低，呈硬钢性质。光圆钢筋经冷拔后称作"冷拔低碳钢丝"。

钢筋冷拔的工艺过程：轧头 ⟶ 剥

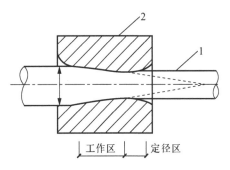

图 3-1　钢筋冷拔示意图
注：1—钢筋；2—拔丝模。

壳——通过润滑剂进入拔丝模冷拔。

　　钢筋表面常有一层硬渣层，易损坏拔丝模，并使钢筋表面产生沟纹，因而冷拔前要进行剥壳，方法是使钢筋通过 3～6 个上下排列的辊子以剥除渣壳。润滑剂常用石灰和动植物油、肥皂、白蜡等与水按一定配比制成。

　　冷拔用的拔丝机有立式(图 3-2)和卧式两种。其鼓筒直径一般为 500 mm，冷拔速度约为 0.2～0.3 m/s，速度过大易断丝。

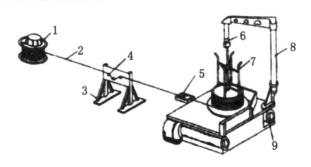

图 3-2　立式单鼓筒冷拔机

注：1—盘圆架；2—钢筋；3—剥壳装置；4—槽轮；

5—拔丝模；6—滑轮；7—绕丝筒；8—支架；9—电动机。

　　影响冷拔低碳钢丝质量的主要因素是原材料的质量和冷拔总压缩率。

　　冷拔总压缩率 β 是光圆钢筋拔成钢丝时的横截面缩减率。若原材料光圆钢筋直径为 d_0，冷拔后成品钢丝直径为 d，则总压缩率 $\beta = \dfrac{d_0^2 - d^2}{d_0^2}$ 。β 越大，则抗拉强度提高越多，而塑性下降越多，故 β 不宜过大。直径为 5.0 mm 的冷拔低碳钢丝，宜用直径为 8.0 mm 的圆盘条拔制；直径为 4.0 mm 和小于 4.0 mm 者，宜用直径为 6.5 mm 的圆盘条拔制。

　　冷拔低碳钢丝有时是经过多次冷拔而成，一般不是一次冷拔就达到总压缩率。每次冷拔的压缩率也不宜太大，否则拔丝机的功率较大，拔丝模易损耗，且易断丝。一般前道钢丝和后道钢丝的直径之比以 1：0.87 为宜。冷拔次数亦不宜过多，否则易使钢丝变脆。

　　冷拔低碳钢丝经调直机调直后，抗拉强度降低 8%～10%，塑性有所改善，使用时应注意。

3.1.2　钢筋的连接

　　钢筋的连接方法有绑扎连接、焊接连接和机械连接。绑扎连接和焊接连接是传统的连接方法，与绑扎连接相比，焊接连接可节约钢材，改善结构受力性能，提高工效，降低成本，目前对直径大于 28 mm 的受拉钢筋和直径大于 32 mm 的受压钢筋已不推荐采用绑扎连接。机械连接由于其具有连接可靠，作业不会受气候影响，连接速度快等优点，目前已被广泛应用于粗钢筋的连接。

1. 绑扎连接

　　钢筋可在现场进行绑扎，或预制成钢筋骨架(网)后在现场进行安装。钢筋绑扎一般采用 20～22 号铁丝或镀锌铁丝。

　　纵向受力钢筋绑扎搭接接头的最小搭接长度按《混凝土结构工程施工质量验收规范》

（GB 50204—2015）的规定执行。同一构件中相邻纵向受力钢筋的绑扎搭接接头易相互错开。绑扎搭接接头中钢筋的横向净距不应小于钢筋直径，且不应小于 25 mm。钢筋绑扎搭接接头连接区段的长度为 $1.3l_1$（l_1 为搭接长度），凡搭接接头中点位于该连接区段长度内的搭接接头均属于同一连接区段。同一连接区段内，纵向受拉钢筋搭接接头面积百分率（为该区段内有搭接接头的纵向受力钢筋截面面积与全部纵向受力钢筋截面面积的比值）应符合设计要求；当设计无具体要求时，应符合下列规定：对梁类、板类及墙类构件，不宜大于 25%；对柱类构件，不宜大于 50%；当工程中确有必要增大接头面积百分率时，对梁类构件，不应大于 50%；对其他构件，可根据实际情况放宽。

2. 焊接连接

钢筋常用的焊接方法有闪光对焊、电弧焊、电渣压力焊、电阻点焊等。钢筋的焊接效果除与钢材的可焊性（与钢材的含碳量及含合金元素的量）有关外，还与焊接工艺有关。采用适宜的焊接工艺，即使焊接焊性较差的钢材，也可获得良好的焊接质量。因此，改善焊接工艺是提高焊接质量的有效措施。

（1）闪光对焊

闪光对焊常用于钢筋的接长及预应力筋与螺丝端杆的焊接。如图 3-3 所示，利用对焊机使需焊接的两段钢筋接触，通以低电压的强电流，把电能转化为热能，使钢筋加热至白热状态，随即施加轴向压力顶锻，使钢筋焊合，接头冷却后便形成对焊接头。焊接时，由于钢筋端部不平，轻微接触，开始只有一点或数点接触，接触面小，电流密度和接触电阻大，接触点很快熔化，产生金属蒸气飞溅，形成闪光形象，故名闪光对焊。

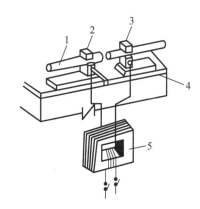

图 3-3　钢舟车对焊原理图
注：1—钢筋；2—固定电极；3—可动电极；
4—机座；5—焊接变压器。

①闪光对焊工艺。闪光对焊根据工艺的不同可以分为连续闪光焊、预热闪光焊和闪光-预热-闪光焊三种。

a. 连续闪光焊。采用连续闪光焊时，先闭合电源，然后使两钢筋端面轻微接触，形成闪光。闪光一旦开始，就慢慢移动钢筋，使钢筋继续接触，形成连续闪光现象，待钢筋达到一定的烧化留量后，迅速加压顶锻并立即断开电源，使两根钢筋焊合。连续闪光焊最适宜焊接直径较小的钢筋，宜用于直径为 25 mm 以下的 I～Ⅲ 级钢筋的焊接。

b. 预热闪光焊。当钢筋直径较大，端面比较平整时宜采用预热闪光焊。它是在连续闪光焊前增加一个预热的过程，以扩大焊接热影响区，使钢筋端部受热均匀以保证焊接接头质量。当接通电源后，闪光一开始，便将接头做周期性的接触和断开，使得钢筋接触处出现间断的闪光现象，形成预热过程。在钢筋烧化到规定的预热留量后，再进行连续闪光和加压顶锻，形成焊接接头。

c. 闪光-预热-闪光焊。适用于端部不平整的粗钢筋。在预热闪光焊前加一次闪光过程，目的是使不平整的钢筋端面烧化平整。接通电源后，两根钢筋端部连续接触，出现连续闪光现象，使端部不平部分熔化掉，然后再进行断续闪光，预热钢筋，接着进行连续闪光，最后加压顶锻。

②闪光对焊参数。钢筋的焊接质量与对焊参数有关，对焊参数主要有调伸长度、烧化留量、预热留量、顶锻留量、顶锻速度及变压器级数等。

a. 调伸长度。调伸长度是指焊接前钢筋从电极钳口伸出的长度。其数值取决于钢筋的品种和直径，应能使接头加热均匀，且顶锻时钢筋不致弯曲。调伸长度的取值：Ⅰ级钢筋为 $0.75d\sim1.25d$（d 为钢筋直径）；Ⅱ～Ⅲ级钢筋为 $1.0d\sim1.5d$；小直径钢筋取大值。

b. 烧化留量与预热留量。烧化留量与预热留量是指在闪光和预热过程中烧化的钢筋长度。连续闪光焊烧化留量长度等于两段钢筋切断时刀口严重压伤部分之和另加 8 mm；预热闪光焊的预热留量为 4～7 mm，烧化留量为 8～10 mm；闪光-预热-闪光焊的一次烧化留量等于两段钢筋切断时刀口严重压伤部分之和，预热留量为 2～7 mm，二次烧化留量为 8～10 mm。

c. 顶锻留量。顶锻留量是指接头顶压挤出而消耗的钢筋长度。顶锻时，先在有电流作用下顶锻，使接头加热均匀、紧密结合，再在断电情况下顶锻而后结束，因此分为有电顶锻留量与无电顶锻留量两部分。顶锻留量随着钢筋直径的增大和钢筋级别的提高而增大，一般为 4.0～6.5 mm。其中，有电顶锻留量约占 1/3，无电顶锻留量约占 2/3。顶锻时速度越快越好，有电顶锻时间约为 0.1 s，断电后继续顶锻至要求的顶锻留量，这样可使接头处熔化的金属迅速闭合而避免氧化，以保证接头连接良好并有适当的镦粗变形。

d. 顶锻速度。顶锻速度是指在焊接的顶锻阶段，为了确保焊接接头的质量和性能，通过动夹具或相关设备对工件施加一定压力，并使其以特定速度移动的过程。这一过程有助于挤出接头内的熔化金属，形成紧密的焊接接头，并减少焊接缺陷。在实际焊接过程中，需要根据具体情况对顶锻速度进行调整和优化，具体包括根据材料特性选择合适的顶锻速度、优化焊接工艺、提高设备性能、加强操作人员培训等。

e. 变压器级数。变压器级数用来调节焊接电流的大小，根据钢筋直径来选择，直径大、级别高的钢筋需采用级数大的变压器。

③对焊接头的质量检查。

a. 外观检查。外观检查时，每批抽查 10% 的闪光对焊接头，且不少于 10 个。每次以不大于 200 个同类型、同工艺、同焊工的焊接接头为一批，且时间不超过一周。外观检查内容如下：钢筋表面有无横向裂纹；Ⅰ级、Ⅱ级、Ⅲ级钢筋表面有无明显的烧伤，Ⅳ级钢筋有无烧伤；接头处弯折是否大于 4°；接头处两根钢筋轴线偏差是否超过 10% 钢筋直径，是否大于 2 mm。

b. 机械性能试验。钢筋闪光对焊接头的机械性能试验包括拉力试验和弯曲试验，应从每批接头中抽取 6 个试件进行试验，其中 3 个做拉力试验，3 个做弯曲试验。

做拉力试验时，应满足：3 个试件的抗拉强度均不低于该强度等级钢筋的抗拉强度标准值；3 个试件中至少有两个试件的断口位于焊接影响区外，并表现为塑性断裂。

做弯曲试验时，要求对焊接头外侧不得出现宽度超过 0.15 mm 的横向裂缝。

(2)电弧焊

电弧焊(图 3-4)是利用弧焊机在焊条与焊件之间产生高温电弧，使得焊条和电弧燃烧范围内的金属焊件很快熔化，金属冷却后，形成焊接接头，其中电弧是指在空气介质中，焊条和电极与待焊接的焊件金属之间因电流通过而产生的强烈气体放电现象。电弧焊常用于钢筋的接头焊接、钢筋与钢板的焊接、装配式钢筋混凝土结构接头的焊接、钢筋骨架的焊接及各种钢结构的焊接等。电弧焊使用的弧焊机有交流弧焊机、直流弧焊机两种，常用的为交流弧焊机。钢筋电弧焊常用的接头形式有搭接焊、帮条焊、坡口焊等。

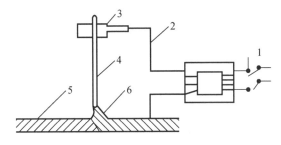

图 3-4　电弧焊示意图

注：1—变压器；2—导线；3—焊钳；4—焊条；5—焊件；6—电弧。

①搭接焊。搭接焊适用于Ⅰ～Ⅱ级钢筋的焊接，可分为双面焊缝和单面焊缝两种。双面焊缝受力性能较好，应尽可能双面施焊，不能双面施焊时，才采用单面焊缝。

②帮条焊。帮条焊适用于Ⅰ～Ⅲ级钢筋的焊接，亦可分为单面焊接和双面焊接两种，一般宜优先采用双面焊缝。帮条焊宜用与主筋同级别、同直径的钢筋。如帮条级别与主筋相同时，帮条直径可比主筋直径小一个规格；如帮条直径与主筋相同时，帮条级别可比主筋低一个级别。

③坡口焊。坡口焊耗钢材少、热影响区小，适应于现场焊接装配式结构中直径 18～40 mm 的Ⅰ～Ⅲ级钢筋。坡口焊分平焊和立焊两种形式。钢筋端部必须先剖成坡口，然后加钢垫板施焊。

钢筋焊接时，为了防止烧伤主筋，焊接地线应与主筋接触良好，并不应在主筋上引弧，焊接过程中应及时清渣。帮条焊或搭接焊，其焊缝厚度 h 不应小于钢筋直径的 1/3，焊缝宽度不小于钢筋直径的 0.7 倍。装配式结构接头焊接，为了防止钢筋过热引起较大的热应力和不对称变形，应采用几个接头轮流施焊。

电弧焊接头焊缝表面应平整，不应有较大的凹陷、焊窝，接头处不得有裂纹，咬边深度、气孔、夹渣及接头偏差不得超过规范规定。接头抗拉强度不低于该级别钢筋的规定抗拉强度值，且 3 个试件中至少有 2 个呈塑性断裂。

（3）电渣压力焊

电渣压力焊（图 3-5）利用电流通过渣池产生的电阻热将钢筋端部熔化，然后施加压力使钢筋焊接在一起。电渣压力焊操作简单、易掌握、工作效率高、成本较低、施工条件比较好，主要用于现浇钢筋混凝土结构中竖向或是斜向钢筋的接长，适用于直径为14～40 mm 的Ⅰ～Ⅱ级钢筋。

焊接前先将钢筋端部 120 mm 范围内的铁锈、污物等杂质清除干净，将夹具的下夹头夹牢下钢筋，再将上钢筋扶直并夹牢于活动电极中，使上下钢筋在同一轴线上；然后在上下钢筋间安装引弧导电铁丝圈（可采用 12～14 号无锈火烧丝，圈高 10～12 mm）；最后安放焊剂盒，用石棉布塞封焊剂盒下口，同时装满焊剂。通电后，将上钢筋上提 2～4 mm引弧，用人工直接引弧继续上提钢筋 5～7 mm，使电弧稳定燃烧。随着钢筋的熔化，上钢筋逐渐插入渣池中，此时电弧熄灭，转为电渣过程，焊接电流通过渣池而产生大量的电阻热，使钢筋端部继续熔化。待钢筋端部熔化到一定程度后，在切断电流的同时，迅速进行顶压，形成接头并持续几秒钟，以免接头偏斜或结合不良，冷却 1～3 min 后，即可打开焊剂盒，回收焊剂，卸下夹具。

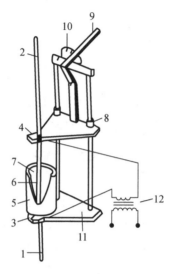

图 3-5 手动电渣压力焊

注：1，2—钢筋；3—固定电极；4—活动电极；5—焊剂盒；6—导电剂；

7—焊剂；8—滑动架；9—操动杆；10—标尺；11—固定架；12—变压器。

电渣压力焊的工艺参数为焊接电流、渣池电压和通电时间，根据钢筋直径选择，钢筋直径不同时，根据较小直径的钢筋选择参数。电渣压力焊的接头亦应按规定检查外观质量和进行试件拉伸试验。

（4）电阻点焊

电阻点焊用于交叉钢筋的焊接。如图 3-6 所示，就是将钢筋的交叉点放在点焊机的两电极间，通电时，由于交叉钢筋的接触点只有一点，且接触电阻较大，在接触的瞬间，电流产生的全部热量都集中在一点上，因而使金属受热熔化，同时可在电极加压下使焊点金属得到焊合。

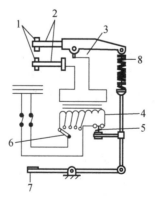

图 3-6 点焊机工作示意图

注：1—电极；2—电极臂；3—变压器的次级线圈；4—变压器的初级线圈；

5—断路器；6—变压器调节级数开关；7—踏板；8—压紧机构。

利用点焊机进行交叉钢筋焊接，使单根钢筋成型为各种网片、骨架，以代替人工绑扎，是实现生产机械化、提高工效、节约劳动力和材料（钢筋端部不需弯钩）、保证质量、降低成本的一种有效措施。而且采用焊接骨架或焊接网，可使钢筋在混凝土中能更好地锚固，还可提高构件的抗裂性，因此钢筋骨架成型应优先采用点焊。

常用的点焊机有单点点焊机、多头点焊机（一次可焊数点，用于焊接宽大的钢筋网）、悬挂式点焊机（可焊钢筋骨架或钢筋网）、手提式点焊机（用于施工现场）。

为了保证点焊的质量，应正确选择点焊工艺参数。电阻点焊的主要工艺参数为变压器级数、通电时间和电极压力。在焊接过程中，应保持一定的预压和锻压时间。通电时间根据钢筋直径和变压器级数而定，电极压力则根据钢筋级别和直径选择。

电阻点焊不同直径钢筋时，如果较小钢筋的直径小于 10 mm，大、小钢筋直径之比不宜大于 3；如果较小钢筋的直径为 12 mm 或 14 mm，大、小钢筋直径之比则不宜大于 2。应根据较小直径的钢筋选择焊接工艺参数。

焊点应进行外观检查和强度试验。点焊焊点应无脱落、漏焊、裂纹、多孔性缺陷及明显烧伤现象，焊点处金属熔化均匀并有适量的压入深度。热轧钢筋的焊点应进行抗剪试验。冷轧钢筋的焊点除进行抗剪试验外，还应进行拉伸试验。

3. 钢筋机械连接

钢筋机械连接是通过机械手段将两根钢筋进行对接，它具有工艺简单、技术易掌握、节约钢材、施工速度快、质量稳定等优点。近年来，钢筋机械连接在我国得到推广，尤其是在大直径钢筋现场连接中被广泛采用。其常用方法有套筒挤压连接和螺纹套筒连接。

（1）套筒挤压连接

套筒挤压连接是我国最早出现的一种钢筋机械连接方法。按挤压方向不同，可分为套筒径向挤压连接和套筒轴向挤压连接两种，多用套筒径向挤压连接。

①套筒径向挤压连接。套筒径向挤压连接是将两根待接钢筋插入优质钢套筒，用挤压设备沿径向挤压钢套筒，使之产生塑性变形，依靠变形后的钢套筒与被连接钢筋纵、横肋产生的机械咬合作用使套筒与钢筋成为整体的连接方法，如图 3-7 所示。这种方法适用于直径 18~40 mm 的带肋钢筋的连接，所连接的两根钢筋的直径之差不宜大于 5 mm。该方法具有工艺简单、可靠程度高、不受气候的影响、连接速度快、安全、无明火、节能、对钢筋化学成分要求不如焊接时严格等优点。但设备笨重，工人劳动强度大，不适宜在高密度布筋的场合适用。

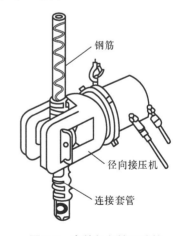

图 3-7　套筒径向挤压连接

②套筒轴向挤压连接。套筒轴向挤压连接是将两根待接钢筋插入优质钢套筒，用挤压设备沿轴向挤压钢套筒，使之产生塑性变形，依靠变形后的钢套筒与被连接钢筋纵、横肋产生的机械咬合作用使套筒与钢筋成为整体的连接方法。这种方法一般用于直径为 25~32 mm 的同直径或相差一个型号直径的带肋钢筋连接。

（2）螺纹套筒连接

螺纹套筒连接是将需连接的钢筋端部加工出螺纹，然后通过一个内壁加工有螺纹的套管将钢筋连接在一起，分为锥螺纹套筒连接与直螺纹套筒连接两种。

①锥螺纹套筒连接。锥螺纹套筒连接是将两根待接钢筋端头用套丝机做出锥形丝扣，然后用带锥形内丝的钢套筒将钢筋两端拧紧的连接方法。这种方法适用于直径为 16～40 mm 的各种钢筋的竖向、水平或任何倾角的连接，所连接钢筋的直径之差不宜大于 9 mm。该方法具有接头可靠、工艺简单、不用电源、全天候施工、对中性好、施工速度快等优点。

钢筋锥螺纹的加工是在钢筋套丝机上进行的，可在施工现场或预制加工厂进行预制。为保证丝扣精度，对已加工的丝扣端要用牙形规与卡规逐个进行自检，要求钢筋丝扣的牙形必须与牙形规吻合，小端直径不超过卡规的允许误差，丝扣完整牙数不得小于规定值，不合格者切掉重新加工。锥螺纹套筒的加工宜在专业工厂进行，以保证产品质量。

钢筋锥螺纹连接预先将套筒拧入钢筋的一端，在施工现场再拧入待接钢筋。连接钢筋前，将钢筋未拧套筒的一端的塑料保护帽拧下来露出丝扣，并将丝扣上的污物清理干净。连接钢筋时，将已拧套筒的钢筋拧到被连接的钢筋上，并用扭力扳手按规定的力矩值拧紧钢筋接头，便完成钢筋的连接。

②直螺纹套筒连接。直螺纹套筒连接有两种形式：一种是在钢筋端头先采用对辊滚压，将钢筋端头的纵横肋滚掉，而后采用冷压螺纹(滚丝)工艺加工成钢筋直螺纹端头，套筒采用快速成孔切削成内螺纹钢套筒，简称为滚压直螺纹接头或滚压切削直螺纹接头；另一种是在钢筋端头先采用设备顶、压增径(墩头)，而后采用套丝工艺加工成等直径螺纹端头，套筒采用快速成孔切削成内螺纹钢套筒，简称为墩头直螺纹接头或墩粗切削直螺纹接头。这两种方法都能有效地增加钢筋端头母材强度，可等同于钢筋母材强度而设计的直螺纹接头。这种接头形式使结构强度的安全度和地震情况下的延性具有更大的保证，大大方便了设计与施工，接头施工采用普通扳手旋紧即可，对丝扣少旋1～2扣不影响接头强度，省去了锥螺纹力矩扳手检测和疏密质量检测的繁杂程序，可提高施工工效。套筒丝距比锥螺纹套筒丝距少，可节省套筒钢材。此外，直螺纹套筒连接尚有设备简单、经济合理等优点，是目前工程应用最广泛的粗钢筋连接方法。

3.1.3 钢筋的配料与代换

1. 钢筋配料

钢筋配料是钢筋工程施工的重要一环，应由识图能力强、熟悉钢筋加工工艺的人员完成。钢筋加工前应根据设计图纸和会审记录按不同构件编制配料单，然后进行备料加工。

（1）钢筋弯曲调整

钢筋下料长度计算是钢筋配料的关键。设计图中注明的钢筋尺寸是钢筋的外轮廓尺寸（从钢筋外皮到外皮量得的尺寸），称为钢筋的外包尺寸。当钢筋加工时，也按外包尺寸进行验收。钢筋弯曲后的特点：在钢筋弯曲处，内皮缩短，外皮延伸，而中心线尺寸不变，故钢筋的下料长度即中心线尺寸。钢筋成型后量度尺寸都是沿直线量外皮尺寸；同时弯曲处又成圆弧，因此弯曲钢筋的尺寸大于下料尺寸，两者之间的差值称为"弯曲调整值"，即当下料时，下料长度应用量度尺寸减去弯曲调整值。

钢筋弯曲常用形式及调整值计算简图如图 3-8 所示。

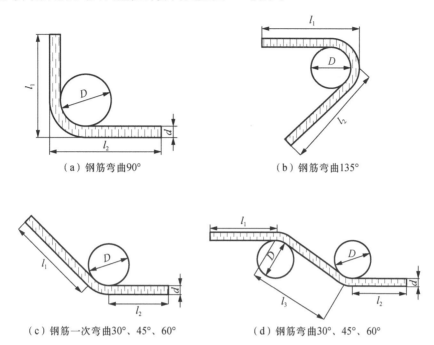

（a）钢筋弯曲90°　　　　　　　　　　　　（b）钢筋弯曲135°

（c）钢筋一次弯曲30°、45°、60°　　　　（d）钢筋弯曲30°、45°、60°

图 3-8　钢筋弯曲常见形式及调整值计算简图

注：l_1、l_2、l_3—量度尺寸；D—弯弧内直径；d—钢筋直径。

受力钢筋的弯钩和弯弧规定：HPB235 级钢筋末端应做 180°弯钩，弯弧内直径 $D \geqslant$ 2.5d（d 为钢筋直径），弯钩的弯后平直部分长度$\geqslant 3d$；当设计要求钢筋末端做 135°弯钩时，HRB335 级、HRB400 级钢筋的弯弧内直径 $D \geqslant 4d$，弯钩弯折后的平直部分长度应符合设计要求；钢筋做不大于 90°的弯钩时，弯折处的弯弧内直径 $D \geqslant 5d$。

箍筋的弯钩和弯弧规定：除焊接封闭环式箍筋外，箍筋末端应做弯钩，弯钩形式应符合设计要求。当设计无要求时，应符合下面规定：箍筋弯钩的弯弧内直径除应满足上述中的规定外，尚应不小于受力钢筋直径；箍筋弯钩的弯折角度，对一般结构不应小于 90°，对有抗震要求的结构应为 135°；箍筋弯折后平直部分的长度，对一般结构不应小于箍筋直径的 5 倍，对有抗震要求的结构不应小于箍筋直径的 10 倍。

（2）钢筋下料长度计算

直钢筋下料长度＝构件长度－混凝土保护层厚度＋弯钩增加长度（混凝土保护层厚度按教材规定查用）；

弯曲钢筋下料长度＝直段长度＋斜段长度－弯曲调整值＋弯钩增加长度；

箍筋下料长度＝直段长度＋弯钩增加长度－弯曲调整值（或箍筋下料长度＝箍筋周长＋箍筋长度调整值）；

曲线钢筋（环形钢筋、螺旋箍筋、抛物线钢筋等）下料长度＝钢筋长度计算值＋弯钩增加长度。

（3）钢筋配料单及编制方法

①钢筋配料单的作用及形式。钢筋配料单是根据施工设计图纸标定钢筋的品种、规格

及外形尺寸、数量进行编号，并计算下料长度，用表格形式表达的技术文件。

a. 钢筋配料单的作用。钢筋配料单是确定钢筋下料加工的依据，提出材料计划，签发施工任务单和限额领料单的依据，它是钢筋施工的重要工序，合理的配料单能节约材料、简化施工操作。

b. 配料单的形式。钢筋配料单一般用表格的形式反映，其内容由构件名称、钢筋编号、钢筋简图、尺寸、钢号、数量、下料长度及质量等组成。

②钢筋配料单的编制方法及步骤。

a. 熟悉构件配筋图，弄清每一编号钢筋的直径、规格、种类、形状和数量，以及在构件中的位置和相互关系。

b. 绘制钢筋简图。

c. 计算每种规格的钢筋下料长度。

d. 填写钢筋配料单。

e. 填写钢筋料牌。

2. 钢筋代换

(1)钢筋代换原则

在施工中，已确认工地不可能供应设计图要求的钢筋品种和规格时，在征得设计单位的同意并办理设计变更文件后，才允许根据库存条件进行钢筋代换。代换前，必须充分了解设计意图、构件特征和代换钢筋性能，严格遵守国家现行设计规范和施工验收规范及有关技术规定。代换后，仍能满足各类极限状态的有关计算要求以及配筋构造规定，例如受力钢筋和箍筋的最小直径、间距、锚固长度、配筋百分率以及混凝土保护层厚度等。一般情况下，代换钢筋还必须满足截面对称要求。

梁内纵向受力钢筋与弯起钢筋应分别进行代换，以保证正截面与斜截面强度。偏心受压构件或偏心受拉构件(如框架柱、承受吊车荷载的柱、屋架上弦等)钢筋代换时，应按受力方向(受压或受拉)分别代换，不得取整个截面配筋量计算。吊车梁等承受反复荷载作用的构件，必要时，应在钢筋代换后进行疲劳验算。同一截面内配置不同种类和直径的钢筋代换时，每根钢筋拉力差不宜过大(同类型钢筋直径差一般不大于 5 mm)，以免构件受力不匀。钢筋代换应避免出现大材小用，优材劣用，或不符合专料专用等现象。钢筋代换后，其用量不宜高于原设计用量的 5%，也不应低于原设计用量的 2%。

对抗裂性要求高的构件(如吊车梁、薄腹梁、屋架下弦等)，不宜用 HPB235 级钢筋代换 HRB335、HRB400 级带肋钢筋，以免裂缝开展过宽。当构件受裂缝宽度控制时，代换后应进行裂缝宽度验算。例如，在代换后裂缝宽度有一定增大(但不超过允许的最大裂缝宽度)，还应对构件作挠度验算。

进行钢筋代换的效果，除应考虑代换后仍能满足结构各项技术性能要求之外，同时还要保证用料的经济性和加工操作的方便。

(2)钢筋代换方法

①等强度代换。当结构构件按强度控制时，可按强度相等的原则代换，称"等强度代换"，见式(3.1)。即代换前后钢筋的钢筋抗力不小于施工图纸上原设计配筋的钢筋抗力(单位为 N)。

$$A_{s2} f_{y2} \geqslant A_{s1} f_{y1} \tag{3.1}$$

式中：f_{y1}——原设计钢筋的抗拉强度设计值，N/mm^2；A_{s1}——原设计钢筋的计算截面面积，mm^2；f_{y2}——拟代换用钢筋的抗拉强度设计值，N/mm^2；A_{s2}——拟代换钢筋的计算截面面积，mm^2。

将圆面积公式 $A_s = \dfrac{\pi d^2}{4}$ 代入式(3.1)，有式(3.2)。

$$n_2 d_2^2 f_{y2} \geqslant n_1 d_1^2 f_{y1} \qquad\qquad (3.2)$$

式中：d_1——原设计钢筋的直径，mm；d_2——拟代换钢筋的直径，mm；n_1——原设计钢筋的根数，根；n_2——拟代换钢筋的根数，根。其余符号意义同前。

当原设计钢筋的直径与拟代换钢筋的直径相同时（即 $d_1 = d_2$），有式(3.3)。

$$n_2 f_{y2} \geqslant n_1 f_{y1} \qquad\qquad (3.3)$$

式中：符号意义同前。

当原设计钢筋与拟代换的钢筋级别相同时（即 $f_{y1} = f_{y2}$），有式(3.4)。

$$n_2 d_2^2 \geqslant n_1 d_1^2 \qquad\qquad (3.4)$$

式中：符号意义同前。

②等面积代换。当构件按最小配筋率配筋时，可按钢筋面积相等的原则进行代换，称"等面积代换"，见式(3.5)。

$$\left. \begin{array}{l} A_{s1} = A_{s2} \\ n_2 d_2^2 \geqslant n_1 d_1^2 \end{array} \right\} \qquad\qquad (3.5)$$

式中：符号意义同前。

③当构件受裂缝宽度或抗裂性要求控制时，代换后应进行裂缝或抗裂性验算代换，还应满足构造方面的要求（例如钢筋间距、最小直径、最少根数、锚固长度、对称性等）及设计中提出的其他要求。

3.1.4　钢筋的绑扎安装与验收

加工完毕的钢筋即可运到施工现场进行安装、绑扎。钢筋绑扎一般采用 20~22 号钢丝或镀锌钢丝，钢丝过硬时，可经过退火处理。钢筋绑扎时其交叉点主要采用钢丝扎牢。板和墙的钢筋网，除靠近外围两排钢筋的交叉点全部扎牢外，中间部分交叉点可间隔交错扎牢，但必须保证受力钢筋不发生位置偏移。双向受力的钢筋，其交叉点应全部扎牢。梁柱箍筋，除设计有特殊要求外，应与受力钢筋垂直设置，箍筋弯钩叠合处，应沿受力主筋方向错开设置。柱中竖向钢筋搭接时，角部钢筋的弯钩平面与模板面的夹角，对矩形柱应为45°角，对多边形柱应为模板内角的平分角，对圆形柱钢筋的弯钩平面应与模板的切平面垂直。中间钢筋的弯钩面应与模板面垂直。当采用插入式振捣器浇筑小型截面柱时，弯钩平面与模板面的夹角不得小于15°。

钢筋的安装绑扎应该与模板安装相配合，柱筋的安装一般在柱模板安装前进行。而梁的施工顺序正好相反，一般是先安装好梁模，再安装梁筋，当梁高较大时，可先留下一面侧模不安装，待钢筋绑扎完毕，再支余下一面侧模，以方便施工。楼板模板安装好后，即可安装板筋。

为了保证钢筋的保护层厚度，工地上常采用预制的水泥砂浆块垫在模板与钢筋间，垫块的厚度即为保护层厚度。垫块一般布置成梅花形，间距不超过 1 m。构件中有双层钢筋时，上层钢筋一般是通过绑扎短筋或设置垫块来固定。对于基础或楼板的双层筋，固定时一般采用钢筋撑脚来保证钢筋位置，间距 1 m。特别是雨篷、阳台等部位的悬臂板，更需严格控制负筋位置，以防悬臂板断裂。

绑扎钢筋时，配置的钢筋级别、直径、根数和间距均应符合设计要求；绑扎或焊接的钢筋网和钢筋骨架，不得有变形、松脱和开焊现象。

3.2 模板工程

现浇混凝土结构施工用的模板是使混凝土构件按设计的几何尺寸浇筑成型的模型板，是混凝土构件成型的一个十分重要的组成部分。模板系统包括模板和支架两部分。模板的选材和构造的合理性，以及模板制作和安装的质量，都直接影响混凝土结构和构件的质量、成本和进度。

3.2.1 模板的基本要求与分类

1. 模板的基本要求

现浇混凝土结构施工用的模板要承受混凝土结构施工过程中的水平荷载（混凝土的侧压力）和竖向荷载（模板自重、结构材料的质量和施工荷载等）。为了保证钢筋混凝土结构施工的质量，对模板及其支架有如下要求：保证工程结构和构件各部分形状、尺寸和相互位置的正确；具有足够的强度、刚度和稳定性，能可靠地承受新浇混凝土的重力和侧压力，以及在施工过程中所产生的荷载；构造简单，装拆方便，并便于钢筋的绑扎与安装，符合混凝土的浇筑及养护等工艺要求；模板接缝应严密，不得漏浆。

2. 模板的分类

现浇混凝土结构用模板工程的造价约占钢筋混凝土工程总造价的 30%，占总用工量的 50%。因此，采用先进的模板技术，对于提高工程质量、加快施工速度、提高劳动生产率、降低工程成本和实现文明施工，都具有十分重要的意义。混凝土新工艺的出现，大都伴随模板的革新，随着建设事业的飞速发展，现浇混凝土结构所用模板技术也已迅速向工具化、定型化、多样化、体系化方向发展，除木模外，多已形成组合式、工具式、永久式三大系列工业化模板体系。

模板有以下几种分类方法。

（1）按其所用的材料分

分为木模板、钢模板和其他材料模板[胶合板模板、塑料模板、玻璃钢模板、压型钢模、钢木（竹）组合模板、装饰混凝土模板、预应力混凝土薄板等]。

（2）按施工方法分

分为拆移式模板和活动式模板：拆移式模板由预制配件组成，现场组装，拆模后稍加清理和修理可再周转使用，常用的木模板和组合钢模板以及大型的工具式定型模板，如大模板、台模、隧道模等皆属拆移式模板；活动式模板是指按结构的形状制作成工具式模板，组装后随工程的进展而进行垂直或水平移动，直至工程结束才拆除，如滑升模板、提升模板、移动式模板等。

现浇混凝土结构中采用高强、耐用、定型化、工具化的新型模板，有利于多次周转使用，安拆方便，是提高工程质量、降低成本、加快进度、取得较好经济效益的重要施工措施。

3.2.2 模板的构造

1. 组合式模板

组合式模板，是指适用性和通用性较强的模板，可用它进行混凝土结构成型，既可按照设计要求先进行预拼装整体安装、整体拆除，也可采取散支散拆的方法，工艺灵活简便。常用的组合式模板有以下几种。

(1)木模板

木模板通常事先由工厂或木工棚加工成拼板或定型板形式的基本构件，再把它们进行拼装形成所需要的模板系统。拼板一般用宽度小于 200 mm 的木板，再用 25 mm×35 mm 的拼条钉成，由于使用位置不同，荷载差异较大，拼板的厚度也不一致。作梁侧模使用时，荷载较小，一般采用 25 mm 厚的木板制作；作承受较大荷载的梁底模使用时，拼板厚度加大到 40～50 mm。拼板的尺寸应与混凝土构件的尺寸相适应，同时考虑拼接时相互搭接的情况，应对一部分拼板增加长度或宽度。对于木模板，设法增加其周转次数是十分重要的。

(2)组合钢模板

组合钢模板系统由两部分组成：一是模板部分，包括平面模板、转角模板及将它们连接成整体模板的连接件；二是支承件，包括梁卡具、柱箍、桁架、支柱、斜撑等。

钢模板由边框、面板和纵横肋组成。边框和面板常采用 2.5～3.0 mm 厚的钢板轧制而成，纵横肋则采用 3.0 mm 厚扁钢与面板及边框焊接而成。钢模的厚度均为 55.0 mm。为便于钢模之间的连接，边框上都有连接孔，且无论长短孔距均保持一致，以便拼接顺利。组合钢模板的规格见表 3-1。

表 3-1 组合钢模板规格
单位：mm

规格	平面模板		阴角模板	阳角模板	连角模板
宽度	600, 550, 500, 450, 350, 300, 250, 200, 150, 100		150×150 50×50	150×150 50×50	50×50
长度	1800, 1500, 1200, 900, 750, 600, 450				
肋高	55				

组合钢模板有尺寸适中、组装灵活、加工精度高、接缝严密、尺寸准确、表面平整、强度和刚度好、不易变形等优点，使用寿命长。如果保养良好可周转使用 100 次以上，可以拼出各种形状和尺寸，以适应多种类型建筑物的柱、梁、板、墙、基础和设备基础等模板的需要，它还可拼成大模板、台模等大型工具式模板。但组合钢模板也有一些不足之

处：一次投资大，模板需周转使用 50 次才能收回成本。

（3）钢框木（竹）胶合板模板

钢框木（竹）胶合板模板，是以热轧异型钢为钢框架，以木、竹胶合板等作面板而组合成的一种组合式模板。制作时，面板表面应做一定的防水处理，模板面板与边框的连接构造有明框型和暗框型两种。明框型的框边与面板平齐，暗框型的边框位于面板之下。

钢框木（竹）胶合板模板的规格最长为 2400 mm，最宽为 1200 mm。因此，它与组合钢模板相比具有以下优点：自重轻（比组合钢模板约轻 1/3）；用钢量少（比组合钢模板约少 1/2）；单块模板面积大（比相同质量的单块组合钢模板可增大 40%），故拼装工作量小，可以减少模板的拼缝，有利于提高混凝土结构浇筑后的表面质量；周转率高，板面为双面覆膜，可以两面使用，使周转次数可达 50 次以上；保温性能好，板面材料的热传导率仅为组合钢模板的 1/400 左右，故有利于冬期施工；模板维修方便，面板损伤后可用修补剂修补；施工效果好，模板刚度大，表面平整光滑附着力小，支拆方便。

（4）无框模板

无框模板主要由面板、纵肋、边肋三种主要构件组成。这三种构件均为定型构件，可以灵活组合，适用于各种不同平面和高度的建筑物、构筑物模板工程，具有广泛的通用性能。横向围檩，一般可采用 $\phi48.0$ mm×3.5 mm 钢管和通用扣件在现场进行组装，可组装成精度较高的整装、整拆的片模。施工中模板损坏时，也可在现场更换。

面板有覆膜胶合板、覆膜高强竹胶合板和覆膜复合板三种面板。基本面板共有四种规格：1200 mm×2400 mm、900 mm×2400 mm、600 mm×2400 mm、150 mm×2 400 mm。基本面板按受力性能带有固定拉杆孔位置，并镶嵌强力 PVC(polyvinyl chloride，聚氯乙烯)塑胶加强套。纵肋采用 Q235 热轧钢板在专用设备上一次压制成型，为了提高纵肋的耐用性能和便于清理，表面采用耐腐蚀的酸洗除锈后喷塑工艺，它是无框模板主要受力构件。纵肋的高度有 45 mm（承受侧压力为 60 kN/m²）和 70 mm（承受侧压力为 100 kN/m²）两种，纵肋按建筑物、构筑物不同层高需要，有 2700 mm、3000 mm、3300 mm、3600 mm、3900 mm 五种不同长度。边肋是无框模板组合时的联结构件，用热轧钢板弯折成型，表面采用酸洗除锈喷塑处理。

2. 大模板

大模板一般是一面墙用一块模板的大型工具式模板，其装、拆均需机械化施工，是目前我国高层建筑施工中用得最多的一种模板。大模板建筑具有整体性好、抗震性强、机械化施工程度高等优点，并可在模板上设置不同衬模形成不同的花纹、线形与图案。但也存在着通用性差、钢材用量较大等缺点。

（1）常用大模板的结构类型

①全现浇的大模板建筑。内外墙全用大模板现浇钢筋混凝土墙体。结构整体性好，但外墙模板支设复杂，工期长。

②内浇外挂大模板建筑。内墙采用大模板现浇钢筋混凝土墙体，外墙采用预制装配式大型墙板。

③内浇外砌大模板建筑。内墙采用大模板现浇钢筋混凝土墙体，外墙为砖或砌块砌体。

以上三种结构类型的楼板可采用现浇楼板、预制楼板或叠合板。

（2）大模板的构造

大模板由面板、加劲肋、竖楞、支撑桁架、稳定机构和穿墙螺栓等组成（图 3-9）。

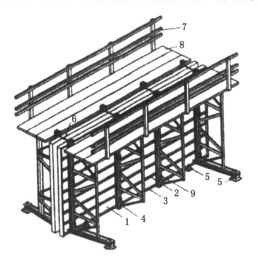

图 3-9　大模板构造

注：1—面板；2—水平加劲肋；3—支撑桁架；4—竖楞；5—调整用的千斤顶螺旋；

6—卡具；7—栏杆；8—脚手板；9—穿墙螺栓。

①面板。面板常用钢板或胶合板制成，表面平整光滑，并应有足够的刚度，拆模后墙表面可不再抹灰。胶合板可刻制装饰图案，可以减少后期的装饰工作量。

②加劲肋。加劲肋的作用是固定模板，保证模板的刚度并将力传递到竖楞上去，面板若按单向板设计则只有水平（或垂直）加劲肋，若按双向板设计则水平和垂直方向均有加劲肋。加劲肋一般用 L65 角钢或 65 槽钢制作，加劲肋与钢面板焊接固定。加劲肋间距一般为 300～500 mm，计算简图为以竖楞为支点的连续梁。

③竖楞。竖楞的作用是保证模板刚度，并作为穿墙螺栓的固定点，承受模板传来的水平力和垂直力，一般用背靠背的两根 ϕ65 mm 或 ϕ80 mm 的槽钢制作，间距 1.0～1.2 m，其计算简图是以穿墙螺栓为支点的连续梁。

④支撑桁架。支撑桁架的作用是承受水平荷载，防止模板倾覆。桁架用螺栓或焊接方法与竖楞连接起来。

⑤稳定机构。稳定机构的作用是调整模板的垂直度，并保证模板的稳定性。一般通过调整桁架底部的螺钉以达到调整模板垂直度的目的。

⑥穿墙螺栓。穿墙螺栓的主要作用是承受竖楞传来的混凝土侧压力并控制模板的间距。为了保证抽拆方便，穿墙螺栓外部套一根硬塑料管，其长度为墙体厚度。

内墙相对的两块平模是靠穿墙螺栓固定位置，顶部的穿墙螺栓可用卡具代替。外墙的外侧模板位置可利用槽钢将其悬挂在内侧模板上，也可安装在附墙脚手架上。

大模板在安装之前放置时，应注意其稳定性，设计模板时应考虑其自稳角度的计算，应避免因高空作业、风力造成模板倾覆伤人。

（3）大模板的组合方案

根据不同的结构体系可采取不同的大模板组合方案，对内浇外挂或内浇外砌结构体系多采用平模方案，即一面墙用一块平模。对内外墙全现浇结构体系可采用小角模方案，即平模为主，转角处用 L100 mm×10 mm 角钢为小角模(图 3-10)，亦可采用大角模方案，即内模板采用 4 个大角模，或大角模中间配以小平模的形式(图 3-11)。

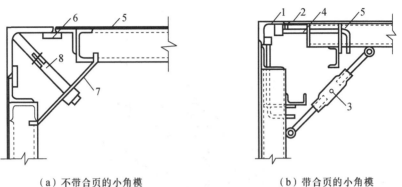

（a）不带合页的小角模　　　　　　　（b）带合页的小角模

图 3-10　小角模构造示意图

注：1—小角模；2—合页；3—花篮螺钉；4—转动铁拐；5—平模；6—偏铁；7—压板；8—转动拉杆。

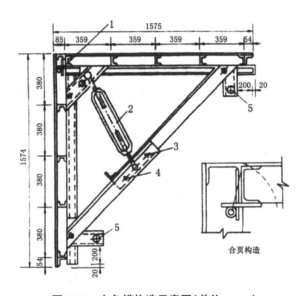

图 3-11　大角模构造示意图(单位：mm)

注：1—合页；2—花篮螺钉；3—固定销子；4—活动销子；5—调整用螺旋千斤顶。

3. 滑升模板

滑升模板是一种工具式模板，最适于现场浇筑高耸的圆形、矩形、筒壁结构。如筒仓、储煤塔、竖井等。近年来，滑升模板施工技术有了进一步的发展，不但适用浇筑高耸的变截载面结构，如烟囱、双曲线冷却塔，而且还被应用于剪力墙、简体结构等高层建筑的施工。

滑升模板施工的特点，是在建筑物或构筑物底部，沿其墙、柱、梁等构件的周边组装高 1.2 m 左右的模板。随着在模板内不断浇筑混凝土和不断向上绑扎钢筋，利用一套提升设备将模板装置不断向上提升，使混凝土连续成型，直到达到需要浇筑的高度为止。

用滑升模板可以节约大量的模板和脚手架，节省劳动力，施工速度快，工程费用低，结构整体性好，但模板一次投资多，耗钢量大，对建筑的立面和造型有一定的限制。

滑升模板是由模板系统、操作平台系统和提升机具系统三部分组成：模板系统包括模板、围圈和提升架等，它的作用主要是成型混凝土；操作平台系统包括操作平台、辅助平台和外吊脚手架等，是施工操作的场所；提升机具系统包括支撑杆、千斤顶和提升操纵装置等，是滑升的动力。这三部分通过提升架连成整体，构成整套滑升模板装置，如图 3-12 所示。

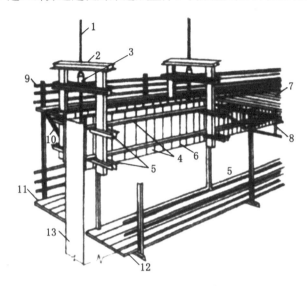

图 3-12　滑升模板组成示意图

注：1—支撑杆；2—提升架；3—液压千斤顶；4—围圈；5—围圈支托；6—模板；7—操作平台；
8—平台桁架；9—栏杆；10—外排三角架；11—外吊脚手架；12—内吊脚手架；13—混凝土墙体。

　　滑升模板装置的全部荷载是通过提升架传递给千斤顶，再由千斤顶传递给支撑杆承受。

　　千斤顶是沿支撑杆向上的 HQ－30 型液压千斤顶，其主要由活塞、缸筒、底座、上卡头、下卡头和排油弹簧等部件组成，如图 3-13 所示。它是一种穿心式单作用液压千斤顶，支撑杆从千斤顶的中心通过，千斤顶只能沿支撑杆向上爬升，不能下降。起重质量为 30 kN，工作行程为 30 mm。

　　液压千斤顶的进油、回油是由油泵、油箱、电动机、换向阀、溢流阀等集中安装在一起的液压控制台操纵进行的。液压控制台放在操作平台上，随滑升模板装置一起同时上升。

　　施工时，用螺栓将千斤顶固定在提升架的横梁上，支撑杆插入千斤顶的中心孔内。由于千斤顶的上、下卡头中分别有 7 个小钢球，在卡内呈环状排列，支撑在 7 个斜孔内的卡头小弹簧上，当支撑杆插入时，即被上、下卡头的钢珠夹紧。当需要提升时，开动油泵，将油液

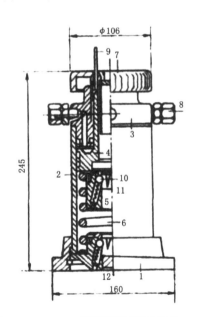

图 3-13　HQ－30 型液压千斤顶（单位：mm）

注：1—底座；2—缸筒；3—缸盖；4—活塞；
5—上卡头；6—排油弹簧；7—行程调整帽；
8—油嘴；9—行程指示杆；10—钢球；
11—卡头小弹簧；12—下卡头。

从千斤顶的进油口压入油缸，在活塞与缸盖间加压，这时油液下压活塞，上压缸盖。由于活塞与上卡头是连成一体的，所以当活塞受油压作用被下压，即上卡头受到下压力的作用时，产生下滑趋势，此时卡头内钢球在支撑杆的摩擦力作用下便沿斜孔向上滚动，使7个钢球所组成的圆周缩小，从而夹紧支撑杆，使上卡头与支撑杆锁紧，不能向下运动，因此活塞也不能向下运动。与此同时，缸盖受到油液上压力的作用，使下卡头受到一向上的力的作用，须向上运动，因而使下卡头内的钢球在支撑杆摩擦力作用下压缩卡头小弹簧，沿斜孔向下滚动，7个钢球所组成的圆周扩大，下卡头与支撑杆松脱，从而导致缸盖、缸筒、底座和下卡头在油压力作用下向上运动，相应地带动提升架等整个滑升模板装置上升，一直上升到下卡头顶紧时为止，这样千斤顶便上升了一个工作行程。这时排油弹簧呈压缩状态，上卡头锁住支撑杆，承受滑升模板装置的全部荷载。回油时，油液压力被解除，在排油弹簧和模板装置荷载作用下，下卡头又由于小钢球的作用与支撑杆锁紧，并接替并支撑上卡头所承受的荷载，因而缸筒和底座不能下降。上卡头则由于排油弹簧的作用使支撑杆松脱，并与活塞一起被推举向上运动，直到活塞与缸盖顶紧为止，与此同时，油缸内的油液便被排回油箱。这时千斤顶便完成一次上升循环。一个工作循环中千斤顶只上升一次，行程约 30 mm。回油时，千斤顶不上升，也不下降。通过不断地进油重复工作循环，千斤顶也就沿着支撑杆向上爬升，模板被带着不断向上滑升。

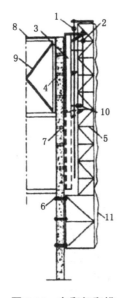

图 3-14　有爬架爬模

注：1—提升外模板的动力机构；
2—提升外爬架的动力机构；
3—外爬升模板；4—预留孔；
5—外爬架（包括支撑架和附墙架）；
6—螺栓；7—外墙；8—楼板模板；
9—楼板模板支撑；10—模板校正器；
11—安全网。

4. 爬升模板

爬升模板简称爬模，是施工剪力墙和筒体结构的混凝土结构高层建筑和桥墩、桥塔等的一种有效的模板体系，我国现已推广应用。由于模板能自爬，不需起重运输机械吊运，减少了施工中的起重运输机械的工作量，能避免大模板受大风的影响。由于自爬的模板上还可悬挂脚手架，所以可省去结构施工阶段的外脚手架，因此其经济效益较好。

爬模分为有爬架爬模和无爬架爬模两类。

（1）有爬架爬模

有爬架爬模由爬升模板、爬架和爬升设备三部分组成（图 3-14）。

爬架是格构式钢架，用来提升外爬模，由下部附墙架和上部支撑架两部分组成，总高度应大于每次爬升高度的 3 倍。附墙架用螺栓固定在下层墙壁上；上部支撑架高度大于两层模板的高度，坐落在附墙架上，与之成为整体。支撑架上端有挑横梁，用以悬吊提升爬升模板用的提升动力机构（如手拉葫芦、千斤顶等），通过提升动力机构提升模板。

模板顶端装有提升外爬架用的提升动力机构，在模板固定后，通过它提升爬架。由此，爬架与模板相互提升，向上施工。爬升模板的背面还可悬挂外脚手架。

提升动力机构可为手拉葫芦、电动葫芦或液压千斤顶和电动千斤顶。手拉葫芦简单易行，由人力操纵。例如，用液压千斤顶，则爬架、爬升模板各用一台油泵供油。爬杆用 25 圆钢，用螺帽和垫板固定在模板或爬架的挑横梁上。

桥墩和桥塔混凝土浇筑用的模板，也可用有爬架的爬模，如桥墩和桥塔为斜向的，则爬架与爬升模板也应斜向布置，进行斜向爬升，以适应桥墩与桥塔的倾斜及截面变化的需要。

（2）无爬架爬模

无爬架爬模取消了爬架，模板由甲、乙两类模板组成。爬升时，两类模板间隔布置、互为依托，通过提升设备使两类相邻模板交替爬升。

甲、乙两类模板中，甲型模板为窄板，高度大于两个提升高度；乙型模板按混凝土浇筑高度配置，与下层墙体应有搭接，以免漏浆。两类模板交替布置，甲型模板布置在转角处或较长的墙中部。内、外模板用对销螺栓拉结固定。

爬升装置由三角爬架、爬杆和液压千斤顶组成。三角爬架插在模板上口两端的套筒内，套筒与背楞连接，三角爬架可自由回转，用以支撑爬杆。爬杆上端用卡座固定，支承在三角爬架上，爬升时处于受拉状态。每块模板上装有两台液压千斤顶，乙型模板装在模板上口两端，甲型模板安装在模板中间偏上处。

爬升时，先放松穿墙螺栓，并使墙外侧的甲型模板与混凝土脱离。调整乙型模板上三角爬架的角度，装上爬杆，爬杆下端穿入甲型模板中间的液压千斤顶中，然后拆除甲型模板的穿墙螺栓，启动千斤顶，将甲型模板爬升至预定高度，待甲型模板爬升结束并固定后，再用甲型模板爬升乙型模板。

3.2.3　模板设计

定型模板和常用的模板拼板，在其适用范围内一般不需要进行设计或验算。但对于一些特殊结构、新型体系的模板，或超出适用范围的一般模板则应进行设计和验算。

根据我国规范规定，模板及其支架应根据工程结构形式、荷载大小、地基土类别、施工设备和材料供应等条件进行设计。

模板和支架的设计，包括选型、选材、荷载计算、结构计算、拟定制作、安装和拆除方案、绘制模板图等。因篇幅关系，这里仅对荷载计算和结构计算的内容进行简要阐述，分为荷载及荷载组合、计算规定两部分。

1. 荷载及荷载组合

在设计和验算模板、支架时应考虑下列荷载。

（1）模板及支架自重力

模板及其支架的自重力，可根据模板设计图纸确定。肋形楼板模板及无梁楼板模板的自重力可参考表 3-2 确定。

表 3-2 楼板模板自重力标准值

模板构件	组合钢模板	木模板
平板模板及小棱自重力/(kN·m⁻²)	0.50	0.30
楼板模板(包括梁模板)自重力/(kN·m⁻²)	0.75	0.50
楼板模板及其支架(楼层高度 4 m 以下)自重力/(kN·m⁻²)	1.10	0.75

（2）新浇混凝土的自重标准值

普通混凝土可采用 24 kN/m³，其他混凝土可根据实际重力密度确定。

（3）钢筋自重标准值

根据设计图纸确定。对一般梁板结构，每立方米钢筋混凝土结构的钢筋自重标准值可采用下列数值：楼板 1.1 kN；梁 1.5 kN。

（4）施工人员及设备荷载标准值

①计算模板及直接支撑模板的小梁时，均布活荷载为 2.5 N/m²，另应以集中荷载 2.5 kN 进行验算，取两者中较大的弯矩值。

②计算支撑小梁的构件时，均布活荷载为 1.5 N/m²。

③计算支架立柱及其他支撑结构构件时，均布活荷载为 1.0 N/m²。

对大型浇筑设备如上料平台，混凝土输送泵等按实际情况计算；木模板板条宽度小于 150 mm 时，集中荷载可以考虑由相邻两块板共同承受；如果混凝土堆集料的高度超过 100 mm 时，则按实际高度计算。

（5）振捣混凝土时产生的荷载标准值

水平面模板为 2.0 kN/m²；垂直面模板为 4.0 kN/m²（作用范围在新浇混凝土侧压力的有效压头高度之内）。

（6）新浇筑混凝土对模板侧面的压力标准值

新浇筑混凝土对模板侧压力的影响因素很多，如水泥品种与用量、骨料种类、水灰比、外加剂等混凝土原材料和混凝土的浇筑速度、混凝土的温度、振捣方式等外界施工条件及模板情况、构件厚度、钢筋用量及排放位置等，都是影响混凝土对模板侧压力的因素。其中，混凝土的容重、混凝土的浇筑速度、混凝土的温度以及振捣方式等影响较大，它们是计算新浇筑混凝土对模板侧面的压力控制因素。

2. 计算规定

计算钢模板、木模板及支架时都要遵守相应结构的设计规范。

验算模板及其支架的刚度时，其最大变形值不得超过下列允许值：对结构表面外露的模板，为模板构件计算跨度的 1/400；对结构表面隐蔽的模板，为模板构件计算跨度的 1/250；对支架的压缩变形值或弹性挠度，为相应的结构计算跨度的 1/1000。

支架的立柱或桁架应保持稳定，并用撑拉杆件固定。验算模板及其支架在自重和风荷载作用下的抗倾倒稳定性时，应符合有关规定。

3.2.4 模板拆除

在进行模板设计时，就应考虑模板的拆除顺序和拆除时间，以便提高模板的周转率，减少模板用量,降低工程成本。

1. 拆模要求

现浇结构的模板及其支架拆除时的混凝土强度应符合设计要求,当设计无具体要求时应符合下列规定。

①侧模应在混凝土强度所保证其表面及棱角不因拆除模板而受损坏时,方可拆除。

②底模应在与结构同条件养护的试块达到规定强度时,方可拆除。

2. 拆模顺序

拆模应按一定的顺序进行,一般应遵循先支后拆、后支先拆、先非承重部位后承重部位以及自上而下的原则。重大复杂模板的拆除,事前应制定拆除方案。

3. 拆模时注意事项

拆模时,操作人员应站在安全处,以免发生安全事故。拆模时应尽量不要用力过猛、过急,严禁用大锤和撬棍硬砸硬撬,以避免混凝土表面或模板受到损坏。

拆下的模板及配件严禁抛扔,要有人接应传递、按指定地点堆放,并做到及时维修和涂好隔离剂,以备使用。

在拆除模板过程中,当发现混凝土有影响结构安全的质量问题时,应暂停拆除,经过处理后,方可继续拆除。对已拆除模板及其支撑的结构,应在混凝土强度达到设计混凝土强度等级的要求后,才允许承受全部使用荷载。

拆模后如发现有缺陷,应及时修补,对数量不多的小蜂窝或露石的结构,可先用钢丝刷或压力水清洗,然后用 1∶2.5~1∶2 的水泥砂浆抹平。对蜂窝和露筋,应凿去全部深度内的薄弱混凝土层和个别突出的骨料,用钢丝刷和压力水冲洗后,用比原强度等级高一级的细骨料混凝土填塞,并仔细捣实。对影响结构承重性能的缺陷,要会同有关单位研究后慎重处理。

3.3　混凝土工程

3.3.1　混凝土的制备

1. 混凝土配制强度的确定

为达到 95% 的保证率,首先应根据设计的混凝土强度标准值按式(3.6)确定混凝土配制强度。

$$f_{cu,o} = f_{cu,k} + 1.645\sigma \tag{3.6}$$

式中:$f_{cu,o}$——混凝土的施工配制强度,MPa;$f_{cu,k}$——设计的混凝土强度标准值,MPa;σ——施工单位的混凝土强度标准差,MPa。

当施工单位具有近期的同一品种混凝土强度资料时,其混凝土强度标准差 σ 应按式(3.7)计算。

$$\sigma = \sqrt{\dfrac{\sum\limits_{i=1}^{N} f_{cu,i}^2 - N\mu_{fcu}^2}{N-1}}$$ (3.7)

式中：$f_{cu,i}$——统计周期内同一品种混凝土第 N 组试件的强度值，MPa；μ_{fcu}——统计周期内同一品种混凝土 N 组强度的平均值，MPa；N——统计周期内同一品种混凝土试件的总组数，$N \geqslant 25$。其余符号意义同前。

对预拌混凝土厂和预拌混凝土构件厂，统计周期可取 1 个月；对现场拌制混凝土的施工单位，统计周期可根据实际情况确定，但不宜超过 3 个月。

当施工单位不具有近期的同一品种混凝土强度资料时，其混凝土强度标准差 σ 可按表 3-3 取用。

表 3-3　σ 值选用表

混凝土强度等级	σ /MPa
$\leqslant$C15	4.0
C20～C35	5.0
＞C40	6.0

2. 混凝土施工配合比的确定

混凝土的施工配合比是指在施工现场的实际投料比例，是根据实验室提供的纯料(不含水)配合比及考虑现场砂石的含水率而确定的。

假设实验室配合比为水泥∶砂∶石子＝1∶x∶y；水灰比为 W/C。现测得砂含水率为 W_x，石子含水率为 W_y，则施工配合比为水泥∶砂∶石子＝1∶$x(1+W_x)$∶$y(1+W_y)$。水灰比 W/C 不变，但用水量应扣除砂石中所含水的质量。

3. 混凝土搅拌机的选择

混凝土搅拌是将各种组成材料拌制成质地均匀、颜色一致、具备一定流动性的混凝土拌和物。如果混凝土搅拌得不均匀就不能获得密实的混凝土，就会影响混凝土的质量，因此搅拌是混凝土施工工艺中很重要的一道工序。由于人工搅拌混凝土质量差、消耗水泥多，而且劳动强度大，所以只有在工程量很小时才用人工搅拌，一般均采用机械搅拌。

混凝土搅拌机按其搅拌原理分为自落式和强制式两类(图 3-15)。

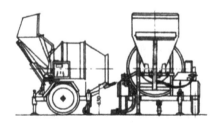 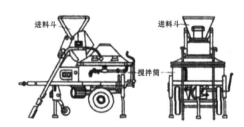

（a）自落式搅拌机　　　　　　（b）强制式搅拌机

图 3-15　混凝土搅拌机

自落式搅拌机的搅拌筒内壁焊有弧形叶片，在搅拌筒绕水平轴旋转时，叶片不断将物料提升到一定高度，利用重力的作用自由落下。由于各物料颗粒下落的时间、速度、落点和滚动距离不同，从而达到将物料颗粒混合的目的。自落式搅拌机宜用于搅拌塑性混凝土和低流动性混凝土。

锥形反转出料搅拌机是自落式搅拌机中较好的一种，由于它的主副叶片分别与拌筒轴线成 45°夹角和 40°夹角，搅拌时叶片使物料做轴向窜动，因此搅拌运动比较强烈。它正转搅拌，反转出料，功率消耗大。这种搅拌机构造简单，质量轻，搅拌效率高，出料干净，维修保养方便。

强制式搅拌机利用运动着的叶片强迫物料颗粒朝环向、径向和竖向各个方面产生运动，使各物料均匀混合。强制式搅拌机作用比自落式强烈，宜用于搅拌干硬性混凝土和轻骨料混凝土。

强制式搅拌机分立轴式和卧轴式，立轴式又分涡桨式和行星式。1965 年，我国研制出构造简单的 JW 涡桨式搅拌机，尽管这种搅拌机生产的混凝土质量、搅拌时间、搅拌效率等明显优于鼓筒型搅拌机，但也存在一些缺点，例如动力消耗大、叶片和衬板磨损大、混凝土骨料尺寸大，易把叶片卡住而损坏机器等。卧轴式又分 JD 单卧轴搅拌机和 JS 双卧轴搅拌机，由旋转的搅拌叶片强制搅动，兼有自落和强制搅拌两种机能，搅拌强烈，搅拌的混凝土质量好，搅拌时间短，生产效率高。卧轴式搅拌机 1980 年才在我国出现，但发展很快，已形成了系列产品，并会有一些新结构出现。

选择搅拌机时，要根据工程量大小、混凝土的坍落度、骨料尺寸等而定，既要满足技术上的要求，亦要考虑经济效果和节约能源。

4. 搅拌制度的确定

为了获得质量优良的混凝土拌和物，除正确选择搅拌机外，还必须正确确定搅拌制度，即搅拌时间、投料顺序和进料容量等。

(1)搅拌时间

搅拌时间是影响混凝土质量及搅拌机生产率的重要因素之一，时间过短，搅拌不均匀，会降低混凝土的强度及和易性；时间过长，不仅会影响搅拌机的生产率，而且会使混凝土和易性降低或产生分层离析现象。搅拌时间与搅拌机的类型、鼓筒尺寸、骨料的品种和粒径以及混凝土的坍落度等有关，混凝土搅拌最短时间(自全部材料装入搅拌筒中起到卸料止)见表 3-4。

表 3-4　混凝土搅拌的最短时间

混凝土坍落度/mm	搅拌机机型	搅拌机出料容量		
		<250 L	250~500 L	>500 L
≤30	自落式	90 s	120 s	150 s
	强制式	60 s	90 s	120 s
>30	自落式	90 s	90 s	120 s
	强制式	60 s	60 s	90 s

（2）投料顺序

投料顺序应从提高搅拌质量，减少叶片、衬板的磨损，减少拌和物与搅拌筒的黏结，减少水泥飞扬改善工作条件等方面综合考虑确定。常用方法有以下几种。

①一次投料法。在上料斗中先装石子，再加水泥和砂，之后一次性投入搅拌机，在鼓筒内先加水或在料斗提升进料的同时加水。这种上料顺序使水泥夹在石子和砂中间，上料时不致飞扬，又不致黏住斗底，且水泥和砂先进入搅拌筒形成水泥砂浆，可缩短包裹石子的时间。

②两次投料。两次投料法又分为预拌水泥砂浆法和预拌水泥净浆法。预拌水泥砂浆法是先将水泥、砂和水加入搅拌筒内进行充分搅拌，成为均匀的水泥砂浆，再投入石子搅拌成均匀的混凝土。两次投料法搅拌的混凝土与一次投料法相比较，混凝土强度提高约15%，在强度相同的情况下，可节约水泥15%～20%。

③水泥裹砂法。水泥裹砂法又称为 SEC(sand enveloped with cement)法。采用这种方法拌制的混凝土称为 SEC 混凝土，也称作造壳混凝土。其搅拌程序是先加一定量的水，将砂表面的含水量调节到某一规定的数值后，再将石子加入与湿砂拌匀，然后将全部水泥投入，与润湿后的砂、石拌和，使水泥在砂、石表面形成一层低水灰比的水泥浆壳（此过程称为"成壳"），最后将剩余的水和外加剂加入，搅拌成混凝土。采用 SEC 法制备的混凝土与一次投料法相比，强度可提高20%～30%，且混凝土不易产生离析现象，泌水少，工作性能好。

（3）进料容量

进料容量是将搅拌前各种材料的体积累积起来的容量，又称干料容量。进料容量 V_j 与搅拌机搅拌筒的几何容量 V_g 有一定的比例关系，一般情况下，$V_j/V_g=0.22\sim0.40$。如果任意超载（进料容量超过10%），就会使材料在搅拌筒内无充分的空间进行掺和，影响混凝土拌和物的均匀性。反之，如装料过少，则又不能充分发挥搅拌机的效能。

3.3.2 混凝土的运输

1. 运输要求

混凝土从搅拌机卸出后，应及时运至浇筑地点。为保证混凝土质量，混凝土运输应符合以下基本要求。

①运输中要保持良好的均匀性，不离析、不漏浆。

②保证混凝土具有设计配合比规定的坍落度（应考虑足够的坍落度损失，如气温高低、距离远近等因素）。

③使混凝土在初凝前浇入模板内并捣实。

④保证混凝土浇筑能连续进行。

2. 运输工具

运输分类：地面运输、垂直运输、楼面运输。

①地面运输多采用双轮手推车、机动翻斗车、混凝土搅拌运输车及自卸汽车。

②楼面运输多采用双轮手推车、皮带运输机，也可用塔式起重机、混凝土泵。

③垂直运输多采用塔式起重机加料斗、井架或混凝土泵等。

3. 运输时间

混凝土应以最少的运转次数和最短的时间，从搅拌地点运至浇筑地点，并在初凝前浇筑完毕。混凝土从搅拌机卸出后到浇筑完毕的延续时间要求详见表 3-5。

表 3-5　混凝土从搅拌机卸出后到浇筑完毕的延续时间　　　　　　　　单位：min

混凝土强度等级	气温	
	≤25 ℃	>25 ℃
C30 及 C30 以下	120	90
C30 以上	90	60

注：1. 掺用外加剂或采用快硬水泥拌制混凝土时，应按试验确定。

2. 轻骨料混凝土的运输，浇筑延续时间应适当缩短。

3.3.3　混凝土的浇筑

1. 浇筑前的准备工作

混凝土浇筑前应做好必要的准备工作，对模板及其支架、钢筋、预埋件和预埋管线必须进行检查，并做好隐蔽工程的验收，符合设计要求后方能浇筑混凝土。

在地基或基土上浇筑混凝土时，应清除淤泥和杂物，并应有排水和防水措施。对干燥的非黏性土，应用水湿润；对未风化的岩石，应用水清洗，但其表面不得有积水。

在浇筑混凝土之前，将模板内的杂物和钢筋上的油污等清理干净；对模板的缝隙及孔洞立即堵严；对木模板应浇水湿润，但不得有积水。

2. 浇筑混凝土的一般规定

混凝土自高处自由倾落的高度不应超过 2 m，当浇筑竖向结构混凝土时，倾落高度不应超过 3 m，否则应采用串筒、溜管、斜槽或振动溜管等下料，以防粗集料下落动能大，积聚在结构底部，造成混凝土分层离析。

当降雨雪时，不宜露天浇筑混凝土，当需浇筑时，应采取有效措施，以确保混凝土质量。混凝土必须分层浇筑，浇筑层的厚度应符合表 3-6 的要求。

表 3-6　混凝土浇筑层厚度　　　　　　　　单位：mm

捣实混凝土的方法		浇筑层的厚度
插入式振捣		振捣器作用部分长度的 1.25 倍
表面振捣		200
人工捣固	在基础、无筋混凝土或配筋稀疏的结构中	250
	在梁、墙板、柱结构中	200
	在配筋密列的结构中	150
轻集料混凝土	插入式振捣	300
	表面振动（振动时需加荷）	200

浇筑混凝土应连续进行，必须间歇时，其间歇时间宜短，应在前层混凝土凝结之前将次层混凝土浇筑完毕。

施工缝的位置应在混凝土浇筑之前确定，并宜留置在结构受剪力较小且便于施工的部位。施工缝的留置位置应符合下列规定。

①柱宜留置在基础的顶面、梁或吊车梁牛腿的下面、吊车梁的上面、无梁楼板柱帽的下面。

②与板连成整体的大截面梁，留置在板底面以下 20～30 mm 处。当板下有梁托时，留置在梁托下部。

③单向板，留置在平行于短边的任何位置。

④有主次梁的楼板宜顺着次梁方向浇筑，施工缝应留置在次梁跨度中间1/3范围内。

3. 多层框架剪力墙结构的浇筑

(1)柱子

同一施工段内每排柱子应按由外向内对称的顺序浇筑，不要由一端向另一端顺序推进，以防止柱子模板受推向一侧倾斜，造成误差积累过大而难以纠正。为防止柱子根部出现蜂窝麻面，柱子底部应先浇筑一层厚50～100 mm 且与所浇筑混凝土内砂浆成分相同的水泥砂浆或水泥浆，然后再浇入混凝土，并应加强根部振捣，可使新旧混凝土紧密结合，应控制住每次投入模板内的混凝土数量，以保证不超过规定的每层浇筑厚度。如柱子和梁分两次浇筑，在柱子顶端留施工缝。当处理施工缝时，应将柱顶处厚度较大的浮浆层处理掉。如柱子和梁一次浇筑完毕，不留施工缝，那么在柱子浇筑完毕后应间隔1.0～1.5 h，待混凝土沉实后，再继续浇筑上面的梁板结构。

(2)剪力墙

框架结构中的剪力墙亦应分层浇筑，其根部浇筑方法与柱子相同。当浇筑到顶部时，因浮浆积聚太多，应适当减少混凝土配合比中的用水量。对有窗口的剪力墙，应在窗口两侧对称下料，以防压斜窗口模板，对墙口下部的混凝土应加强振捣，以防出现孔洞。墙体浇筑后间歇1.0～1.5 h，待混凝土沉实，方可浇筑上部梁板结构。

梁和板宜同时浇筑，当梁高度大于 1 m 时方将梁单独浇筑。

当采用预制楼板、硬架支模时，应加强梁部混凝土的振捣和下料，严防出现孔洞。并加强楼板的支撑系统，以确保模板体系的稳定性。在有叠合构件时，对现浇的叠合部位应随时用铁插尺检查混凝土厚度。

当梁柱混凝土标号不同时，应先用与柱同标号的混凝土浇筑柱子与梁相交的结点处，用铁丝网将结点与梁端隔开，在混凝土凝结前，及时给梁浇筑混凝土，不要在梁的根部留施工缝。

4. 大体积混凝土结构的浇筑

大体积混凝土工程在水利工程中比较多见，在工业与民用建筑中多为设备基础、桩基承台或基础底板等，其整体性要求高，施工中往往不允许留施工缝。

大体积混凝土基础的整体性要求高，一般要求混凝土连续浇筑，一气呵成。施工工艺上应做到分层浇筑、分层捣实，但又必须保证上下层混凝土在初凝之前结合好，不致形成施工缝。在特殊的情况下可以留有基础后浇带，即在大体积混凝土基础预留一条后浇的施工缝,将整块大体积混凝土分成两块或若干块浇筑,待所浇筑的混凝土经一段时间的养护干缩后,再在预留的后浇带中浇筑补偿收缩混凝土,使分块的混凝土连成一个整体。

大体积混凝土结构的浇筑方案可分为全面分层法、分段分层法与斜面分层法三种。全面分层法要求混凝土的浇筑速度较快,分段分层法次之,斜面分层法最慢。

浇筑方案应根据整体性要求、结构大小、钢筋疏密、混凝土供应等具体情况进行选用。

(1)全面分层法

在整个基础内全面分层浇筑混凝土,要做到第一层全面浇筑完毕回来浇筑第二层时,第一层浇筑的混凝土还未初凝,如此逐层进行,直至浇筑完毕。这种方案适用于结构的平面尺寸不太大的情况,施工时从短边开始,沿长边进行也可。必要时亦可分为两段,从中间向两端或从两端向中间同时进行。

(2)分段分层法

分段分层适宜于厚度不太大而面积或长度较大的结构,混凝土从底层开始浇筑,浇筑一定距离后回来浇筑第二层,如此依次向前浇筑以上各分层。

(3)斜面分层法

斜面分层适用于结构的长度超过厚度 3 倍的情况。振捣工作应从浇筑层的下端开始,逐渐上移,以保证混凝土施工质量。

分层的厚度取决于振动器的棒长和振动力的大小,同时也要考虑混凝土的供应量大小和可能浇筑量的多少,一般为 20～30 cm。

大体积混凝土浇筑的关键问题是水泥的水化热量大,积聚在内部造成内部温度升高,而结构表面散热较快,由于内外温差大,会在混凝土表面产生裂纹。还有一种情况是当混凝土内部散热后,体积收缩,但基底或前期浇筑的混凝土与其不能同步收缩,而造成对上部混凝土的约束,接触面处会产生很大的拉应力,当超过混凝土的极限拉应力时,混凝土结构会产生裂缝。该种裂缝严重者会贯穿整个混凝土截面。

要防止大体积混凝土浇筑后产生裂缝,就要尽量避免水泥水化热的积聚,使混凝土内外温差不超过 25 ℃。为此,应选用低水化热的矿渣水泥、火山灰水泥或粉煤灰水泥;掺入适量的粉煤灰以降低水泥用量;扩大浇筑面和散热面,降低浇筑速度或减小浇筑厚度。必要时采取人工降温措施,如采用风冷却,或向搅拌用水中投冰块以降低水温,但不得将冰块直接投入搅拌机。实在不行,可在混凝土内部埋设冷却水管,用循环水来降低混凝土温度。在炎热的夏季,混凝土浇筑时的温度不宜超过 28 ℃。最好选择在夜间气温较低时浇筑,必要时,经过计算并征得设计单位同意可留施工缝而分层浇筑。

3.3.4　混凝土的养护

浇捣后的混凝土之所以能逐渐凝结硬化,主要是水泥水化作用的结果,而水化作用需要适当的温度和湿度。

混凝土浇筑完毕后,应在 12 h 以内养护,干硬性混凝土应在混凝土浇筑完毕后立即养护。养护方法有自然养护和人工养护。

(1)自然养护

自然养护是指在平均气温高于 5 ℃的条件下使混凝土保持湿润状态,分为洒水养护和喷涂薄膜养生液养护等。养护时间要求：普通硅酸盐水泥拌制的混凝土，不少于 7 d；抗渗混凝土，不少于 14 d；火山灰硅酸盐水泥和粉煤灰硅酸盐水泥拌制的混凝土，不少于 14 d。洒水次数以能保证混凝土保持足够的湿润状态为宜。混凝土必须养护至强度达到 1.2 N/mm² 以上时，才准在上面行人和架设支架、安装模板，且不得冲击混凝土。

①洒水养护。洒水养护是一种简单而有效的混凝土养护方法，它通过定期向混凝土表面洒水来保持其湿润状态。这种方法适用于各种环境条件，特别是在气温适中、湿度相对较高的地区。洒水养护的关键在于洒水频率和洒水量的控制，以保持混凝土表面持续湿润但不积水。洒水养护的成本相对较低，但需要人工操作，且养护效果可能受到天气和人为因素的影响。

②喷涂薄膜养生液养护。喷涂薄膜养生液养护是一种新型的混凝土养护方法，它通过在混凝土表面喷洒一层薄薄的养生液来形成一层保护膜。这层保护膜能够锁住混凝土内部的水分，防止其过快蒸发，从而保持混凝土的湿润状态。喷涂薄膜养生液养护具有养护效果好、施工简便、节省人力等优点。然而，这种方法需要使用专门的养生液和设备，成本相对较高。此外，养生液的质量和喷洒技术也会影响养护效果。

（2）人工养护

人工养护主要有蒸汽养护、热水养护、太阳能养护等。

①蒸汽养护。蒸汽养护是通过向混凝土构件或结构物通入蒸汽，利用其热量和湿度来促进混凝土的水化反应，从而加速混凝土的硬化过程。这种方法通常用于预制构件或大型结构物的养护，可以显著提高混凝土的早期强度，缩短工期。蒸汽养护需要专门的设备，包括蒸汽发生器、蒸汽管道和控制系统等，以确保蒸汽的均匀分布和适宜的温度湿度条件。

②热水养护。热水养护则是通过向混凝土周围或内部注入热水，利用水的温度来提高混凝土的养护温度，促进水化反应的进行。这种方法适用于一些需要较高养护温度但又不便于使用蒸汽养护的场合，如地下结构物或需要控制湿度变化的区域。热水养护同样需要相应的设备和管道系统来确保热水的均匀分布和温度控制。

③太阳能养护。太阳能养护是利用太阳能资源来加热混凝土或为其提供适宜的养护环境的一种方法。它通常通过安装太阳能集热器来收集太阳能，并将其转化为热能，然后利用这些热能来加热混凝土或养护环境。太阳能养护具有环保、节能、经济等优点，尤其适用于阳光明媚、太阳能资源丰富的地区。然而，其效果可能受到天气和季节的影响，因此在使用时需要结合实际情况进行考虑。

3.4 砌体工程

砌体工程是指在建筑工程中使用普通黏土砖、承重黏土空心砖、蒸压灰砂砖、粉煤灰砖、各种中小型砌块和石材等材料进行砌筑的工程。砖砌体的砌筑方法有"三一"砌砖法、挤浆法、刮浆法和满口灰法。其中，"三一"砌砖法与挤浆法最为常用。

砌体可分为以下几种。

①砖砌体,主要有墙和柱。

②砌块砌体,多用于定型设计的民用房屋及工业厂房的墙体。

③石材砌体,多用于带形基础、挡土墙及某些墙体结构。

④配筋砌体,在砌体水平灰缝中配置钢筋网片或在砌体外部的预留槽沟内设置竖向粗钢筋的组合砌体。

砌体除应采用符合质量要求的原材料外,还必须有良好的砌筑质量,以使砌体有良好的整体性、稳定性和良好的受力性能,一般要求灰缝横平竖直,砂浆饱满,厚薄均匀,砌块应上下错缝,内外搭砌,接槎牢固,墙面垂直;要预防不均匀沉降引起开裂;要注意施工中墙、柱的稳定性;冬期施工时还要采取相应措施。

3.4.1 砖砌体砌筑

以砖基础和砖墙为例,对砖砌体的砌筑进行介绍。

1. 砖基础

(1)砖基础构造

砖基础下部通常扩大,称为大放脚。大放脚有等高式和不等高式两种。等高式大放脚是"两皮一收",即每砌两皮砖,两边各收进 1/4 砖长;不等高式大放脚是"两皮一收"与"一皮一收"相间隔,即砌两皮砖,收进 1/4 砖长,再砌一皮砖,收进 1/4 砖长,如此往复。在相同底宽的情况下,后者可减小基础高度,但为保证基础的强度,底层需用两皮一收砌筑。大放脚的底宽应根据计算而定,各层大放脚的宽度应为半砖长的整倍数(包括灰缝)。

在大放脚下面为基础地基,地基一般用灰土、碎砖三合土或混凝土等。在墙基顶面应设防潮层,防潮层宜用 1:2.5 水泥砂浆加适量的防水剂铺设,其厚度一般为 20 mm,位置在底层室内地面以下一皮砖处,即离底层室内地面下 60 mm 处。

(2)砖基础施工要点

①砌筑前,应将地基表面的浮土及垃圾清除干净。

②基础施工前,应在主要轴线部位设置引桩,以控制基础、墙身的轴线位置,并从中引出墙身轴线,而后向两边放出大放脚的底边线。在地基转角、交接及高低踏步处预先立好基础皮数杆。

③砌筑时,可依皮数杆先在转角及交接处砌几皮砖,然后在其间拉准线砌中间部分。内外墙砖基础应同时砌起,如不能同时砌筑时应留置斜槎,斜槎长度不应小于斜槎高度。

④基础底标高不同时,应从低处砌起,由高处向低处搭接。如设计无要求,搭接长度不应小于大放脚的高度。

⑤大放脚部分一般采用"一顺一丁"砌筑形式。水平灰缝及竖向灰缝的宽度应控制在 10 mm 左右,水平灰缝的砂浆饱满度不得小于 80%,竖缝要错开。要注意"丁"字及"十"字接头处砖块的搭接,在这些交接处,纵横墙要隔皮砌通。大放脚的最下一皮及每层的最上一皮应以"丁"砌为主。

⑥基础砌完验收合格后,应及时回填。回填土要在基础两侧同时进行,并分层夯实。

2. 砖墙

(1)砌筑形式

普通砖墙的砌筑形式主要有五种：一顺一丁、三顺一丁、梅花丁、两平一侧和全顺式。

①一顺一丁。一顺一丁是一皮全部顺砖与一皮全部丁砖间隔砌成。上下皮竖缝相互错开 1/4 砖长。这种砌法效率较高，适用于砌一砖、一砖半及二砖墙。

②三顺一丁。三顺一丁是三皮全部顺砖与一皮全部丁砖间隔砌成。上下皮顺砖间竖缝错开 1/2 砖长；上下皮顺砖与丁砖间竖缝错开 1/4 砖长。这种砌法因顺砖较多而效率较高，适用于砌一砖、一砖半墙。

③梅花丁。梅花丁是每皮中丁砖与顺砖相隔，上皮丁砖坐中于下皮顺砖，上下皮间竖缝相互错开 1/4 砖长。这种砌法内外竖缝每皮都能避开，故整体性较好，灰缝整齐，比较美观，但砌筑效率较低。适用于砌一砖及一砖半墙。

④两平一侧。两平一侧采用两皮平砌砖与一皮侧砌的顺砖相隔砌成。当墙厚为 3/4 砖时，平砌砖均为顺砖，上下皮平砌顺砖间竖缝相互错开 1/2 砖长；上下皮平砌顺砖与侧砌顺砖间竖缝相互 1/2 砖长。当墙厚为 5/4 砖长时，上下皮平砌顺砖与侧砌顺砖间竖缝相互错开 1/2 砖长；上下皮平砌丁砖与侧砌顺砖间竖缝相互错开 1/4 砖长。该形式适合于砌筑 3/4 砖墙及 5/4 砖墙。

⑤全顺式。全顺式是各皮砖均为顺砖，上下皮竖缝相互错开 1/2 砖长。该形式仅适用于砌半砖墙。

为了使砖墙的转角处各皮间竖缝相互错开，必须在外角处砌七分头砖（3/4 砖长）。当采用一顺一丁组砌时，七分头的顺面方向依次砌顺砖，丁面方向依次砌丁砖。

砖墙的"丁"字接头处，应分皮相互砌通，内角相交处竖缝应错开 1/4 砖长，并在横墙端头处加砌七分头砖。砖墙的"十"字接头处，应分皮相互砌通，交角处的竖缝应相互错开 1/4 砖长。

（2）砌筑工艺

砖墙的砌筑一般有抄平、放线，摆砖，立皮数杆，盘角、挂线，砌筑、勾缝等工序。

①抄平、放线。砌墙前先在基础防潮层或楼面上定出各层标高，并用水泥砂浆或 C10 细石混凝土找平，然后根据龙门板上标志的轴线弹出墙身轴线、边线以及门窗洞口位置。二楼以上墙的轴线可以用经纬仪或垂球将轴线引测上去。

②摆砖。摆砖，又称摆脚，是指在放线的基面上按选定的组砌方式用干砖试摆，目的是为了校对所放出的墨线在门窗洞口、附墙垛等处是否符合砖的模数，以尽可能减少砍砖，并使砌体灰缝均匀，组砌得当。一般在房屋外纵墙方向摆顺砖，在山墙方向摆丁砖，摆砖由一个大角摆到另一个大角，砖与砖留 10 mm 缝隙。

③立皮数杆。皮数杆是指在其上划有每皮砖和灰缝厚度，以及门窗洞口、过梁、楼板等高度位置的一种木制标杆。砌筑时用来控制墙体竖向尺寸及各部位构件的竖向标高，并保证灰缝厚度的均匀性。

皮数杆一般设置在房屋的四大角以及纵横墙的交接处，若墙面过长时，应每隔 10～15 m 立一根。皮数杆需用水平仪统一竖立，使皮数杆上的标高与建筑物的标高相吻合，以后就可以向上接皮数杆。

④盘角、挂线。墙角是控制墙面横平竖直的主要依据，因此，一般砌筑时应先砌墙角，砌筑时，应根据皮数杆先在墙角砌 4～5 皮砖，称为盘角，然后根据皮数杆和已砌的

墙角挂线，作为砌筑中间墙体的依据，以保证墙面平整，一般一砖墙、一砖半墙可用单面挂线，一砖半墙以上则应用双面挂线。

⑤砌筑、勾缝。砌筑操作方法各地不一，但应保证砌筑质量要求。通常采用"三一"砌砖法，即一块砖、一铲灰、一揉压，并随手将挤出的砂浆刮去的砌筑方法。这种砌法的优点是灰缝容易饱满、黏结力好、墙面整洁。

勾缝是砌清水墙的最后一道工序，可以用砂浆随砌随勾缝，则叫作原浆勾缝；也可砌完墙后再用 1：1.5 水泥砂浆或加色砂浆勾缝，称为加浆勾缝。勾缝具有保护墙面和增加墙面美观的作用，为了确保勾缝质量，勾缝前应清除墙面黏结的砂浆和杂物，并洒水润湿，在砌完墙后，应画出 1 cm 的灰槽，灰缝可勾成凹、平、斜或凸形状。勾缝完后尚应清扫墙面。

(3)施工要点

全部砖墙应平行砌筑，砖层必须水平，砖层正确位置用皮数杆控制，基础和每楼层砌完后必须校对一次水平、轴线和标高，在允许偏差范围内，其偏差值应在基础或楼板顶面调整。

砖墙的水平灰缝和竖向灰缝宽度一般为 10 mm，最窄不小于 8 mm，最宽不应大于 12 mm。水平灰缝的砂浆饱满度不得低于 80%，竖向灰缝宜采用挤浆或加浆方法，使其砂浆饱满，严禁用水冲浆灌缝。

砖墙的转角处和交接处应同时砌筑。对不能同时砌筑而又必须留槎时，应砌成斜槎，斜槎长度不应小于高度的 2/3。非抗震设防及抗震设防烈度为 6 度、7 度地区的临时间断处，当不能留斜槎时，除转角处外，可留直槎，但必须做成凸槎，并加设拉结筋。拉结筋的数量为每 120 mm 墙厚放置 1 根 $\phi6$ mm 拉结钢筋(120 mm 厚墙放置 2 根 $\phi6$ mm 拉结钢筋)，间距沿墙高不应超过 500 mm，埋入长度从留槎处算起每边均不应小于 500 mm，对抗震设防烈度为 6 度、7 度的地区，不应小于 1000 mm，末端应有 90°弯钩。抗震设防地区不得留直槎。

隔墙与承重墙如不同时砌起而又不留成斜槎时，可于承重墙中引出阳槎，并在其灰缝中预埋拉结筋，其构造与上述相同，但每道不少于 2 根。抗震设防地区的隔墙，除应留阳槎外，还应设置拉结筋。

砖墙接槎时，必须将接槎处的表面清理干净，浇水润湿，并应填实砂浆，保持灰缝平直。每层承重墙的最上一皮砖、梁或梁垫的下面及挑檐、腰线等处，应是整砖丁砌。砖墙中留置临时施工洞口时，其侧边离交接处的墙面不应小于 500 mm，洞口净宽度不应超过 1 m。

砖墙相邻工作段的高度差，不得超过一个楼层的高度，也不宜大于 4 m。工作段的分段位置应设在伸缩缝、沉降缝、防震缝或门窗洞口处。砖墙临时间断处的高度差，不得超过一步脚手架的高度。砖墙每天砌筑高度以不超过 1.8 m 为宜。

在下列墙体或部位中不得留设脚手眼。

①120 mm 厚墙、料石清水墙和独立柱。

②过梁上与过梁呈 60°角的三角形范围及过梁净跨度 1/2 的高度范围内。

③宽度小于 1 m 的窗间墙。

④砌体门窗洞口两侧 200 mm(石砌体为 300 mm)和转角处 450 mm(石砌体为 600 mm)范

围内。

⑤梁或梁垫下及其左右 500 mm 范围内。

⑥设计也不允许设置脚手眼的部位。

3.4.2 砌块砌体砌筑

用砌块代替烧结普通砖做墙体材料，是墙体改革的一个重要途径。近几年来，随着绿色建筑和节能减排政策的持续推进以及建筑技术的不断发展，中小型砌块在我国得到了广泛应用。常用的砌块有粉煤灰硅酸盐砌块、混凝土小型空心砌块、煤矸石砌块等。砌块的规格不统一，中型砌块一般高度为 380～940 mm，长度为高度的 1.5～2.5 倍，厚度为 180～300 mm，每块砌块的质量为 50～200 kg。

1. 砌块排列

由于中小型砌块体积较大、较重，不如砖块可以随意搬动，多用专门的设备进行吊装砌筑，且砌筑时必须使用整块，不像普通砖可随意砍凿，因此，在施工前，须根据工程平面图、立面图及门窗洞口的大小、楼层标高、构造要求等条件，绘制各墙的砌块排列图，以指导吊装砌筑施工。

砌块排列图按每片纵横墙分别绘制。其绘制方法是在立面上用 1∶50 或 1∶30 的比例绘出纵横墙，然后将过梁、平板、大梁、楼梯、孔洞等在墙面上标出，由纵墙和横墙高度计算皮数，画出水平灰缝线，并保证砌体平面尺寸和高度是块体加灰缝尺寸的倍数，再按砌块错缝搭接的构造要求和竖缝大小进行排列。对砌块进行排列时，注意尽量以主规格砌块为主，辅助规格砌块为辅，减少镶砖。小砌块墙体应对孔错缝搭砌，搭接长度不应小于 90 mm。墙体的个别部位不能满足上述要求时，应在灰缝中设置拉结钢筋或钢筋网片，但竖向通缝仍不得超过两皮小砌块。砌块中水平灰缝厚度一般为 10～20 mm，有配筋的水平灰缝厚度为 20～25 mm；竖缝的宽度为 15～20 mm，当竖缝宽度大于 30 mm 时，应用强度等级不低于 C20 的细石混凝土填实，当竖缝宽度≥150 mm 或楼层高不是砌块加灰缝的整数倍时，应用普通砖镶砌。

2. 砌块施工工序

砌块施工的主要工序：铺灰──→砌块吊装就位──→校正──→灌缝──→镶砖。

（1）铺灰

砌块墙体所采用的砂浆，应具有良好的和易性，其稠度以 50～70 mm 为宜，铺灰应平整饱满，每次铺灰长度一般不超过 5 m，炎热天气及严寒季节应适当缩短。

（2）砌块吊装就位

砌块安装通常采用以下两种方案。

①以轻型塔式起重机进行砌块、砂浆的运输，以及楼板等预制构件的吊装，由台灵架吊装砌块。

②以井架进行材料的垂直运输，杠杆车进行楼板吊装，所有预制构件及材料的水平运输则用砌块车和劳动车，台灵架负责砌块的吊装。前者适用于工程量大或两幢房屋对翻流水的情况，后者适用于工程量小的房屋。

砌块的吊装一般按施工段依次进行，其次序为先外后内，先远后近，先下后上，在相邻施工段之间留阶梯形斜槎。吊装时要从转角处或砌块定位处开始，采用摩擦式夹具，按砌块排列图将所需砌块吊装就位。

（3）校正

砌块吊装就位后，用托线板检查砌块的垂直度，拉准线检查水平度，并用撬棍、楔块调整偏差。

（4）灌缝

竖缝可用夹板在墙体内外夹住，然后灌砂浆，用竹片插或铁棒捣，使其密实。当砂浆吸水后，用刮缝板把竖缝和水平缝刮齐。灌缝之后，一般不应再撬动砌块，以防损坏砂浆黏结力。

（5）镶砖

当砌块间出现较大竖缝或过梁找平时，应镶砖。镶砖砌体的竖直缝和水平缝应控制在15～30 mm。镶砖工作应在砌块校正后即刻进行，镶砖时应注意使砖的竖缝灌密实。

3. 砌块砌体质量检查

砌块砌体质量应符合下列规定。

①砌块砌体砌筑的基本要求与砖砌体相同，但搭接长度不应少于150 mm。

②外观检查应达到：墙面清洁，勾缝密实，深浅一致，交接平整。

③经试验检查，在每一楼层或250 m³砌体中，一组试块（每组3块）同强度等级的砂浆或细石混凝土的平均强度不得低于设计强度最低值，对于砂浆，不得低于设计强度的75%；对于细石混凝土，不得低于设计强度的85%。

④预埋件、预留孔洞的位置应符合设计要求。

3.4.3　石材砌体砌筑

以毛石基础为例，对石材砌体的砌筑进行介绍。

1. 毛石基础构造

毛石基础是用毛石与水泥砂浆或水泥混合砂浆砌成。所用毛石应质地坚硬、无裂纹、强度等级一般为MU20以上，砂浆宜用水泥砂浆，强度等级应不低于M5。

毛石基础可作为墙下条形基础或柱下独立基础。按其断面形状有矩形、阶梯形和梯形等。基础顶面宽度比墙基底面宽度要大200 mm以上；基础底面宽度依设计计算而定。梯形基础坡角应大于60°。阶梯形基础每阶高不小于300 mm，每阶挑出宽度不大于200 mm。

2. 毛石基础施工要点

①基础砌筑前，应先行验槽并将表面的浮土和垃圾清除干净。

②放出基础轴线及边线，其允许偏差应符合规范规定。

③毛石基础砌筑时，第一毛石块应坐浆，并大面向下；料石基础的第一毛石块应丁砌并坐浆。砌体应分皮卧砌，上下错缝，内外搭砌，不得采用先砌外面石块后中间填心的砌筑方法。

④石砌体的灰缝厚度：毛料石和粗料石砌体不宜大于20 mm，细料石砌体不宜大于5 mm。石块间较大的孔隙应先填塞砂浆后用碎石嵌实，不得采用先放碎石块后灌浆或干填碎石块的方法。

⑤为增加整体性和稳定性，应按规定设置拉结石。

⑥毛石基础的最上一皮及转角处、交接处和洞口处，应选用较大的平毛石砌筑。有高低台的毛石基础，应从低处砌起，并由高台向低台搭接，搭接长度不小于基础高度。

⑦阶梯形毛石基础，上阶的石块应至少压砌下阶石块的 1/2，相邻阶梯毛石应相互错缝搭接。

⑧毛石基础的转角处和交接处应同时砌筑。若不能同时砌筑又必须留槎时，应砌成斜槎。基础每天可砌高度应不超过 1.2 m。

3.4.4　配筋砌体砌筑

配筋砌体是由配置钢筋的砌体作为建筑物主要受力构件的结构。配筋砌体有网状配筋砌体柱、水平配筋砌体墙、砖砌体和钢筋混凝土面层或钢筋砂浆面层组合砌体柱(墙)、砖砌体和钢筋混凝土构造柱组合墙和配筋砌块砌体剪力墙。

1. 配筋砌体的构造要求

配筋砌体的基本构造与砖砌体相同，这里不再赘述。主要介绍配筋砌体构造的不同点。

(1)砖柱(墙)网状配筋的构造

砖柱(墙)网状配筋，是在砖柱(墙)的水平灰缝中配有钢筋网片。钢筋上、下保护层厚度不应小于 2 mm。所用砖的强度等级不低于 MU10，砂浆的强度等级不应低于 M7.5，采用钢筋网片时，宜采用焊接网片，钢筋直径宜采用 3～4 mm；采用连弯网片时，钢筋直径不应大于 8 mm，且网的钢筋方向应互相垂直，沿砌体高度方向交错设置。钢筋网中的钢筋的间距不应大于 120 mm，也不应小于 30 mm；钢筋网片竖向间距，不应大于 5 皮砖，并不应大于 400 mm。

(2)组合砖砌体的构造

组合砖砌体是指砖砌体和钢筋混凝土面层或钢筋砂浆面层的组合砌体构件，有组合砖柱、组合砖壁柱和组合砖墙等。

组合砖砌体构件的面层混凝土强度等级宜采用 C20，面层水泥砂浆强度等级不宜低于 M10，砖强度等级不宜低于 MU10，砌筑砂浆的强度等级不宜低于 M7.5。砂浆面层厚度宜采用 30～45 mm，当面层厚度大于 45 mm 时，面层宜采用混凝土。

(3)砖砌体和钢筋混凝土构造柱组合墙

组合墙砌体宜用强度等级不低于 MU7.5 的普通砌墙砖与强度等级不低于 M5 的砂浆砌筑。

构造柱截面尺寸不宜小于 240 mm×240 mm，其厚度不应小于墙厚。砖砌体与构造柱的连接处应砌成马牙槎，并应沿墙高每隔 500 mm 设 2 根 $\phi6$ mm 拉结钢筋，且每边伸入墙内不宜小于 600 mm。柱内竖向受力钢筋一般采用 HPB235 级钢筋，对于中柱，不宜少于 4 根 $\phi12$ mm；对于边柱不宜少于 4 根 $\phi14$ mm，其箍筋一般采用的 $\phi200$ mm，楼层上下 500 mm 范围内宜采用 $\phi6$ mm@100 mm。构造柱竖向受力钢筋应在基础梁和楼层圈梁中锚固。组合砖墙的施工程序应先砌墙后浇混凝土构造柱。

(4)配筋砌块砌体构造要求

砌块强度等级不应低于 ME10；砌筑砂浆不应低于 MB7.5；灌孔混凝土不应低于

CB20。配筋砌块砌体柱边长不宜小于 400 mm；配筋砌块砌体剪力墙厚度、连梁截面宽度不应小于 190 mm。

2. 配筋砌体的施工工艺

配筋砌体施工工艺的弹线、找平、排砖摆底、墙体盘角、选砖、立皮数杆、挂线、留槎等施工工艺与普通砖砌体要求相同，下面主要介绍其不同点。

(1)砌砖及放置水平钢筋

砌砖宜采用"三一"砌砖法，即一块砖、一铲灰、一揉压，水平灰缝厚度和竖直灰缝宽度一般为 10 mm，但不应小于 8 mm，也不应大于 12 mm。砖柱(墙)的砌筑应达到上下错缝、内外搭砌、灰缝饱满、横平竖直的要求。皮数杆上要标明钢筋网片、箍筋或拉结筋的位置，钢筋安装完毕，并经隐蔽工程验收后方可砌上层砖，同时要保证钢筋上下至少各有 2 mm 保护层。

(2)砂浆(混凝土)面层施工

组合砖砌体面层施工前，应清除面层底部的杂物，并浇水湿润砖砌体表面。砂浆面层从下而上分层施工，一般应两次涂抹，第一次是刮底，使受力钢筋与砖砌体有一定保护层；第二次是抹面，使面层表面平整。混凝土面层施工应支设模板，每次支设高度一般为 50~60 cm，并分层浇筑，振捣密实，待混凝土强度达到 30％以上才能拆除模板。

(3)构造柱施工

构造柱竖向受力钢筋，底层锚固在基础梁上，锚固长度不应小于 35d(d 为竖向钢筋直径)，并保证位置正确。受力钢筋接长，可采用绑扎接头，搭接长度为 35d，绑扎接头处箍筋间距不应大于 200 mm。楼层上下 500 mm 范围内箍筋间距宜为 100 mm。砖砌体与构造柱连接处应砌成马牙槎，可从每层柱脚开始，先退后进，每一马牙槎沿高度方向的尺寸不宜超过 300 mm，并沿墙高每隔 500 mm 设 2 根 $\phi 6$ mm 拉结钢筋，且每边伸入墙内不宜小于 1 m；预留的拉结钢筋应位置正确，施工中不得任意弯折。浇筑构造柱混凝土之前，必须将砖墙和模板浇水湿润(若为钢模板，不浇水，刷隔离剂)，并将模板内落地灰、砖碴和其他杂物清理干净。浇筑混凝土可分段施工，每段高度不宜大于 2 m，或每个楼层分两次浇灌，应用插入式振动器，分层捣实。

构造柱钢筋竖向位移不应超过 100 mm，每一马牙槎沿高度方向尺寸不应超过 300 mm。钢筋竖向位移和马牙槎尺寸偏差每一构造柱不要超过两处。

3.4.5　填充墙砌体工程施工

在框架结构的建筑中，墙体一般只起围护与分隔的作用，常用体轻、保温性能好的烧结空心砖或小型空心砌块砌筑，其施工方法和施工工艺与一般砌体施工有所不同。

砌体和块体材料的品种、规格、强度等级必须符合图纸设计要求，规格尺寸应一致，质量等级必须符合标准要求，并应有出厂合格证明、试验报告单；蒸压加气混凝土砌块和轻骨料混凝土小型砌块砌筑时的产品龄期应超过 28 d。

填充墙砌体应在主体结构及相关分部已施工完毕，经有关部门验收合格后进行。砌筑前，应认真熟悉图纸以及相关构造及材料要求，核实门窗洞口位置和尺寸，计算出窗台及过梁圈梁顶部标高，并根据设计图纸及工程实际情况，编制出专项施工方案和施工技术交底。填充墙砌体施工工艺及要求有如下几点。

1. 基层清理

在砌筑砌体前应对基层进行清理，将基层上的浮浆灰尘清扫干净并浇水湿润。块材的湿润程度应符合规范及施工要求。

2. 施工放线

放出每一楼层的轴线、墙身控制线和门窗洞的位置线。在框架柱上弹出标高控制线以控制门窗上的标高及窗台高度。施工放线完成，经验收合格后，方能进行墙体施工。

3. 墙体拉结钢筋留置

①墙体拉结钢筋有多种留置方式，目前主要采用预埋钢板再焊接拉结筋、用膨胀螺栓固定先焊在铁板上的预留拉结筋以及采用植筋方式埋设拉结筋等。

②采用焊接方式连接拉结筋，单面搭接焊的焊缝长度应不小于 10 倍钢筋直径，双面搭接焊的焊缝长度应不小于 5 倍钢筋直径。焊接不应有边、气孔等质量缺陷，并进行焊接质量检查验收。

③采用植筋方式埋设拉结筋，埋设的拉结筋位置也较为准确，操作简单不伤结构，但应通过抗拔试验。

4. 构造柱钢筋绑扎

在填充墙施工前应先将构造柱钢筋绑扎完毕，构造柱竖向钢筋与原结构上预留插孔的搭接绑扎长度应满足设计要求。

5. 立皮数杆、排砖

①在皮数杆上标出砌块的皮数及灰缝厚度，并标出窗、洞及墙梁等构造标高。

②根据要砌筑的墙体长度、高度试排砖，摆出门、窗及孔洞的位置。

③外墙壁第一皮砖摆底时，横墙应排丁砖，梁及梁垫的下面一皮砖、窗台台阶水平面上一皮应用丁砖砌筑。

6. 填充墙砌筑

（1）拌制砂浆

①砂浆配合比应用质量比，计量精度为水泥±2％，砂及掺合料±5％。砂应计入其含水量对配料的影响。

②宜用机械搅拌，投料顺序为砂——→水泥——→掺合料——→水，搅拌时间不少于 2 min。

③砂浆应随拌随用，水泥或水泥混合砂浆一般在拌和后 3～4 h 内用完，气温在 30 ℃以上时，应在 2～3 h 内用完。

（2）砖或砌块提前浇水湿润

砖或砌块应提前 1～2 d 浇水湿润，湿润程度以达到水浸润砖体深度 15 mm 为宜，其含水率为 10％～15％。不宜在砌筑时临时浇水，严禁干砖上墙，严禁在砌筑后向墙体洒水。蒸压加气混凝土砌块因含水率大于 35％，只能在砌筑时洒水湿润。

（3）砌筑墙体

①砌筑蒸压加气混凝土砌块和轻骨料混凝土小型空心砌块填充墙时，墙底部应砌 200 mm 高烧结普通砖、多孔砖或普通混凝土空心砌块或浇筑 200 mm 高混凝土坎台，混凝土强度等级宜为 C20。

②填充墙砌筑必须内外搭接、上下错缝、灰缝平直、砂浆饱满。操作过程中要经常进行自检,如有偏差,应随时纠正,严禁事后采用撞砖纠正。

③填充墙砌筑时,除构造柱的部位外,墙体的转角处和交接处应同时砌筑,严禁无可靠措施的内外墙分砌施工。

④填充墙砌体的灰缝厚度和宽度应正确。空心砖、轻骨料混凝土小型空心砌块的砌体灰缝应为 8～12 mm,蒸压加气混凝土砌块砌体的水平灰缝厚度、竖向灰缝宽度分别为 15 mm 和 20 mm。

⑤墙体一般不留槎,例如必须留置临时间断处,应砌成斜槎,斜槎长度不应小于高度的 1/15。施工导致不能留成斜槎时,除转角处外,可于墙中引出直凸槎(抗震设防地区不得留直槎)。直槎墙体每间隔高度≤500 mm,应在灰缝中加设拉结钢筋,拉结筋数量按 120 mm 墙厚放 1 根 ϕ6 mm 的钢筋,埋入长度从墙的留槎处算起,两边均不应小于 500 mm,末端应有 90°弯钩。拉结筋不得穿过烟道和通气管。

⑥砌体接槎时,必须将接槎处的表面清理干净,浇水湿润,并应填实砂浆,保持灰缝平直。

⑦填充墙砌至近梁、板底时,应留一定空隙,待填充墙砌筑完并间隔 7 d 后,再将其补砌挤紧。

⑧木砖预埋:木砖经防腐处理,木纹应与钉子垂直,埋设数量按洞口高度确定;洞口高度≤2 m 时,每边放 2 块,高度在 2～3 m 时,每边放 3～4 块。预埋木砖的部位一般在洞口上下 4 皮砖处开始,中间均匀分布或按设计预埋。

⑨设计墙体上有预埋、预留的构造,应随砌随留随复核,确保位置正确构造合理。不得在已砌筑好的墙体中打洞。墙体砌筑中,不得搁置脚手架。

⑩凡穿过砌块的水管,应严格防止渗水、海水。在墙体内敷设暗管时,只能垂直埋设,不得水平开槽,敷设应在墙体砂浆达到强度后进行。混凝土空心砌块预埋管应提前专门做有预埋槽的砌块,不得墙上开槽。

⑪加气混凝土砌块切锯时应用专用工具,不得用斧子或瓦刀任意砍劈,洞口两侧应选用规则整齐的砌块砌筑。

7. 构造柱、圈梁设置

有抗震要求的砌体填充墙按设计要求应设置构造柱、圈梁,构造柱的宽度由设计确定,厚度一般与墙壁等厚,圈梁宽度与墙等宽,高度不应小于 120 mm。圈梁、构造柱的插筋宜优先预埋在结构混凝土构件中或后植筋,预留长度符合设计要求。构造柱施工时按要求应留设马牙槎,马牙槎宜先退后进,进退尺寸不小于 60 mm,高度不宜超过 300 mm。当设计无要求时,构造柱应设置在填充墙的转角处、T 形交接处或端部;当墙长大于 5 m 时,应间隔设置。圈梁宜设在填充墙高度中部。

支设构造柱、圈梁模板时,宜采用对拉栓式夹具,为了防止模板与砖墙接缝处漏浆,宜用双面胶条黏结。构造柱模板根部应留垃圾清扫孔。在浇灌构造柱、圈梁混凝土前,必须向柱或梁内砌体和模板浇水湿润,并将模板内的落地灰清除干净,先注入适量水泥砂浆,再浇灌混凝土。振捣时,振捣器应避免触碰墙体,并严禁通过墙体传振。

3.4.6 砌体的冬期施工

当室外日平均气温连续 5 d 稳定低于 5 ℃时，砌体工程应采取冬期施工措施，并应在气温突然下降时及时采取防冻措施。

冬期施工所用的材料应符合如下规定。

①砖和石材在砌筑前，应清除冰霜，遭水浸冻后的砖或砌块不得使用。

②石灰膏、黏土膏和电石膏等应防止受冻，如遭冻结，应经融化后使用。

③拌制砂浆所用的砂，不得含有冰块和直径大于 10 mm 的冰结块。

④冬期施工不得使用无水泥配制的砂浆，砂浆宜采用普通硅酸盐水泥拌制，拌和砂浆宜采用两步投料法。水的温度不得超过 80 ℃，砂的温度不得超过 40 ℃。

普通砖、多孔砖和空心砖在正温度条件下砌筑时应适当浇水润湿；在负温度条件下砌筑时可不浇水，但必须增大砂浆的稠度。

冬期施工砌体基础时还应注意基土的冻胀性。在基土无冻胀性时，地基冻结还可以进行基础的砌筑，但当基土有冻胀性时，应在未冻胀的地基土上砌筑。在施工期间和回填土前，还应防止地基遭受冻结。

砌体工程的冬期施工可以采用掺盐砂浆法。但对配筋砌体、有特殊装饰要求的砌体、处于潮湿环境的砌体、有绝缘要求的砌体以及经常处于地下水位变化范围内又无防水措施的砌体不得采用掺盐砂浆法，可采用掺外加剂法、暖棚法、冻结法等冬期施工方法。当采用掺盐砂浆法施工时，砂浆的强度宜比常温下设计强度提高一级。冬期施工中，每日砌筑后应及时在砌体表面覆盖保温材料。

第4章 装配式建筑工程施工技术

4.1 预制构件现场吊装

4.1.1 预制构件吊装准备工作

1. 预制构件进场检查

(1)检查内容

预制构件进场检查内容如下。

①预制构件进场要进行验收。验收内容包括构件的外观、尺寸、预埋件、特殊部位处理等方面。

②预制构件的验收和检查应由质量管理员或者预制构件接收负责人完成，检查比例为100%。施工单位可以根据构件发货时的检查单对构件进行进场验收，也可以根据项目计划书编写的质量控制要求制订检查表进行进场验收。

③运输车辆运抵施工现场卸货前要进行预制构件质量验收。对特殊形状的构件或特别要注意的构件应放置在专用台架上进行认真检查。

④如果构件存在影响结构、防水和外观的裂缝、破损、变形等状况时，要与原设计单位商量是否继续使用这些构件或者直接废弃。

⑤通过目测对全部构件进行进场验收时的主要检查项目如下。

a. 构件名称、构件编号、生产日期。

b. 构件上的预埋件位置、数量。

c. 构件裂缝、破损、变形等情况。

d. 预埋件、构件突出的钢筋等状况。

(2)检查方法

预制构件运至施工现场时的检查内容包括外观检查和几何尺寸检查两个方面：外观检查项目包括预制构件的裂缝、破损、变形等，应进行全数检查，其检查方法一般为目视，必要时可采用相应的专用仪器设备进行检测；几何尺寸检查项目包括构件的长度、宽度、高度或厚度以及预制构件对角线等。此外，还应对预制构件的预留钢筋和预埋件、一体化预制窗户等构配件进行检测，检测的方法一般为使用钢尺量测。

预制构件的外观质量不应有严重缺陷，且不宜有一般缺陷。对已出现的一般缺陷，应按技术方案进行处理，并重新检验。

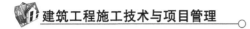建筑工程施工技术与项目管理

预制构件的尺寸允许偏差及检验方法应符合表 4-1 的规定。预制构件有粗糙面时，与粗糙面相关的尺寸允许偏差可适当放宽。

表 4-1　预制构件尺寸允许偏差及检验方法

项目			允许偏差/mm	检验方法
长度	楼板、梁、柱、桁架	<12 m	±5	尺量
		≥12 m 且 <18 m	±10	
		≥18 m	±20	
	墙板		±4	
宽度、高(厚)度	楼板、梁、柱、桁架截面尺寸		±5	钢尺量一端及中部，取其中偏差绝对值较大处
	墙板		±4	
表面平整度	楼板、梁、柱、墙板内表面		5	2 m 靠尺和塞尺量测
	墙板外表面		3	
侧向弯曲	楼板、梁、柱		L/750 且 ≤20	拉线、钢尺量最大侧向弯曲处
	墙板、桁架		L/1000 且 ≤20	
翘曲	楼板		L/750	调平尺在两端量测
	墙板		L/1000	
对角线	楼板		10	尺量两个对角线
	墙板		5	
预留孔	中心线位置		5	尺量
	孔尺寸		±5	
预留洞	中心线位置		10	尺量
	洞口尺寸、深度		±10	
门窗口	中心线位置		5	尺量
	宽度、高度		±3	
预埋件	预埋件锚板中心线位置		5	尺量
	预埋件锚板与混凝土面平面高差		0，−5	
	预埋螺栓中心线位置		2	
	预埋螺栓外露长度		+10，−5	
	预埋套筒、螺母中心线位置		2	
	预埋套筒、螺母与混凝土面平面高差		±5	
预留插筋	中心线位置		5	尺量
	外露长度		+10，−5	

· 64 ·

项目		允许偏差/mm	检验方法
键槽	中心线位置	5	尺量
	长度、宽度	±5	
	深度	±10	

注：1. L——构件最长边的长度，mm。

　2. 检查中心线、螺栓和孔道位置偏差时，应沿纵横两个方向量测，并取其中偏差较大值。

2. 塔式起重机布置

塔式起重机数量、位置和选型宜用计算机三维软件进行空间模拟设计，也可绘制塔式起重机有效作业范围的平面图、立面图进行分析。塔式起重机布置要确保吊装范围的全覆盖，避免吊装死角。

由于塔式起重机是制约工期的最关键因素，而预制构件施工使用大吨位大吊幅塔式起重机费用比较高，因此塔式起重机布置的合理性尤其重要，应做多方案比较。

例如，一栋高层建筑的多层裙楼平面范围比较大，超出主楼塔式起重机作业范围，多层裙楼的预制构件吊装就可以考虑使用汽车式起重机作业，如图 4-1 所示。

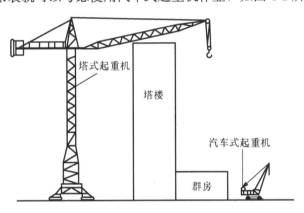

图 4-1　多层裙楼使用汽车式起重机的方案

3. 吊装设计要点

（1）吊装方案与吊具设计

各种构件的吊装方案和吊具设计，包括吊装架设计、吊索设计、吊装就位方案及辅助设备工具（如牵引绳、电动葫芦、手动葫芦等）。

（2）现浇混凝土伸出钢筋定位方案

现浇层伸出的钢筋位置与伸出长度必须准确，否则无法安装，或是会使连接节点的安全性、可靠性受到影响。因此，在现浇混凝土作业时要对伸出钢筋采用专用模板进行定位，防止预留钢筋位置错位。

剪力墙上下构件之间一般有现浇混凝土圈梁或水平现浇带。现浇混凝土施工时，为了防止下部剪力墙伸出的钢筋被扰动偏斜，也应当采取定位措施。

（3）临时支撑方案设计

各种构件的临时支撑方案设计应当在构件制作图设计阶段与设计单位共同设计，如梁支撑。

4. 吊装前的准备与作业

吊装前的准备与作业要求如下。

①检查试用塔式起重机，确认其是否可以正常运行。

②准备吊装架、吊索等吊具，检查吊具，特别是检查绳索是否有破损，吊钩卡环是否有问题等；准备牵引绳等辅助工具、材料。

③准备好灌浆设备、工具，调试灌浆泵；备好灌浆料；检查构件套筒或浆锚孔是否堵塞。当套筒、预留孔内有杂物时，应当及时清理干净；用手电筒补光检查，发现异物则用高压空气或钢筋将异物清除掉。

④将连接部位浮灰清扫干净。

⑤对于柱子、剪力墙板等竖直构件，安装好调整标高的支垫（在预埋螺母中旋入螺栓或在设计位置安放金属垫块）；准备好斜支撑部件；检查斜支撑地锚。

⑥对于叠合楼板、梁、阳台板、挑檐板等水平构件，架立好竖向支撑。

⑦伸出钢筋采用机械套筒连接时，在吊装前须在伸出钢筋端部套上套筒。

⑧外挂墙板安装节点连接部件的准备，若需要水平牵引，需进行牵引葫芦吊点设置、工具准备等。

5. 放线

（1）标高与平整度

①柱子和剪力墙板等竖向构件安装，水平放线应首先确定支垫标高：支垫采用螺栓方式，旋转螺栓到设计标高；支垫采用钢垫板方式，准备不同厚度的垫板调整到设计标高。构件安装后测量调整柱子或墙板的顶面标高和平整度。

②没有支撑在墙体或梁上的叠合楼板、叠合梁、阳台板、挑檐板等水平构件安装，水平放线应首先控制临时支撑梁的顶面标高。构件安装后测量控制构件的底面标高和平整度。

③支承在墙体或梁上的楼板、支承在柱子上的莲藕梁，水平放线应首先测量控制下部构件支承部位的顶面标高。构件安装后测量控制构件顶面或底面标高和平整度。

（2）位置

预制构件安装原则上以中心线控制位置，误差由两边分摊；可将构件中心线用墨斗分别弹在结构和构件上，方便安装时定位测量。

建筑外墙构件，包括剪力墙板、外墙挂板、悬挑楼板和位于建筑表面的柱、梁，"左右"方向与其他构件一样以轴线作为控制线，"前后"方向以外墙面作为控制边界。外墙面控制可以用从主体结构探出定位杆拉线测量的方法。

（3）垂直度

柱子、墙板等竖直构件安装后须测量和调整垂直度，可用仪器测量控制，也可用铅垂测量。

6. 装配式混凝土框架结构施工工艺流程

装配式混凝土框架结构和剪力墙结构的施工工艺流程如图4-2所示；外挂墙板的施工

工艺流程如图 4-3 所示。其他预制构件的施工安装参照这两个工艺流程。

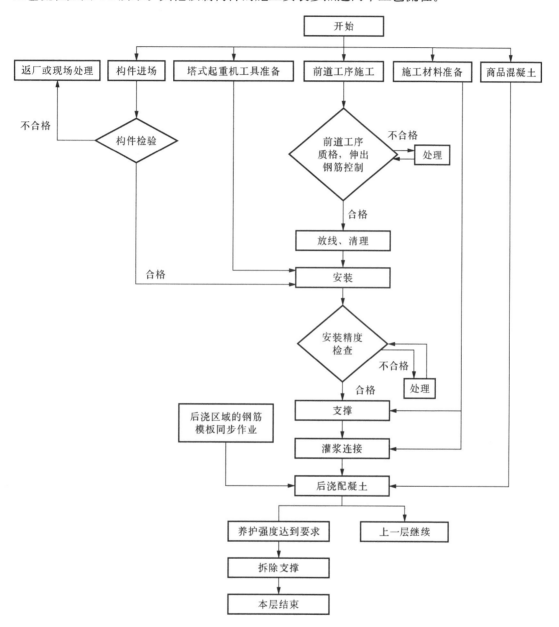

图 4-2　装配式混凝土框架结构和剪力墙结构的施工工艺流程

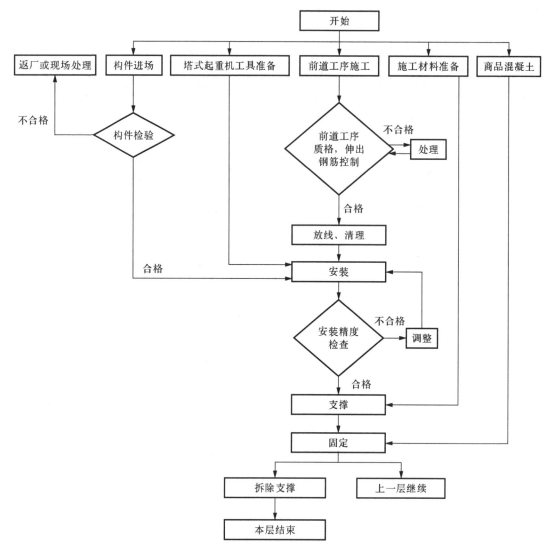

图 4-3 外挂墙板的施工工艺流程

4.1.2 预制构件施工现场吊装

预制构件的吊装施工应严格按照事先编制的装配式结构施工方案的要求组织实施。预制构件卸货时一般堆放在可直接吊装区域，避免出现二次搬运情况。这样不仅能降低机械使用费用，同时也可减少预制构件在搬运过程中出现破损的情况。如果因场地条件限制，无法一次性堆放到位，可根据现场实际情况，选择塔吊或汽车吊在场地内进行二次搬运。预制构件的吊装施工包括预制柱、预制梁、预制剪力墙板、预制外挂墙板、预制叠合楼板、预制楼梯、预制阳台板和预制空调板等主要预制构件的吊装流程以及施工要点等内容。预制构件吊装的一般流程如图 4-4 所示。

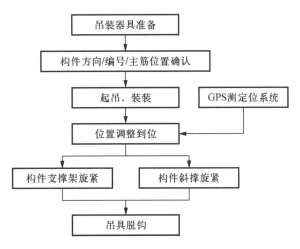

图 4-4　预制构件吊装的一般流程

1. 预制柱的吊装

（1）准备工作

①柱续接下层钢筋位置、高程复核，底部混凝土面清理干净，预制柱吊装位置测量放样及弹线。

②吊装前应对预制柱进行外观质量检查，尤其要对主筋续接套筒质量进行检查及对预制立柱预留孔内部进行清理。

③吊装前应备齐安装所需的设备和器具，如斜撑、固定用铁件、螺栓、柱底高程调整铁片（10 mm、5 mm、3 mm、2 mm 四种基本规格进行组合）、起吊工具、垂直度测定杆、铝梯或木梯等。铁片安装时应考虑完成立柱吊装后立柱的稳定性并以垂直度可调为原则。

④应在预制立柱顶部架设预制主梁的位置进行放样，设置明晰的标识，并放置柱头第一片箍筋，避免因预制梁安装时与预制立柱的预留钢筋发生碰撞而无法吊装。

⑤应事先确认预制立柱的吊装方向、构件编号、水电预埋管、吊点与构件质量等内容。

（2）吊装流程

预制柱吊装施工流程如图 4-5 所示。首先预制立柱吊装前应做好外观质量、钢筋垂直度检查和注浆孔清理等准备工作；然后进行预制立柱吊装和精度调整；最后锁定斜撑位置，并送吊车的吊钩进入下一根立柱的吊装施工，如此循环往复。值得注意的是，预制立柱和后续的预制梁吊装存在着密切的关系，吊装时应注意两者之间的协调施工。

（3）关键施工要点

①垂直度调整。柱吊装到位后应及时将斜撑固定到预埋在预制柱上方和楼板的预埋件上，每根预制立柱的固定至少应在 3 个不同侧面设置斜撑，通过可调节装置进行垂直度调整，直至垂直度满足规定要求后再进行锁定。

②柱底无收缩砂浆灌浆施工。预制柱节点一般采用预埋套筒并与该层楼面上预留的主筋进行灌浆连接。连接节点的灌浆质量将直接影响预制装配式框架结构主体结构的抗震安全，是整个施工吊装过程中的关键环节。现场施工人员、质量管理员和监理人员应引起高度重视，并严格按照相关规定进行检查和验收。

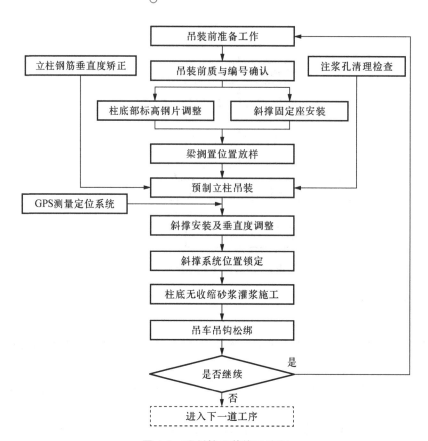

图 4-5　预制柱吊装施工流程

a. 施工步骤及接缝封堵。预制立柱底部无收缩砂浆灌浆的施工步骤如图 4-6 所示。预制立柱底部节点灌浆封堵采用封堵模板封堵和专用水泥砂浆封堵，两种构造示意如图 4-7 所示。

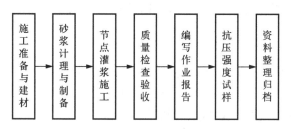

图 4-6　无收缩砂浆灌浆施工步骤

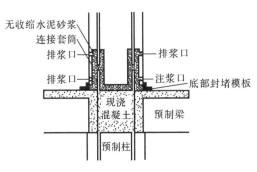

（a）底部封堵模板封堵

（b）底部水泥砂浆封堵

图 4-7　柱底接缝无收缩砂浆灌浆封堵示意图

b. 质量控制。先检查无收缩水泥是否在有效期内，无收缩水泥的使用期限一般为 6 个月，6 个月以上的禁止使用，3～6 个月的需用 8 号筛去除水泥结块后方可使用，3 个月以下的直接正常使用。

每批次灌浆前需要测试砂浆的流度，按流度仪的标准流程执行，流度一般应保持为 20～30 cm（具体按照使用灌浆料要求）。超过该数值范围不能使用，必须查明原因处理后，确定流度符合要求才能实施灌浆。流度试验环为上端内径 75 cm、下端内径 85 cm、高 40 cm 的不锈钢材质，搅拌混合后倒入流度仪测定。

无收缩砂浆做抗压强度试块，试验强度值应达到 550 kgf/cm² (1 kgf＝9.8 N)以上，试块为 7.07 cm×7.07 cm×7.07 cm 立方体，需做 7 d 及 28 d 强度试验。

无收缩水泥进场时，每批需附原厂质量保证书。水质应取用对收缩水泥砂浆无害的水源，如自来水等。采用地下水或井水等则需进行氯离子含量检测。

c. 无收缩灌浆施工。灌浆前需用高压空气清理柱底部套筒及柱底杂物（如泡绵、碎石、泥灰等），若用水清洁则需干燥后才能灌浆。若灌浆中遇到必须暂停的情况，此时采取循环回浆状态，即将灌浆管插入灌浆机注入口，时间以 30 min 为限。

搅拌器及搅拌桶禁止使用铝质材料，每次搅拌时需待搅拌均匀后再持续搅拌 2 min 以上方可使用。

d. 养护。无收缩水泥砂浆灌浆施工完成后，一般需养护 12 h 以上。在养护期间，严禁碰撞立柱底部接缝，并采取相应的保护措施和标识。

e. 不合格处置。无收缩灌浆只有满浆才算合格，如未满浆，一律拆掉柱子并清理干净直至恢复原状为止。当发现有任何一个排浆孔不能顺畅出浆时，应在 30 min 内排除出浆阻碍。若无法排除，则应立即吊起预制立柱，并以高压冲洗机等清除套筒内附着的无收缩水泥砂浆，恢复干净状态。在查明无法顺利出浆的原因并排除障碍后，方可再次按照原有的施工顺序重新开始吊装施工。

2. 预制梁的吊装

（1）准备工作

①检查支撑系统是否准备就绪，预制立柱顶标高复核检查。

②大梁钢筋、小梁接合剪力榫位置、方向、编号检查。

③预制梁搁置处标高不能达到要求时，应采用软性垫片等予以调整。

④按设计要求起吊，起吊前应事先准备好相关吊具。

⑤若发现预制梁叠合部分主筋配筋（吊装现场预先穿好）与设计不符时，应在吊装前及时更正。

（2）吊装流程

预制主梁和次梁的吊装流程如图 4-8 所示。预制次梁的吊装一般应在一组（2 根以上）预制主梁吊装完成后进行。预制主次梁吊装前应架设临时支撑系统并进行标高测量，按设计要求达到吊装进度后及时拧紧支撑系统锁定装置，然后将吊钩松绑，进行下一个环节的施工。支撑系统应按照前述垂直支撑系统的设计要求进行设计。预制主次梁吊装完成后应及时用水泥砂浆填充其连接接头。

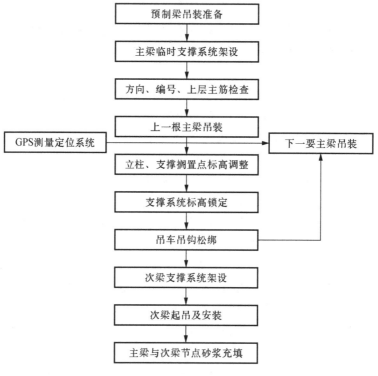

图 4-8 预制梁吊装流程图

（3）关键施工要点

①主次梁的吊装。预制主次梁吊装过程中，从临时支撑系统架设至主次梁接缝连接的主要环节施工要领分为以下八个方面。

a. 临时支撑系架设。在预制梁吊装前，主次梁下方须事先架设临时支撑系统，一般主梁采用支撑鹰架，次梁采用门式支撑架。预制主梁若两侧搁置次梁则使用 3 组支撑鹰架，若单侧背负次梁则使用 1.5 组支撑鹰架，支撑鹰架位置一般在主梁中央部位。次梁采用 3 根钢管支撑，钢管支撑间距应沿次梁长度方向均匀布置。架设后应注意预制梁顶部标高是否满足精度要求。

b. 方向、编号、上层主筋确认。梁吊装前应进行外观和钢筋布置等的检查，具体包括构件缺损或缺角、箍筋外保护层与梁箍垂直度、主次梁剪力榫位置偏差、穿梁开孔等项目。吊装前须对主梁钢筋、次梁接合剪力榫位置、方向、编号进行检查。

c. 剪力榫位置放样。主梁吊装前，须对次梁剪力榫的位置绘制次梁吊装基准线，作为次梁吊装定位的基准。

d. 主梁起吊吊装。起吊前应对主梁钢筋、次梁接合剪力榫位置、方向、编号进行检查。当柱头标高误差超过容许值时，若柱头标高太低，则于吊装主梁前在柱头置放铁片调整高差；若柱头标高太高，则于吊装主梁前先将柱头凿除修正至设计标高。

e. 柱头位置、梁中央部高程调整。吊装后须派一组人调整支撑架顶标高，使柱头位置、梁中央标高保持一致及水平，确保灌浆后主次梁不下垂。

f. 次梁吊装。次梁吊装须待两向主梁吊装完成后才能进行，因此于吊装前须检查好主梁吊装顺序，确保主梁上下部钢筋位置可以交错而不会因吊错重吊，然后再吊装次梁。

g. 主梁与次梁接头砂浆填灌。主次梁吊装完成后，次梁剪力榫处木板封模后采用抗压强度 35 MPa 以上的结构砂浆灌浆填缝，待砂浆凝固后拆模。

h. 吊装注意事项。当同一根立柱上搁置两根底标高不同的预制梁时，梁底标高低的梁先吊装。同时，为了避免同一根立柱上主梁的预留主筋发生碰撞，原则上应先吊装 X 方向（建筑物长边方向）主梁，后吊装 Y 方向主梁。

带有次梁的主梁在起吊前应在搁置次梁的剪力榫处标识出次梁吊装位置。

②主次梁的连接。主次梁的连接构造如图 4-9 所示。主梁与次梁的连接是通过预埋在次梁上的钢板（俗称牛担板）置于主梁的预留剪力榫槽内，并通过灌注砂浆形成整体。根据设计要求，在次梁的搁置点附近一定的区域范围内，尚需对箍筋进行加密，以提高次梁在搁置端部的抗剪承载力。值得注意的是，在灌浆之前，主次梁节点处先支立模板，接缝处应用软木材料堵塞，以防止发生漏浆。

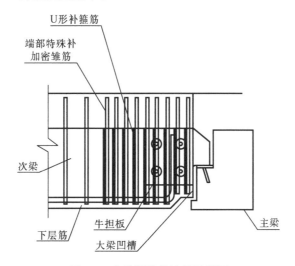

图 4-9　主次梁结构连接示意图

3. 预制剪力墙板的吊装

预制混凝土剪力墙从受力性能角度分为预制实心剪力墙和预制叠合剪力墙。预制实心剪力墙是指将混凝土剪力墙在工厂预制成实心构件，并在现场通过预留钢筋与主体结构相连接。随着灌浆套筒在预制剪力墙中的使用，预制实心剪力墙的使用越来越广泛。预制叠合剪力墙是指一侧或两侧均为预制混凝土墙板，在另一侧或中间部位现浇混凝土，从而形成共同受力的剪力墙结构。预制叠合剪力墙结构制作简单、施工方便，在德国有着广泛的应用，在国内的上海和合肥等地已有所应用。

（1）准备工作

①根据工程项目的构件分布图，制订项目的安装方案，并合理地选择吊装机械。

②构件临时堆场应尽可能地设置在吊机的辐射半径内，减少现场的二次搬运，同时构件临时堆场应平整坚实，有排水设施。

③所有构件吊装前必须在基层或者相关构件上将各个截面的控制线放好，利于提高吊装效率和控制质量。

④构件安装前，严格按照《装配式混凝土结构技术规程》（JGJ 1—2014）和项目要求对预制构件、预埋件以及配件的型号、规格、数量等进行全数检查。

⑤构件吊装前必须整理吊具，对吊具进行安全检查，这样可以在保证吊装质量的同时保证吊装安全。

⑥构件应根据现场安装顺序进场，应对进入现场的构件进行严格的检查，检查外观质量和构件的型号、规格是否符合安装顺序。

（2）预制实心剪力墙吊装

①预制实心剪力墙吊装施工流程。预制实心剪力墙吊装施工流程如图 4-10 所示。

图 4-10　预制实心剪力墙吊装施工流程

②预制实心剪力墙吊装施工操作要求。

a. 弹出构件轮廓控制线，并对连接钢筋进行位置再确认。

（a）插筋钢模，放轴线控制。钢筋除去泥浆，基层浇筑前可采用保鲜膜保护。对同一层内预制实心墙弹轮廓线，控制累计误差在±2 mm内。

（b）插筋位置通过钢模再确认，轴线加构件轮廓线。采用钢模具对钢筋位置进行确认，严格按照设计图纸要求检查钢筋长度。

（c）做好吊装前准备工作，包括轴线、轮廓线、分仓线、编号等。

b. 调节预埋螺栓高度。

（a）实心墙板基层初凝时用钢钎做麻面处理，吊装前用风机清理浮灰。

（b）水准仪对预埋螺丝标高进行调节，达到标高要求并使之满足 2 cm 高差。

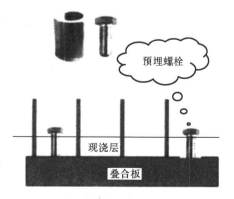

图 4-11　标准层预埋

标准层预埋如图 4-11 所示。

(c)对基层地面平整度进行确认。

c. 预制剪力墙分仓。

(a)采用电动灌浆泵灌浆时，一般单仓长度不超过 1.0 m。

(b)采用手动灌浆枪灌浆时单仓长度不宜超过 0.3 m，如图 4-12 所示。

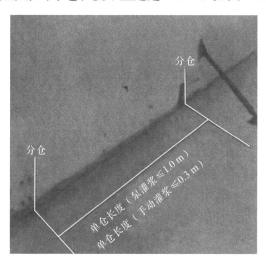

图 4-12　分仓缝设置

(c)对填充墙无灌浆处采用坐浆法密封。

d. 预制剪力墙安装。

(a)吊机起吊和下放时应平稳。

(b)预制实心墙两边放置镜子，确认下方连接钢筋均准确插入构件的灌浆套筒内。

(c)检查预制构件与基层预埋螺栓是否压实无缝隙，如不满足则继续调整。

e. 预制剪力墙固定。

(a)墙体垂直度满足±5 mm 后，在预制墙板上部 2/3 高度处，用斜撑通过连接对预制构件进行固定，斜撑底部与楼面用地脚螺栓锚固，其与楼面的水平夹角不应小于 60°，墙体构件用不少于 2 根斜支撑进行固定。

(b)垂直度的细部调整通过两个斜撑上的螺纹套管调整来实现，两边要同时调整。

(c)在确保两个墙板斜撑安装牢固后方可解除吊钩。

f. 预制剪力墙封缝。

(a)嵌缝前用专用吹风机对基层与柱接触面进行清理，并做润湿处理。

(b)选择专用的封仓料和抹子，在缝隙内先压入 PVC(polyvinyl chloride，聚氯乙烯)管或泡沫条，填抹 1.5～2.0 cm 深(确保不堵套筒孔)，将缝隙填塞密实后，抽出 PVC 管或泡沫条。

(c)填抹完毕确认封仓强度达到要求(常温 24 h，约 30 MPa)后再灌浆。

g. 预制剪力墙灌浆。

(a)灌浆前逐个检查各接头灌浆孔和出浆孔，确保孔路畅通，并进行仓体密封检查。

(b)灌浆泵接头插入灌浆孔后，封堵其他灌浆孔及灌浆泵上的出浆口，待出浆孔连续流出浆体后，暂停灌浆机启动，并立即用专用橡胶塞封堵。

(c)所有出浆孔封堵牢固后，拔出插入的灌浆孔，立刻用专用的橡胶塞封堵，然后插入出浆孔，继续灌浆，待其满浆后立刻拔出封堵。

(d)正常灌浆浆料要在自加水搅拌开始 20～30 min 内灌完。

h. 灌浆后节点保护。灌浆料凝固后，取下灌(排)浆孔封堵胶塞，孔内凝固的灌浆料上表面应高于出浆孔下边缘 5 mm 以上。灌浆料强度没有达到 35 MPa，不得受扰动。

(3)预制叠合剪力墙吊装

①预制叠合剪力墙吊装施工流程。预制叠合剪力墙吊装施工流程如图 4-13 所示。

图 4-13　预制叠合剪力墙吊装施工流程

a. 弹出轮郭线。通过定位放线，弹出构件轮廓线以及构件编号，同时在构件吊装前必须在基层或者相关构件上将各个截面的控制线弹好，以利于提高吊装效率和控制质量。

b. 放置高度控制垫块。先对基层进行杂物清理。用水准仪对垫块标高进行调节，以满足 5 cm 缩短量高差要求。为方便预制叠合剪力墙安装，实际垫块高差为 3～5 mm。

c. 预制叠合剪力墙安装。

(a)采用两点起吊，吊钩采用弹簧防开钩形式。

(b)吊点同水平墙夹角不宜小于 60°。

(c)预制叠合剪力墙下落过程应平稳。

(d)预制叠合剪力墙未固定，不能下吊钩。

(e)预制叠合剪力墙板间缝隙应控制在 2 cm 内。

d. 预制叠合剪力墙固定。

(a)墙体垂直度满足±5 mm 后，在预制墙板上部 2/3 高度处，用斜支撑通过连接对预制构件进行固定，斜撑底部与楼面用地脚螺栓锚固，其与楼面的水平墙夹角为 40°～50°，墙体构件用不少于两根斜支撑进行固定。

(b)垂直度按照高度比 1：1000，向内倾斜。

(c)垂直度的细部调整通过两个斜撑上的螺纹套管调整来实现，两边要同时调整。

e. 检查验收。当预制叠合剪力墙吊装就位并安装完成后，需进行全面的检查验收，包括检查墙体的垂直度、平整度、位置偏差等是否符合规范要求。同时，还需对连接部位、预留孔洞等进行细致检查，确保无遗漏、无错误。

②铝模施工安装操作流程。与预制框架式结构、预制实心剪力墙结构不同，预制叠合剪力墙结构在吊装施工中不需要套筒灌浆连接，而要搭设铝模板现浇连接预制构件。铝模施工安装操作流程如图 4-14 所示。

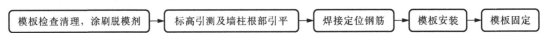

图 4-14　铝模施工安装操作流程

a. 模板检查清理，涂刷脱模剂。

(a)用铲刀铲除模板表面浮浆，直至表面光滑无粗糙感。

(b)在模板面均匀涂刷专用水性脱模剂。

(c)铝模板制作允许偏差见表 4-2。

表 4-2 铝模板制作允许偏差

序号	检查项目	允许偏差
1	外形尺寸	−2 mm/m
2	对角线	3 mm
3	相邻表面高低差	1 mm
4	表面平整度(2 m 钢尺)	2 mm

b. 标高引测及墙柱根部引平。将标高引测至楼层,通过引测的标高控制墙柱根部的标高及平整度,转角处用砂浆或剔凿进行找平,其他处用 4 cm 和 5 cm 角铝调节。位置通过墙柱控制线确认。

c. 焊接定位钢筋。采用 $\phi16$ mm 钢筋(端部平整)在墙柱根部离地约 100 mm 处以 800 mm 间距进行焊接定位。

d. 模板安装。墙柱在钢筋及水电预埋完成后,从墙端开始逐块定位安装,每 300 mm 使用一个墙柱销钉,墙柱顶标高按现场预制叠合墙板实际高度安装,实际标高比设计标高低 3～5 mm。

e. 模板固定。在三段式螺杆未应用前,采用 PVC 套管(壁厚 2 mm),切割尺寸统一,偏差为 0～0.5 mm,端部采用 PVC 扩大头套防止加固螺杆过紧,螺杆间距小于 800 mm。

模板斜撑采用 4 道背楞(外墙 5 道),斜拉杆间距不大于 2 m,上下支撑。墙模安装完毕调整标高、垂直度(斜向拉杆要受力)后再进行梁底模和楼面板安装。

4. 预制外挂墙板的吊装

(1)准备工作

吊装前须对下层的预埋件进行安装位置及标高复核,应准备好标高调节装置及斜撑系统和外墙板接缝防水材料等。

(2)吊装流程

预制外挂墙板围护体系吊装流程如图 4-15 所示。

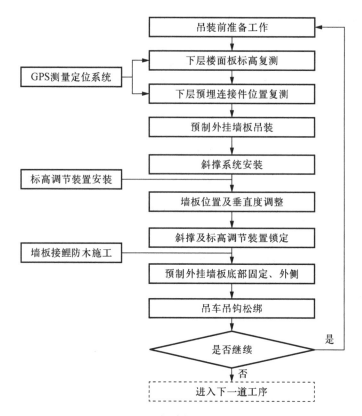

图 4-15　预制外挂墙板围护体系吊装流程

（3）关键施工要点

①预制外挂墙板施工前准备。结构每层楼面轴线垂直控制点不应少于 4 个，楼层上的控制轴线应使用经纬仪，由底层原始点直接向上引测；每个楼层应设置 1 个高程控制点；预制构件控制线应由轴线引出，每块预制构件应有纵横控制线两条；预制外挂墙板安装前应在墙板内侧弹出竖向和水平线，安装时应与楼层上该墙板控制线相对应。当采用饰面砖外装饰时，饰面砖竖向、横向砖缝应引测。贯通到外墙内侧来控制相邻板与板之间、层与层之间饰面砖砖缝对直；预制外挂墙板垂直度测量，4 个角留设的测点为预制外墙板转换控制点，使用靠尺，以此 4 个点在内侧进行垂直度校核和测量；应在预制外挂墙板顶部设置水平标高点，在上层预制外挂墙板吊装时，应先垫垫块或在构件上预埋标高控制调节件。

②预制外挂墙板的吊装。预制构件应按照施工方案吊装顺序预先编号，严格按照编号顺序起吊；吊装应采用慢起、稳升、缓放的操作方式，应系好缆风绳控制构件转动；在吊装过程中，墙板应保持稳定，不得偏斜、摇摆和扭转。

预制外挂墙板的校核与偏差调整应按以下要求进行：侧面中线及板面垂直度的校核，应以中线为主调整；上下校正时，应以竖缝为主调整；墙板接缝应以满足外墙面平整为主，内墙面不平或翘曲时，可在内装饰或内保温层内调整；校正山墙阳角与相邻板，以阳角为基准调整；校核拼缝平整度，应以楼地面水平线为准调整。

③预制外挂墙板底部固定、外侧封堵。预制外挂墙板底部坐浆材料的强度等级不应小

于被连接构件的强度,坐浆层的厚度不应大于 20 mm,底部坐浆强度检验以每层为一个检验批,每工作班组应制作 1 组边长为 70.7 mm 的立方体试件,且每层不应少于 3 组,标准养护 28 d 后进行抗压强度试验。为了防止预制外挂墙板外侧坐浆料外漏,应在外侧保温板部位固定 50 mm(宽)×20 mm(厚)的具备 A 级保温性能的材料进行封堵。

预制构件吊装到位后应立即对下部螺栓进行固定并做好防腐防锈处理。上部预留钢筋与叠合板钢筋或框架梁预埋件焊接。

当全部外墙板的接缝防水嵌缝施工结束后,将预制在外墙板上预埋铁件与吊装用的标高调节铁盒用电焊焊接或螺栓拧紧形成整体,再进行防水处理。图 4-16 为节点构造的连接示意图。

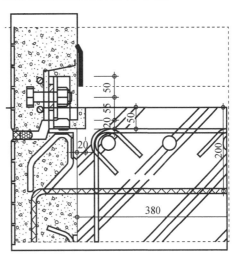

图 4-16 外墙板节点构成处理示意图(单位:mm)

5. 预制叠合楼板(屋面板)的吊装

(1)吊装专用平衡吊具

预制楼板(屋面板)吊装须采用专用的平衡吊具(吊具需热浸镀锌并上橘色漆)。平衡吊具能够更快速安全地将预制楼板吊装到相应位置。

(2)吊装流程

预制叠合楼板(屋面板)吊装施工工艺流程如图 4-17 所示。

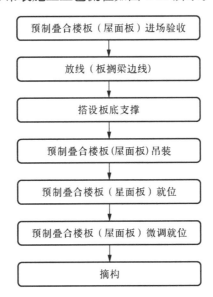

图4-17 预制叠合楼板(屋面板)吊装施工工艺流程图

(3)关键施工要点

①预制叠合楼板(屋面板)吊装应控制水平标高,可采用找平软座浆或粘贴软性垫片进行吊装。

②预制叠合楼板(屋面板)吊装时,应按设计图纸要求预埋水电等管线。

③预制叠合楼板(屋面板)起吊时,吊点不应少于 4 点。

预制叠合楼板(屋面板)吊装应符合下列规定。

①预制叠合楼板(屋面板)吊装应事先设置临时支撑,并应控制相邻板缝的平整度。

②施工集中荷载或受力较大部位应避开拼接位置。

③外伸预留钢筋伸入支座时,预留筋不得弯折。

④相邻叠合楼板(屋面板)间拼缝可采用干硬性防水砂浆塞缝,大于 30 mm 的拼缝应采用防水细石混凝土填实。

⑤后浇混凝土强度达到设计要求后,方可拆除支撑。

6. 预制楼梯的吊装

(1)预制楼梯临时支撑架

可采用支撑架与小型型钢作为预制楼梯吊装时的临时支撑架(图 4-18),此外还应设置钢牛腿作为小型钢与预制楼梯间连接,具体结构形式可参见相关深化设计图纸。

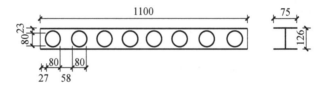

图 4-18　小型型钢支撑示意图(单位:mm)

(2)吊装流程

预制楼梯吊装施工工艺流程如图 4-19 所示。

图 4-19　预制楼梯吊装施工工艺流程

(3)准备工作

①吊装前确认支撑架已经搭设完毕,顶部高程须正确。

②吊装前需要做好梁位线的弹线及验收工作。

(4)预制楼梯施工步骤

预制楼梯施工应按照下列步骤操作。

①楼梯进场后须按单元和楼层清点数量和核对编号。

②搭设楼梯(板)支撑排架与搁置件。

③标高控制与楼梯位置线设置。

④按编号和吊装流程,逐块安装就位。

⑤塔吊吊点脱钩,进行下一叠合板梯段吊装,并循环重复。

⑥楼层浇捣混凝土完成,混凝土强度达到设计要求后,拆除支撑排架与搁置件。

(5)预制楼梯吊装要点

预制楼梯吊装要点应符合下列规定。

①预制楼梯采用预留锚固钢筋方式时,应先放置预制楼梯,再与现浇梁或板浇筑连接

成整体。

②预制楼梯与现浇梁或板之间采用预埋件焊接连接方式时，应先施工现浇梁或板，再搁置预制楼梯进行焊接连接。

③框架结构预制楼梯吊点可设置在预制楼梯板侧面，剪力墙结构预制楼梯吊点可设置在预制楼梯板面。

④预制楼梯吊装时，上下预制楼梯应保持通直。预制楼梯剖面图如图 4-20 所示。

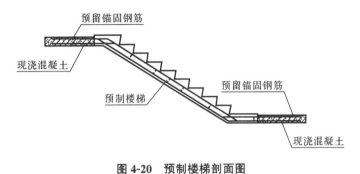

图 4-20　预制楼梯剖面图

7. 预制阳台板和预制空调板的吊装

(1)预制阳台板和预制空调板的吊装流程

预制阳台板和预制空调板的吊装施工工艺流程如图 4-21 所示。

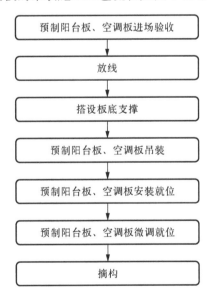

图 4-21　预制阳台板、空调板吊装施工工艺流程

(2)预制阳台板吊装施工要点

①悬挑阳台板吊装前应设置防倾覆支撑架，并应在结构楼层混凝土达到设计强度要求时，方可拆除支撑架。

②悬挑阳台板施工荷载不得超过楼板的允许荷载值。

③预制阳台板预留锚固钢筋应伸入现浇结构内，并应与现浇混凝土结构连成整体。

④预制阳台与侧板采用灌浆连接方式时，阳台预留钢筋应插入孔内后进行灌浆处理。

⑤灌浆预留孔的直径应大于插筋直径的 3 倍，并应不小于 60 mm，预留的孔壁表面应保持粗糙或设波纹管齿槽。

（3）预制空调板吊装施工要点

①预制空调板吊装时，应采取临时支撑措施。

②预制空调板与现浇结构连接时，预留锚固钢筋应伸入现浇结构部分，并应与现浇结构连成整体。

③预制空调板采用插入式吊装方式时，连接位置应设预埋连接件，并应与预制墙板的预埋连接件连接，空调板与墙板四周的防水槽口应嵌填防水密封胶。

4.2 预制构件连接施工

4.2.1 预制构件节点现浇连接施工

1. 节点现浇连接的种类

（1）梁-柱的连接

分为干式连接和湿式连接。干式连接是指牛腿连接、榫式连接、钢板连接、螺栓连接、焊接连接、企口连接、机械套筒连接等；湿式连接是指现浇连接、浆锚连接、预应力技术的整浇连接、普通后浇整体式连接、灌浆拼装等。

（2）叠合楼板-叠合楼板的连接

分为干式连接和湿式连接。干式连接是指预制楼板与预制楼板之间设调整缝；湿式连接是指预制楼板与预制楼板之间设后浇带。

（3）叠合楼板-梁（或叠合梁）的连接

采用板端与梁边搭接，板边预留钢筋，叠合层整体浇筑。

（4）预制墙板与主体结构的连接

分为外挂式连接和侧连式连接。外挂式连接是指预制外墙上部与梁连接，侧边和底边做限位连接；侧连式连接是指预制外墙上部与梁连接，墙侧边与柱或剪力墙连接，墙底边与梁仅做限位连接。

（5）预制剪力墙与预制剪力墙的连接

采用浆锚连接、灌浆套筒连接等方式。

（6）预制阳台-梁（或叠合梁）的连接

采用阳台预留钢筋与梁整体浇筑的方式。

（7）预制楼梯与主体结构的连接

采用一端设置固定铰，另一端设置滑动铰的方式。

（8）预制空调板-梁（或叠合梁）的连接

采用预制空调板预留钢筋与梁整体浇筑的方式。

2. 预制构件节点现浇连接基本要求

装配式混凝土结构中节点现浇连接是指在预制构件吊装完成后，预制构件之间的节点经钢筋绑扎或焊接，然后通过支模浇筑混凝土，实现装配式结构现浇连接的一种施工工艺。

按照建筑结构体系的不同，其节点的构造要求和施工工艺也有所不同。现浇连接节点主要包括梁柱节点、叠合梁板节点、叠合阳台、空调板节点、湿式预制墙板节点等。

节点现浇连接构造应按设计图纸的要求进行施工，才能具有足够的抗弯、抗剪、抗震性能，才能保证结构的整体性以及安全性。

3. 预制构件节点现浇连接施工注意事项

(1)设置粗糙面和键槽

节点现浇连接时在预制侧接触面上应设置粗糙面和键槽等。

(2)考虑吸水

混凝土浇筑量小，须考虑模板和构件的吸水影响。浇筑前要清扫浇筑部位，清除杂质，用水浸湿模板和构件的接触部位，但模板内不应有积水。

(3)振捣

在混凝土浇筑过程中，为使混凝土填充到节点的每个角落，确保混凝土填充密实，混凝土灌入后需采取有效的振捣措施，但一般不宜使用振动幅度大的振捣装置。

(4)养护

冬季施工时为防止冻坏填充混凝土，要对混凝土进行保温养护。

(5)模板选择

对清水混凝土工程及装饰混凝土工程，应使用能达到设计效果的模板。

(6)拆除模板

现浇混凝土应达到表 4-3 要求的强度后方可拆除底部模板。

表 4-3 底模拆除时的混凝土强度要求

构件类型	构件跨度/m	应达到设计混凝土立方体抗压强度标准值的百分率/%
板	≤2	≥50
	>2, ≤8	≥75
	>8	≥100
梁、拱、壳	≤8	≥75
	>8	≥100
悬臂构件	—	≥100

(7)允许偏差

固定在模板上的预埋件、预留孔和预留洞均不得渗漏，且应安装牢固，其偏差应符合表 4-4 的规定。检查中心线位置时，应沿纵、横两个方向量测，并取其中的较大值。

表 4-4　预埋件、预留孔和预留洞的允许偏差

项目		允许偏差/mm
预埋钢板中心线位置		3
预埋管、预留孔中心线位置		3
插筋	中心线位置	5
	外露长度	+10, 0
预埋螺栓	中心线位置	2
	外露长度	+10, 0
预留洞	中心线位置	10
	尺寸	+10, 0

(8)大体积混凝土浇筑

为确保现浇混凝土的平整度施工质量，预制装配式结构中现场大体积混凝土的浇筑宜采用铝合金等材料的系统模板。

(9)不发生移动或膨胀

由于浇筑在结合部位的混凝土量较少，所以模板的侧面压力较小，但在设计时要保证浇筑混凝土的过程中铸模不会发生移动或膨胀。

(10)连接

为了防止水泥浆从预制构件面和模板的结合面溢出，模板需要和构件连接紧密；必要时对缝隙采用软质材料进行有效封堵，避免漏浆影响施工质量。

(11)保证强度

模板脱模之前要保证混凝土达到设计要求的强度。

(12)养护

混凝土浇筑完毕后，应按施工技术方案及时采取有效的养护措施，并应符合下列规定。

①应在混凝土浇筑完毕后 12 h 内对混凝土加以覆盖并进行保湿养护。

②混凝土浇水养护的时间：对采用硅酸盐水泥、普通硅酸盐水泥或矿渣硅酸盐水泥拌制的混凝土，不得少于 7 d；对掺用缓凝型外加剂或有抗渗要求的混凝土，不得少于 14 d。

③浇水次数应能保持混凝土处于湿润状态，混凝土养护用水应与拌制用水相同。

④采用塑料布覆盖养护的混凝土，其敞露的全部表面应覆盖严密，并应保持塑料布内有凝结水。

⑤混凝土强度达到 1.2 MPa 前，不得在其上踩踏或安装模板及支架。

⑥当日平均气温低于 5 ℃时，不得浇水。

⑦当采用其他品种水泥时，混凝土的养护时间应根据所采用水泥的技术性能确定。

⑧混凝土表面不便浇水或使用塑料布时，宜涂刷养护剂。

⑨大体积混凝土的养护，应根据气候条件按施工技术方案采取控温措施。

⑩检查数量与检验方法。检查数量：全数检查；检验方法：观察，检查施工记录。

4.2.2 预制构件节点的钢筋连接施工

预制构件节点的钢筋连接应满足行业标准《钢筋机械连接技术规程》(JGJ 107—2016)中Ⅰ级接头的性能要求,并应符合行业有关标准的规定。预制构件钢筋连接的种类主要有套筒灌浆连接、钢筋浆锚搭接连接以及直螺纹套筒连接。

1. 钢筋套筒灌浆连接施工

(1)工作原理

钢筋套筒灌浆连接的工作原理:将需要连接的带肋钢筋插入金属套筒内"对接",在套筒内注入高强、早强且有微膨胀特性的灌浆料,灌浆料在套筒筒壁与钢筋之间形成较大的正向应力,在带肋钢筋的粗糙表面产生较大的摩擦力,由此得以传递钢筋的轴向力,如图 4-22 和图 4-23 所示。

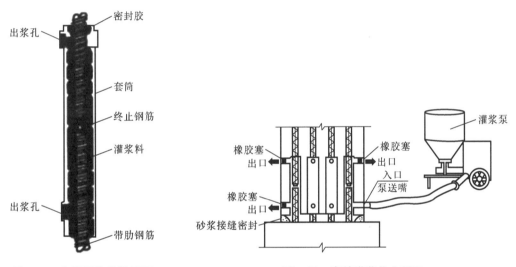

图 4-22 套筒灌浆连接原理   图 4-23 套筒灌浆作业原理

下面以现场柱子连接为例介绍套筒灌浆的工作原理。

上面预制柱与下面柱伸出钢筋对应的位置埋置套筒,预制柱的钢筋插入到套筒上部一半位置,套筒下部一半空间预留给下面柱的钢筋插入。预制柱套筒对准下面柱伸出钢筋安装,使下面柱钢筋插入套筒,与预制柱的钢筋形成对接,然后通过套筒灌浆口注入灌浆料,使套筒内注满灌浆料。

套筒连接是对现行混凝土结构规范的"越线",全部钢筋都在同一截面连接,这违背了《混凝土结构设计标准》(GB/T 50010—2010)中关于"钢筋接头同一截面不大于 50%"的规定。但由于这种连接方式经过了试验和工程实践的验证,特别是超高层建筑经历过大地震的考验,因此是可靠的连接方式。

(2)材料要求

①套筒。套筒的材质有碳素结构钢、合金结构钢和球墨铸铁,内壁粗糙。我国套筒的材质既有球墨铸铁,也有碳素结构钢和合金结构钢材质。现行的行业标准是《钢筋连接用灌浆套筒》(JG/T 398—2019)。

②灌浆料。灌浆料要求具有高强、早强、不收缩、微膨胀的特点，灌浆料行业标准是《钢筋连接用套筒灌浆料》(JG/T 408—2019)。

(3)套筒灌浆连接的规定[参照《装配式混凝土结构技术规程》(JGJ 1—2014)]

①接头应满足行业标准《钢筋机械连接技术规程》(JGJ 107—2016)中Ⅰ级接头的性能要求，并应符合国家现行有关标准的规定。

②预制剪力墙中钢筋接头处套筒外侧钢筋混凝土保护层厚度不应小于 15 mm，预制柱中钢筋接头处套筒外侧箍筋的混凝土保护层厚度不应小于 20 mm。

③套筒之间净距不应小于 25 mm。

④预制结构构件采用钢筋套筒灌浆连接时，应在构件生产前进行钢筋套筒灌浆连接接头的抗拉强度试验，每种规格的连接接头试件数量不应少于 3 个(强制性规定)。

⑤当预制构件中钢筋的混凝土保护层厚度大于 50 mm 时，宜对钢筋保护层采取有效的构造措施(如铺设钢筋网片等)。

(4)工艺流程及操作方法

①施工准备。准备灌浆料(打开包装袋检查，灌浆料应无受潮结块或其他异常)和清洁水；准备施工器具；夏天温度过高时准备降温冰块，冬天准备热水。

②制备灌浆料基本流程。制备灌浆料基本流程如图 4-24 所示。

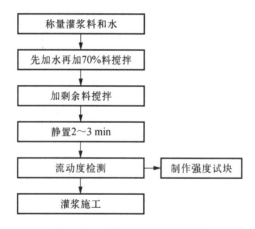

图 4-24 制备灌浆料基本流程

a. 称量灌浆料和水。严格按本批产品出厂检验报告要求的水料比(如 11 g 水＋100 g 干料，即为 11%)，用电子秤分别称量灌浆料和水，也可用刻度量杯计量水。

b. 先加水再加 70%料搅拌。第一次搅拌，用灌浆料量杯精确加水，先将水倒入搅拌桶，然后加入约 70%料，用专用搅拌机搅拌 1～2 min，要求灌浆料大致均匀。

c. 加剩余料搅拌。第二次搅拌，将剩余料全部加入，再搅拌 3～4 min 至彻底均匀。

d. 静置 2～3 min。搅拌均匀后，静置 2～3 min，使浆内气泡自然排出后再使用。

e. 流动度检测。每班灌浆连接施工前进行灌浆料初始流动度检验，记录有关参数，流动度合格方可使用，检测流动度环境温度超过产品使用温度上限(35 ℃)时，须做实际可操作时间检验，保证灌浆施工时间在产品可操作时间内完成。

f. 制作强度试块。根据需要进行现场抗压强度检验，制作试块(件)前灌浆料也需要静置 2～3 min，使浆内气泡自然排出，检验试块(件)要密封后与现场同条件养护。

g. 灌浆施工。做好灌浆施工前的准备工作后，安装灌浆管开始灌浆，在灌浆过程中，要实时监测地基的变形和灌浆料的流动情况，当达到设计要求的灌浆量或灌浆压力时，停止灌浆，随后封堵灌浆孔并清理现场。

③施工灌浆基本流程。施工灌浆基本流程如图 4-25 所示。

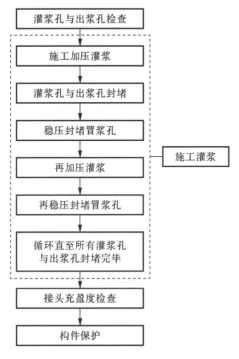

图 4-25 灌浆基本流程

a. 灌浆孔与出浆孔检查。在正式灌浆前，采用空气压缩机逐个检查各接头的灌浆孔和出浆孔内有无影响浆料流动的杂物，确保孔路畅通。

b. 施工灌浆。采用保压停顿灌浆法施工能有效节省灌浆料的施工浪费，保证工程施工质量。用灌浆泵(枪)从接头下方的灌浆孔处向套筒内加压灌浆。特别注意，正常灌浆料要在自加水搅拌开始 20～30 min 内灌完，以尽量保留一定的操作应急时间。

灌浆孔与出浆孔封堵，采用专用塑料堵头(与孔洞配套)，操作中用螺丝刀顶紧。在灌浆完成、浆料凝固前，应巡视检查已经灌浆的接头，如有漏浆及时处理。

在灌浆过程中，由于压力作用，灌浆料可能会从其他未封堵的孔或裂缝中冒出，称为冒浆。根据冒浆位置和严重程度，采取适当的封堵措施。对于轻微的冒浆，可直接用封堵材料进行封堵；对于严重的冒浆，需先查明原因(如裂缝过大、灌浆压力过高等)，再采取相应的处理措施(如降低灌浆压力、增加封堵材料厚度等)。

重新调整灌浆压力和速度，继续向灌浆孔中注入灌浆料，直至达到设计要求的灌浆量或灌浆压力。

在再次加压灌浆过程中，需密切关注是否有新的冒浆现象出现。一旦发现冒浆，需立即重复稳压与封堵的步骤，直至所有冒浆孔均得到有效处理。

上述步骤需根据灌浆施工的实际情况进行循环作业，直至所有灌浆孔和出浆孔均被有效封堵，且灌浆料已充分填充到目标区域。

c. 接头充盈度检查。灌浆料凝固后，取下灌、出浆孔封堵胶塞，检查孔内凝固的灌浆料上表面应高于排浆孔下缘 5 mm 以上，如图 4-26 所示。

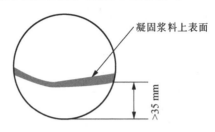

图 4-26　接头充盈度检查

d. 构件保护。灌浆施工完成后，应及时清理构件表面的多余灌浆料和污渍，保持构件表面的干燥和清洁；在灌浆料未达到设计强度之前，应对构件进行必要的支撑和固定，防止因外力作用导致的构件变形或位移；在灌浆料凝固过程中，应控制施工环境的温度和湿度，避免过高或过低的温度和湿度对灌浆料的性能产生不利影响。

2. 钢筋浆锚搭接连接施工

浆锚搭接连接方式所依据的技术源于欧洲，并在欧洲一些国家的装配式建筑中有所应用。近年来，我国有多所大学、研究机构和企业也对浆锚搭接连接方式进行了大量研究试验，例如，哈尔滨工业大学、黑龙江宇辉新型建筑材料有限公司等对这种技术进行了深入研究，有了一定的技术基础，浆锚搭接连接方式在国内装配整体式结构建筑中也有应用。浆锚搭接连接方式最大的优势是成本低于套筒灌浆连接方式。

(1)工作原理

浆锚搭接连接将需要连接的带肋钢筋插入预制构件的预留孔道里(预留孔道内壁是螺旋形的)。钢筋插入孔道后，在孔道内注入高强、早强且有微膨胀特性的灌浆料，锚固住插入钢筋。孔道旁是预埋在构件中的受力钢筋，插入孔道的钢筋与之"搭接"。这种情况属于有距离搭接。

浆锚搭接连接有两种方式：一是两根搭接的钢筋外圈有螺旋钢筋，它们共同被螺旋钢筋约束，如图 4-27 所示；二是浆锚孔用金属波纹管。

(2)浆锚搭接预留孔洞的成型方式

浆锚搭接连接方式预留孔道的螺旋形内壁有两种成型方式：一是埋置螺旋的金属内模，构件达到强度后旋出内模；二是预埋金属波纹管作内模，不用抽出。

埋置金属内模方式旋出内模时容易造成孔壁损坏，也比较费工，不如预埋金属波纹管方式可靠简单。

(3)浆锚搭接灌浆料的性能要求

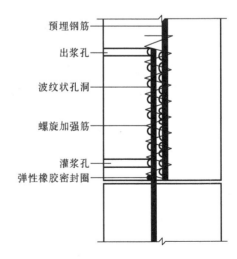

图 4-27　浆锚搭接连接

浆锚搭接灌浆料为水泥基灌浆料，其性能应符合《装配式混凝土结构技术规程》(JGJ 1—2014)中对钢筋浆锚搭接连接接头用灌浆料性能要求的规定，具体性能要求见表 4-5。

表 4-5　钢筋浆锚连接用灌浆料性能要求

项目	指标名称	指标性能
流动度/mm	初始	≥200
	30 min	≥150
抗压强度/MPa	1 d	≥30
	3 d	≥50
	28 d	≥70
竖向膨胀率/%	3 h	≥0.02
	24 h 与 3 h 差值	0.02～0.50
对钢筋的锈蚀作用		≤0.03
泌水率/%		不应有

浆锚搭接连接所用灌浆料的强度低于套筒灌浆连接的灌浆料。因为浆锚搭接连接由螺旋钢筋形成的约束力低于金属套筒的约束力，灌浆料强度高属于功能过剩。

(4)浆锚搭接连接的规定

①《装配式混凝土结构技术规程》(JGJ 1—2014)第 6.5.4 条规定：纵向钢筋采用浆锚搭接连接时，对预留成孔工艺、孔道形状和长度、构造要求、灌浆料和被连接钢筋，应进行力学性能以及适用性的试验验证。直径大于 20 mm 的钢筋不宜采用浆锚搭接连接，直接承受动力荷载构件的纵向钢筋不应采用浆锚搭接连接。

这里的"试验验证"是指需要验证的项目须经过相关部门组织的专家论证或鉴定后方可使用。

②《装配式混凝土结构技术规程》(JGJ 1—2014)第 7.1.2 条规定：装配整体式框架结构中，预制柱的纵向钢筋连接应符合下列规定。

a. 当房屋高度不大于 12 m 或层数不超过 3 层时，可采用套筒灌浆、浆锚搭接、焊接等连接方式。

b. 当房屋高度大于 12 m 或层数超过 3 层时，宜采用套筒灌浆连接。

也就是说，在多层框架结构中，《装配式混凝土结构技术规程》(JGJ 1—2014)不推荐浆锚搭接方式。

(5)浆锚灌浆连接施工要点

预制构件主筋采用浆锚灌浆连接的方式，在设计上对抗震等级和高度有一定的限制。在预制剪力墙体系中预制剪力墙的连接使用较多，预制框架体系中预制立柱的连接一般不宜采用。钢筋浆锚搭接连接的施工流程可参考钢筋套筒灌浆连接施工。图 4-28 和图 4-29 为钢筋浆锚灌浆连接节点的示意图和预制外墙浆锚灌浆连接及施工场景。浆锚灌浆连接节点施工的关键是灌浆材料及施工工艺、无收缩水泥灌浆施工质量。

建筑工程施工技术与项目管理

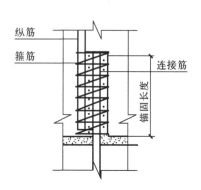

图 4-28　钢筋浆锚灌浆连接节点示意图

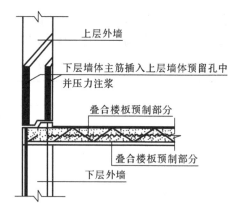

图 4-29　预制外墙浆锚灌浆连接及施工场景

3. 直螺纹套筒连接施工

（1）基本原理

直螺纹套筒连接施工的工艺原理是将钢筋待连接部分剥肋后滚压成螺纹，利用连接套筒进行连接，使钢筋丝头与连接套筒连接为一体，从而实现等强度钢筋连接。直螺纹套筒连接的种类主要有冷墩粗直螺纹、热墩粗直螺纹、直接滚压直螺纹、挤（碾）压肋滚压直螺纹。

（2）施工注意事项

①材料与机械设备。

a. 材料准备。钢套筒应具有出厂合格证。套筒的力学性能必须符合规定，表面不得有裂纹、折叠等缺陷。套筒在运输、储存中，应按不同规格分别堆放，不得露天堆放，防止锈蚀和沾污。钢筋必须符合国家标准设计要求，还应有产品合格证、出厂检验报告和进场复验报告。

b. 施工机具。施工机具为钢筋直螺纹剥肋滚丝机、力矩扳手、牙型规、卡规、直螺纹塞规。

②技术要求。

a. 钢筋先调直再下料，切口端面与钢筋轴线垂直，不得有马蹄形或挠曲，不得用气割下料。

b. 钢筋下料时须符合以下规定：设置在同一个构件内的同一截面受力钢筋的位置应相互错开，在同一截面接头百分率不应超过50％；钢筋接头端部距钢筋受弯点不得小于钢筋直径的10倍长度；钢筋连接套筒的混凝土保护层厚度应满足《混凝土结构设计标准》（GB/T 50010—2010）中的相应规定且不得小于15 mm，连接套之间的横向净距不宜小于25 mm。

③钢筋螺纹加工。

a. 钢筋端部平头使用钢筋切割机进行切割，不得采用气割。切口断面应与钢筋轴线垂直。

b. 按照钢筋规格所需要的调试棒调整好滚丝头内控最小尺寸。

c. 按照钢筋规格更换涨刀环，并按规定丝头加工尺寸调整好剥肋加工尺寸。

d. 调整剥肋挡块及滚扎行程开关位置，保证剥肋及滚扎螺纹长度符合丝头加工尺寸的规定。

e. 丝头加工时应用水性润滑液，不得使用油性润滑液；当气温低于 0 ℃时，应掺入15％～20％亚硝酸钠。严禁使用机油作切割液或不加切割液加工丝头。

f. 钢筋丝头加工完毕经检验合格后，应立即戴上丝头保护帽或拧上连接套筒，防止装卸钢筋时损坏丝头。

④钢筋连接

a. 连接钢筋时，钢筋规格和连接套筒规格应一致，并确保钢筋和连接套的丝扣干净、完好无损。

b. 必须用力矩扳手拧紧接头。力矩扳手的精度为±5％，要求每半年用扭力仪检验一次。力矩扳手不使用时，将其力矩值调整为零，以保证其精度。

c. 连接钢筋时应对正轴线将钢筋拧入连接套中，然后用力矩扳手拧紧。接头拧紧值应满足表 4-6 规定的力矩值，不得超拧。拧紧后的接头应做上标记，防止钢筋接头漏拧。

表 4-6   滚扎直螺纹钢筋接头拧紧力矩值

钢筋直径/mm	拧紧力矩值/(N·m)
≤16	100
18～20	200
22～25	260
28～32	320

d. 钢筋连接前，根据所连接直径的需要将力矩扳手的游动标尺刻度调定在相应的位置上，即按规定的力矩值，使力矩扳手钢筋轴线均匀加力。当听到力矩扳手发出"咔哒"声响时即停止加力(否则会损坏扳手)。

e. 连接水平钢筋时必须从一头往另一头依次连接，不得从两边往中间连接，连接时两人应面对站立，一人用扳手卡住已连接好的钢筋，另一人用力矩扳手拧紧待连接钢筋，按规定的力矩值进行连接，这样可避免弄坏已连接好的钢筋接头。

f. 使用扳手对钢筋接头拧紧时，只要达到力矩扳手调定的力矩值即可，拧紧后按表 4-6 规定力矩值检查。

g. 接头拼接完成后，应使两个丝头在套筒中央位置相互顶紧，套筒的两端不得有一口以上的完整丝扣外露，加长型接头的外露扣数不受限制，但应有明显标记，以便于检查进入套筒的丝头长度是否满足要求。

4.2.3 预制构件接缝构造连接施工

1. 接缝材料

预制构件的接缝材料分为主材和辅材两部分，辅材根据选用的主材确定。主材密封胶是一种可追随密封面形状而变形，不易流淌，有一定黏结性的密封材料。预制混凝土构件接缝使用建筑密封胶，按其组成大致可分为聚硫橡胶、氯丁橡胶、丙烯酸、聚氨酯、丁基橡胶、硅橡胶、橡塑复合型、热塑性弹性体等多种。预制混凝土构件接缝材料的要求可参照《装配式混凝土结构技术规程》(JGJ 1—2014)执行，具体要求如下。

①接缝材料应与混凝土具有相容性，具备规定的抗剪切和伸缩变形能力；接缝材料应具有防霉、防水、防火、耐候等性能。

②硅酮、聚氨酯、聚硫建筑密封胶应分别符合国家现行标准《硅酮和改性硅酮建筑密封胶》(GB/T 14683—2017)、《聚氨酯建筑密封胶》(JC/T 482—2022)、《聚硫建筑密封胶》(JC/T 483—2022)的规定。

③夹心外墙板接缝处填充用保温材料的燃烧性能应满足现行国家标准《建筑材料及制品燃烧性能分级》(GB 8624—2012)中 A 级的要求。

2. 接缝构造要求

预制外墙板接缝采用材料防水时，必须用防水性能可靠的嵌缝材料。板缝宽度不宜大于 20 mm，材料防水的嵌缝深度不得小于 20 mm。对于普通嵌缝材料，在嵌缝材料外侧应勾水泥砂浆保护层，其厚度不得小于 15 mm；对于高档嵌缝材料，其外侧可不做保护层。预制外墙板接缝的材料防水还应符合下列要求。

①外墙板接缝宽度设计应满足在热胀冷缩及风荷载、地震作用等外界环境的影响下，其尺寸变形不会导致密封胶破裂或剥离破坏。

②外墙板接缝宽度不应小于 10 mm，一般设计宜控制在 10～35 mm；接缝胶深度一般在 8～15 mm。

③外墙板的接缝可分为水平缝和垂直缝两种形式。

④普通多层建筑预制外墙板接缝宜采用一道防水构造做法(图 4-30)。

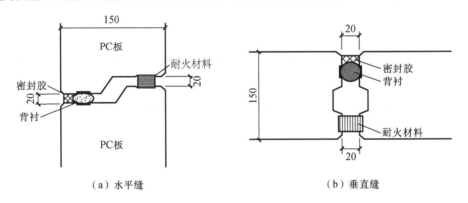

（a）水平缝　　　　　　　　　　　（b）垂直缝

图 4-30　预制外墙板接缝一道防水构造(单位：mm)

注：PC—polycarbonate，聚碳酸酯。

⑤高层建筑、多雨地区的预制外墙板接缝防水宜采用两道密封防水构造的做法，即在外部密封胶防水的基础上，增设一道发泡氯丁橡胶密封防水构造(图 4-31)。

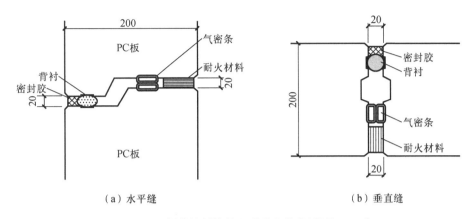

（a）水平缝　　　　　　　　　　　　（b）垂直缝

图 4-31　预制外墙板接缝两道防水构造（单位：mm）

3. 接缝嵌缝施工流程

接缝嵌缝的施工流程如图 4-32 所示。

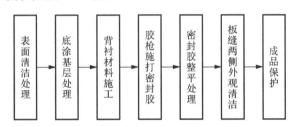

图 4-32　预制外墙板接缝嵌缝施工流程

其主要工序的施工说明如下。

（1）表面清洁处理

外墙板缝表面应清洁至无尘、无污染或无其他污染物的状态。表面如有油污，可用溶剂（甲苯、汽油）擦洗干净。

（2）底涂基层处理

为使密封胶与基层更有效黏结，施打前可先用专用的配套底涂料涂刷一道作基层处理。

（3）背衬材料施工

密封胶施打前应事先用背衬材料填充过深的板缝，避免浪费密封胶，同时避免密封胶三面黏结，影响性能发挥。吊装时用木柄压实、整平。注意吊装衬底材料的埋置深度，以在外墙板面以下 10 mm 左右为宜。

（4）胶枪施打密封胶

密封胶采用专用的手动挤压胶枪施打。将密封胶装配到手压式胶枪内，胶嘴应切成适当口径，口径尺寸与接缝尺寸相符，以便在挤胶时能控制在接缝内形成压力，避免带入空气。此外，密封胶施打时，应顺缝从下向上推，不要让密封胶在胶嘴堆积成珠或成堆。施打后的密封胶应完全填充接缝。

（5）密封胶整平处理

密封胶施打完成后立即进行整平处理，使用专用的圆形刮刀从上到下顺缝刮平。其目的是整平密封胶外观，通过刮压使密封胶与板缝基面接触更充分。

（6）板缝两侧外观清洁

若密封胶在施打时溢出到两侧的外墙板，应及时进行清除干净，以免影响外观质量。

（7）成品保护

完成接缝表面封胶后方可采取相应的成品保护措施。

4. 接缝嵌缝施工注意事项

根据接缝设计的构造及使用嵌缝材料的不同，其处理方式也存在一定的差异，常用接缝连接构造的施工要点如下。

①外墙板接缝防水工程应由专业人员进行施工，橡胶条通常是预制构件出厂时预嵌在混凝土墙板的凹槽内，以保证外墙的防排水质量。在现场施工的过程中，预制构件调整就位后，通过安装在相邻两块预制外墙板的橡胶条相互挤压达到防水效果。

②预制构件外侧通过施打结构性密封胶来实现防水构造。密封防水胶封堵前，侧壁应清理干净，保持干燥，事先应对嵌缝材料的性能质量进行检查。嵌缝材料应与墙板黏结牢固。

③预制构件连接缝施工完成后应进行外观质量检查，并应满足国家或地方相关建筑外墙防水工程技术规范的要求，必要时应进行喷淋试验。

第5章 建筑工程绿色施工技术

5.1 地基与基础结构绿色施工

5.1.1 深基坑双排桩加旋喷锚桩支护的绿色施工技术

1. 双排桩加旋喷锚桩技术适用条件

双排桩加旋喷锚桩基坑支护方案的选定须综合考虑工程的特点和周边的环境要求，在满足地下室结构施工以及确保周边建筑安全可靠的前提下尽可能地做到经济合理，方便施工以及提供工效，其适用于如下情况。

①基坑开挖面积大，周长长，形状较规则，空间效应非常明显，尤其应慎防侧壁中段变形过大。

②基坑开挖深度较深，周边条件各不相同，差异较大，有的侧壁比较空旷，有的侧壁条件较复杂；基坑设计应根据不同的周边环境及地质条件进行设计，以实现"安全、经济、科学"的设计目标。

③基坑开挖范围内如基坑中下部及底部存在粉土、粉砂层，一旦发生流沙，基坑稳定将受到影响。

④地下水主要为表层素填土中的上层滞水以及表 5-1 中 3－1 层、3－2 层土中赋存的微承压水，应做好基坑止水、降水措施。

其所适应的地质特征可参考表 5-1 中粉土夹粉质黏土层和粉土粉砂层中的地下水，属微承压水（为同一含水层），透水性强。

表 5-1 适用该绿色施工技术的各土层物理力学指标

土层名称	天然重度/ (kN/m³)	渗透系数/(cm/s)		固结快剪		三轴 UU	
		K_V	K_H	c/kPa	ϕ/°	c/kPa	ϕ/°
1层 素填土	16.0	—	—	10	10	—	—
2－1 层 粉质黏土	19.5	7.0×10^{-7}	5.0×10^{-7}	55.3	16.6	83.8	6.6
2－2 层 粉质黏土夹粉土	19.0	5.0×10^{-6}	8.0×10^{-6}	31.7	14.4	51.2	4.6
3－1 层 粉土夹粉质黏土	18.5	6.0×10^{-5}	2.0×10^{-5}	15.6	13.3	(31.0)	(2.6)
3－2 层 粉土粉砂	18.5	3.0×10^{-4}	2.0×10^{-4}	12.5	17.5	32.2	2.3

注：K_V—垂直渗透系数；K_H—水平渗透系数；c—土的黏聚力；ϕ—内摩擦角；UU—unconfined undrained，不固结不排水。

2. 双排桩加旋喷锚桩支护技术

（1）钻孔灌注桩结合水平内支撑支护技术

水平内支撑的布置可采用东西对撑并结合角撑的形式布置，该技术方案对周边环境影响较小，但存在两个问题：一是没有施工场地，考虑到工程施工场地太过紧张因素，若按该技术方案实施的话则基坑无法分块施工，周边安排好办公区、临时道路等基本临设后，已无任何施工场地；二是施工工期延长，内支撑的浇筑、养护、土方开挖及后期拆撑等施工工序均增加施工周期，建设单位无法接受。

（2）单排钻孔灌注桩结合多道旋喷锚桩支护技术

锚杆体系除常规锚杆以外还有一种比较新型的锚杆形式叫加筋水泥土桩锚。加筋水泥土是指插入加筋体的水泥土，加筋体可采用金属的或非金属的材料。它采用专门机具施作，直径 200～1 000 mm，可为水平向、斜向或竖向的等截面、变截面或有扩大头的桩锚体。加筋水泥土桩锚支护是一种有效的土体支护与加固技术，其特点是钻孔、注浆、搅拌和加筋一次完成。适用于砂土、黏性土、粉土、杂填土、黄土、淤泥、淤泥质土等土层中的基坑支护和土体加固。加筋水泥土桩锚可有效解决粉土、粉砂中锚杆施工困难问题，且锚固体直径远大于常规锚杆锚固体直径，所以可提供锚固力大于常规锚杆。

该技术可根据建筑设计的后浇带的位置分块开挖施工，则场地有足够的施工作业面，并且相比内支撑可节约一定的工程造价，该技术不利的一点是，若采用"单排钻孔灌注桩结合多道旋喷锚桩"支护形式，加筋水泥土桩锚下层土开挖时，上层的斜桩锚必须有 14 d以上的养护时间并已张拉锁定，因此多道旋喷锚桩的施工对土方开挖及整个地下工程施工会造成一定的工期影响。

（3）双排钻孔灌注桩结合一道旋喷锚桩支护技术

为满足建设单位的工期要求，需减少锚桩道数，但锚桩道数减少势必会减少支点，引起围护桩变形及内力过大，对基坑侧壁安全造成较大的影响。双排桩支护形式前后排桩拉开一定距离，各自分担部分土压力，两排桩桩顶通过刚度较大的压顶梁连接，由刚性冠梁与前后排桩组成一个空间超静定结构，整体刚度很大，加上前后排桩形成与侧压力反向作用的力偶的原因，双排桩支护结构位移相比单排悬臂桩支护体系而言明显减少。但纯粹双排桩悬臂支护形式相比桩锚支护体系变形较大，且对于深 11 m 基坑很难有安全保证。综合考虑，为了既加快工期又保证基坑侧壁安全，采用"双排钻孔灌注桩结合一道旋喷锚桩"的组合支护形式。

3. 基坑支护绿色施工技术

（1）钻孔灌注桩绿色施工技术

基坑钻孔灌注桩混凝土强度等级为水下 C30，压顶冠梁混凝土等级 C30，灌注桩保层为 50 mm；冠梁及连梁结构保护层厚度 30 mm；灌注桩沉渣厚度不超过 100 mm，充盈系数 1.05～1.15，桩位偏差不大于 100 mm，桩径偏差不大于 50 mm，桩身垂直度偏差不大于 1/200。钢筋笼制作应仔细按照设计图纸避免放样错误，并同时满足国家相关规范要求。灌注桩钢筋采用焊接接头，单面焊 10d（d 为钢筋直径），双面焊 5d，同一截面接头不大于 50%，接头间相互错开 35d，坑底上下各 2 m 范围内不得有钢筋接头，纵筋锚入压顶冠梁或连梁内直锚段不小于 $0.6l_{ab}$（l_{ab} 为基本锚固长度），90°弯锚度不小于 12d。为保证粉土粉砂层成桩质量，施工时应根据地质情况采取优质泥浆护壁成孔、调整钻进速度和钻头转速等措施，或通过成孔试验确保围护桩跳打成功。

灌注桩施工时应严格控制钢筋笼制作质量和钢筋笼的标高，钢筋笼全部安装入孔后，应检查安装位置，特别是钢筋笼在坑内侧和外侧配筋的差别，确认符合要求后，将钢筋笼吊筋进行固定，固定必须牢固、有效。混凝土灌注过程中应防止钢筋笼上浮和低于设计标高。因为本工程桩顶标高负于地面较多，桩顶标高不容易控制，应防止桩顶标高过低造成烂桩头，灌注过程将近结束时安排专人测量导管内混凝土面标高，防止桩顶标高过低造成烂桩头或灌注过高造成不必要的浪费。

(2)旋喷锚桩绿色施工技术

基坑支护设计加筋水泥土桩锚采用旋喷桩，考虑到对被保护周边环境等的重要性，施工的机具为专用机具——慢速搅拌中低压旋喷机具，该钻机的最大搅拌旋喷直径达 1.5 m，最大施工(长)深度达 35.0 m，需搅拌旋喷直径为 500 mm，施工深度为 24.0 m。旋喷锚桩施工应与土方开挖紧密配合，正式施工前应先开挖按锚桩设计标高为准低于标高面向下 300 mm 左右、宽度为不小于 6.0 m 的锚桩沟槽工作面，施工示意如图 5-1 所示。

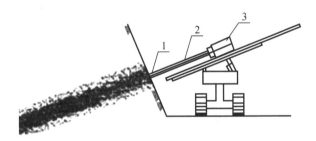

图 5-1 钻机沟槽内施工示意图

注：1—钢绞线；2—钻杆(旋喷杆)；3—钻机。

旋喷锚桩施工应采用钻进、注浆、搅拌、插筋的方法。水泥浆采用 42.5 级普通硅酸盐水泥，水泥掺入量 20%，水灰比 0.7(可视现场土层情况适当调整)，水泥浆应拌和均匀，随拌随用，一次拌和的水泥浆应在初凝前用完。旋喷搅拌的压力为 29 MPa，旋喷喷杆提升速度为 20~25 cm/min，直至浆液溢出孔外，旋喷注浆应保证扩大头的尺寸和锚桩的设计长度。锚筋采用 3~4 根 ϕ15.2 mm 预应力钢绞线制作，每根钢绞线抗拉强度标准值为 1860 MPa，每根钢绞线由 7 根钢丝铰合而成，桩外留 0.7 m 以便张拉。钢绞线穿过压顶冠梁时自由段钢绞线与土层内斜拉锚杆要成一条直线，自由段部位钢绞线需加 ϕ60 mm 塑料套管，并做防锈、防腐处理。

在压顶冠梁及旋喷桩强度达到设计强度 75% 后用锚具锁定钢绞线，锚具采用 OVM (欧维姆)系列，锚具和夹具应符合《预应力筋用锚具、夹具和连接器应用技术规程》(JGJ 85—2010)，张拉采用高压油泵和 100 t 穿心千斤顶。

正式张拉前先用 20% 锁定荷载预张拉两次，再以 50%、100% 的锁定荷载分级张拉，然后超张拉至 110% 设计荷载，在超张拉荷载下保持 5 min，观测锚头无位移现象后再按锁定荷载锁定，锁定拉力为内力设计值的 60%。锚桩的张拉，其目的就是要通过张拉设备使锚桩自由段产生弹性变形，从而对锚固结构施加所需的预应力值，在张拉过程中应注重张拉设备选择、标定、安装、张拉荷载分级、锁定荷载以及量测精度等方面的质量控制。

4. 地下水处理的绿色施工技术

(1)三轴搅拌桩全封闭止水技术

基坑侧壁采用三轴深层搅拌桩全封闭止水，32.5 级复合水泥，水灰比 1.3，桩径 850 mm，搭接长度 250 mm，水泥掺量 20%，28 d 抗压强度不小于 1.0 MPa，坑底加固水泥掺量 12%。三轴搅拌施工按顺序进行，其中阴影部分(图 5-2 中已施工的水泥搅拌桩)为重复套钻，保证墙体的连续性和接头的施工质量，保证桩与桩之间充分搭接，以达到止水作用。施工前做好桩机定位工作，桩机立柱导向架垂直度偏差不大于 1/250。相邻搅拌桩搭接时间不大于 15 h，因故搁置超过 2 h 以上的拌制浆液不得再用。

三轴搅拌桩在下沉和提升过程中均应注入水泥浆液，同时严格控制下沉和提升速度。根据设计要求和有关技术资料规定，搅拌下沉速度宜控制在 0.5～1.0 m/min，提升速度宜控制在 1.0～1.5 m/min，但在粉土粉砂层提升速度应控制在 0.5 m/min 以内，并视不同土层实际情况控制提升速度。若基坑工程相对较大，三轴水泥土搅拌桩不能保证连续施工，在施工中会遇到搅拌桩的搭接问题，为了保证基坑的止水效果，在搅拌桩搭接的部位采用双管高压旋喷桩进行冷缝处理，如图 5-2 所示，高压旋喷桩桩径 600 mm，桩底标高和止水帷幕一样，桩间距 350 mm。

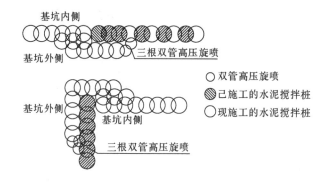

图 5-2 双管高压旋喷桩冷缝处理示意图

(2)坑内管井降水技术

基坑内地下水采用管井降水，内径 400 mm，间距约 20 m。管井降水设施在基坑挖土前布置完毕，并进行预抽水，以保证有充足的时间、最大限度降低土层内的地下潜水及降低微承压水头，保证基坑边坡的稳定性。

管井施工工艺流程：井管定位──→钻孔、清孔──→吊放井管──→回填滤料、洗井──→安装深井降水装置──→调试──→预降水──→随挖土进程分节拆除井管(管井顶标高应高于挖土面标高 2 m 左右)──→降水至坑底以下 1 m──→坑内布置盲沟(坑内管井由盲沟串联成一体，坑内管井管线由垫层下盲沟接出排至坑外)──→暂停部分管井的降排水(基础筏板混凝土达到设计强度后根据地下水位情况暂停部分坑中管井的降排水)──→停止坑边管井的降水(地下室坑外回填完成停止坑边管井的降水)──→退场。

管井的定位采用极坐标法精确定位，避开桩位，并避开挖土主要运输通道位置，严格做好管井的布置质量以保证管井抽水效果，管井抽水潜水泵采用根据水位自动控制。

5. 基坑监测技术

根据相关规范及设计要求，为保证围护结构及周边环境的安全，确保基坑的安全施工，结合深基坑工程特点、现场情况及周边环境，主要对以下项目进行监测：围护结构（冠梁）顶水平、垂直位移；围护桩桩体水平位移；土体深层水平位移；坡顶水平、垂直位移；基坑内外地下水位；周边道路沉降；周边地下管线的沉降；锚索拉力等。

基坑监测测点间距不大于 20 m，所有监测项目的测点在安装、埋设完毕后，在基坑开始挖土前需进行初始数据的采集，且次数不少于三次，监测工作从支护结构施工开始前进行，一直持续到完成地下结构工程的施工。较为完整的基坑监测系统需要对支护结构本身的变形、应力进行监测，同时，对周边邻近建筑物、道路及地下管线沉降等也应进行监测以及时掌握周边的动态。

在施工监测过程中，监测单位及时提供各项监测成果，出现问题及时提出有关建议和警报，设计人员及施工单位及时采取措施，从而确保了支护结构的安全，最终实现绿色施工。

5.1.2　超深基坑开挖期间基坑监测的绿色施工技术

1. 超深基坑监测绿色施工技术概述

随着城市建设的发展，向空中求发展、向地下深层要土地便成了建筑商追求经济效益的常用手段，由此产生了深基坑施工问题。在深基坑施工过程中，由于地下土体性质、荷载条件、施工环境的复杂性和不确定性，仅根据理论计算以及地质勘察资料和室内土工试验参数来确定设计和施工方案，往往含有许多不确定因素，尤其是在复杂的大中型工程或环境要求严格的项目中，对在施工过程中引发的土体性状、周边环境、邻近建筑物、地下设施变化的监测已成了工程建设必不可少的重要环节。

根据广义胡克定律所反映的应力-应变关系，界面结构的内力、抗力状态必将反映到变形上来。因此，可以建立以变形为基础来分析水土作用与结构内力的方法，预先根据工程的实际情况设置各类具有代表性的监测点，施工过程中运用先进的仪器设备，及时从各监测点获取准确可靠的数据资料，经计算分析后，向有关各方汇报工程环境状况和趋势分析图表，从而围绕工程施工建立起高度有效的工程环境监测系统。要求系统内部各部分之间与外部各方之间保持高度协调和统一起到的作用有：为工程质量管理提供第一手监测资料和依据，可及时了解施工环境中地下土层、地下管线、地下设施、地面建筑在施工过程中所受的影响及影响程度；可及时发现和预报险情的发生及发展程度；根据一定的测量限值做预警预报，及时采取有效的工程技术措施和对策，确保工程安全，防止工程破坏事故和环境事故发生；靠现场监测提供动态信息反馈来指导施工全过程，优化相关参数，进行信息化施工；可通过监测数据来了解基坑的设计强度，为今后降低工程成本指标提供设计依据。

2. 超深基坑监测绿色施工技术特点

深基坑施工通过人工形成一个坑周挡土、隔水界面，由于水土物理性能随空间、时间变化很大，对这个界面结构形成了复杂的作用状态。水土作用、界面结构内力的测量技术复杂，费用高，该技术用变形测量数据，利用建立的力学计算模型，分析得出当前的水土作用和内力，用以进行基坑安全判别。

（1）深基坑施工监测具有时效性

基坑监测通常配合降水和开挖过程，有鲜明的时效性。其测量结果是动态变化的，一天以前的测量结果都会失去直接的意义，因此深基坑施工中的监测需随时进行，通常是每天一次，在测量对象变化快的关键时期，可能每天需进行数次。基坑监测的时效性要求对应的方法和设备具有采集数据快、全天候工作的能力，甚至适应夜晚或大雾天气等严酷的环境条件，采用基坑动态变化的观测间隔。

（2）深基坑施工监测具有高精度性

由于正常情况下基坑施工中的环境变形速率可能在 0.1 mm/d 以下，要测到这样的变形精度，就要求基坑施工中的测量采用一些特殊的高精度仪器。深基坑施工监测具有等精度性；基坑施工中的监测通常只要求测得相对变化值，而不要求测量绝对值。基坑监测要求尽可能做到等精度，要求使用相同的仪器，在相同的位置上，由同一观测者按同一方案施测。

3. 超深基坑监测绿色施工技术的工艺流程

超深基坑监测绿色施工技术适用于开挖深度超过 5 m 的深基坑开挖过程中围护结构变形及沉降的监测，周边环境包括建筑物、管线、地下水位、土体等变形监测，基坑内部支撑轴力及立柱等的变形监测。超深基坑监测绿色施工技术的工艺流程见图 5-3。

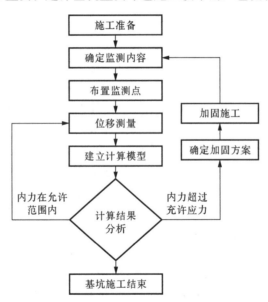

图 5-3　超深基坑监测绿色施工技术的工艺流程

对深基坑施工的监测内容通常包括：水平支护结构的位移；支撑立柱的水平位移、沉降或隆起；坑周土体位移及沉降变化；坑底土体隆起；地下水位变化以及相邻建筑物、地下管线、地下工程等保护对象的沉降、水平位移与异常现象等。

4. 超深基坑监测绿色施工技术的技术要点

（1）监测点的布置

监测点布设合理方能经济有效，监测项目的选择必须根据工程的需要和基地的实际情况而定。在确定监测点的布设前，必须知道基地周边的环境条件、地质情况和基坑的围护设计方案，再根据以往的经验和理论的预测来考虑监测点的布设范围和密度。

能埋的监测点应在工程开工前埋设完成，并应保证有一定的稳定期，在工程正式开工前，各项静态初始值应测取完毕。沉降、位移的监测点应直接安装在被监测的物体上，若无条件开挖样洞设点，只有道路地下管线，则可在人行道上埋设水泥桩作为模拟监测点，此时的模拟桩的深度应稍大于管线深度，且地表应设井盖保护，不至于影响行人安全；如果马路上有如管线井、阀门管线设备等，则可在设备上直接设点观测。

（2）周边环境监测点的埋设

周边环境监测点埋设按现行国家有关规范的要求，常规为在基坑开挖深度的 3 倍范围内的地下管线及建筑物进行监测点的埋设。监测点埋设一般原则为：管线取最老管线、硬管线、大管线，尽可能取露出地面的如阀门、消防栓、窨井作监测点，以便节约费用。管线监测点埋设采用长约 80 mm 的钢钉打入地面，管线监测点同时代表路面沉降；房屋监测点尽可能利用原有沉降点，不能利用的地方用钢钉埋设。

（3）基坑围护结构监测点的埋设

①基坑围护墙顶沉降及水平位移监测点埋设。在基坑围护墙顶间隔 10～15 m 埋设长 10 cm、顶部刻有"＋"字丝的钢筋作为垂直及水平位移监测点。围护桩身测斜孔埋设：根据基坑围护实际情况，考虑基坑在开挖过程中坑底的变形情况，测斜管应根据地质情况，埋设在那些比较容易引起塌方的部位，一般按平行于基坑围护结构以 20～30 m 的间距布设，测斜管采用内径 60 mm PVC 管。测斜管与围护灌注桩或地下连续墙的钢筋笼绑扎在一道，埋深约与钢筋笼同深，接头用自攻螺丝拧紧，并用胶布密封，管口加保护钢管，以防损坏。管内有两组互为 90°的导向槽，导向槽控制了测试方位，下钢筋笼时使其一组垂直于基坑围护，另一组平行于基坑围护并保持测斜管竖直，测斜管埋设时必须要有施工单位配合。

②坑外水位测量孔埋设。基坑在开挖前必须要降低地下水位，但在降低地下水位后有可能引起坑外地下水位向坑内渗漏，地下水的流动是引起塌方的主要因素，所以地下水位的监测是保证基坑安全的重要内容；水位监测管的埋设应根据地下水文资料，在含水量大和渗水性强的地方，在紧靠基坑的外边，以 20～30 m 的间距平行于基坑边埋设。水位孔埋设方法如下：用 30 型钻机在设计孔位置钻至设计深度，钻孔清孔后放入 PVC 管，水位管底部使用透水管，在其外侧用滤网扎牢并用黄沙回填孔。

③支撑轴力监测点埋设。支撑轴力监测利用应力计，它的安装须在围护结构施工时请施工单位配合，一般选方便的部位，选几个断面，每个断面装两只应力计，以取平均值；应力计必须用电缆线引出，并编好号。编号可购置现成的号码圈，套在线头上，也可用色环来表示，色环编号的传统习惯是用黑、棕、红、橙、黄、绿、蓝、紫、灰、白分别代表数字 0、1、2、3、4、5、6、7、8、9。

④土压力和孔隙水压力监测点埋设。土压力计和孔隙水压力计是监测地下土体应力和水压力变化的手段。土压力计要随基坑围护结构施工时一起安装，注意它的压力面须向外；每孔埋设土压力盒数量根据挖深而定，每孔第一个土压力盒从地面下 5 m 开始埋设，以后沿深度方向每间隔 5 m 埋设一只，采用钻孔法埋设。首先，将压力盒的机械装置焊接在钢筋上，钻孔清孔后放入，根据压力盒读数的变化可判定压力盒安装状况，安装完毕后采用泥球细心回填密实，根据力学原理，压力计应安装在基坑的隐患处的围护桩的侧向受

力点。孔隙水压力计的安装，须用到钻机钻孔，在孔中可根据需要按不同深度放入多个压力计，再用干燥黏土球填实，待黏土球吸足水后，便将钻孔封堵好了。这两种压力计的安装，都须注意引出线的编号和保护。

⑤基坑回弹孔埋设。在基坑内部埋设，每孔沿孔深间距 1 m 放一个沉降磁环或钢环。土体分层沉降仪由分层沉降管、钢环和电感探测三部分组成。分层沉降管由波纹状柔性塑料管制成，管外每隔一定距离安放一个钢环，地层沉降时带动钢环同步下沉，将分层沉降管通过钻孔埋入土层中，采用细沙细心回填密实。埋设时须注意波纹管外的钢环不要被破坏。

⑥基坑内部立柱沉降监测点埋设。在支撑立柱顶面埋设立柱沉降监测点，在支撑浇筑时预埋长约 100 mm 的钢钉。

测点布设好以后必须绘制在地形示意图上，各测点须有编号，为使点名一目了然，各种类型的测点要冠以点名，点名可由测点的汉语拼音的第一个字母再加数字组成，如应力计可定名为 YL-1，测斜管可定名为 CX-1，如此等等。

(4)监测技术要求及监测方法

①测量精度。按现行国家有关规范的要求，水平位移测量精度不低于±1.0 mm，垂直位移测量精度不低于±1.0 mm。

②垂直位移测量。基坑施工对环境的影响范围为坑深的 3～4 倍，因此，沉降观测所选的后视点应在施工的影响范围之外；后视点应不少于两点。沉降观测的仪器应选用精密水准仪，按二等精密水准观测方法测二测回，测回校差应小于±1 mm。地下管线、地下设施、地面建筑都应在基坑开工前测取初始值，在开工期间，应根据需要不断测取数据，从几天观测一次到一天观测几次都可以；每次的观测值与初始值比较即为累计量，与前次的观测数据相比较即为日变量。测量过程中"固定观测者、固定测站、固定转点"，严格按国家二级水准测量的技术要求施测。

③水平位移测量。水平位移监测点的观测采用 Wild T2 精密经纬仪进行，一般最常用的方法是偏角法。同样，测站点应选在基坑的施工影响范围之外。外方向的选用应不少于三点，每次观测都必须定向，为防止测站点被破坏，应在安全地段再设一点作为保护点，以便在必要时作恢复测站点之用。初次观测时，须同时测取测站至各测点的距离，有了距离就可算出各测点的秒差，以后各次的观测只要测出每个测点的角度变化就可推算出各测点的位移量，观测次数和报警值与沉降监测相同。

围护墙体侧向位移斜向测量：随着基坑开挖施工，土体内部的应力平衡状态被打破，从而导致围护墙体及深部土体的水平位移。测斜管的管口必须每次用经纬仪测取位移量，再用测斜仪测取地下土体的侧向位移量，测斜管内位移用测斜仪滑轮沿测斜管内壁导槽渐渐放至管底，自下而上每 1.0 m 或 0.5 m 测定一次读数，然后测头旋转 180°再测一次，即为一测回，由此推算测斜管内各点位移值，再与管口位移量比较即可得出地下土体的绝对位移量。位移方向一般应取直接的或经换算过的垂直基坑边方向上的分量。

④地下水位观测。地下水位观测要求首次必须测取水位管管口的标高，从而测得地下水位的初始标高，由此计算水位标高。在以后的工程进展中，可按需要的周期和频率测得地下水位标高的每次变化量和累计变化量。测量时，水位孔管口高程以三级水准联测求得，管顶至管内水位的高差由钢尺水位计测出。

⑤支撑轴力量测。支撑轴力量测要求埋设于支撑上的钢筋计或表面计须与频率接受仪配合使用，组成整套量测系统，由现场测得的数据，按给定的公式计算出其应力值，各观测点累计变化量等于实时测量值与初始值的差值；本次测量值与上一次测量值的差值即为本次变化量。

⑥土压力测试。用土压力计测得土压力传感器读数，由给定公式计算出土压力值。

⑦土体分层沉降测量。测量时采用搁置在地表的电感探测装置，可以根据电磁频率的变化来捕捉钢环确切位置，由钢尺读数可测出钢环所在的深度，根据钢环位置深度的变化，即可知道地层不同标高处的沉降变化情况。首次必须测取分层沉降管管口的标高，从而可测得地下各土层的初始标高。在以后的工程进展中，可按需要的周期和频率测得地下各土层标高的每次变化量和累计变化量。

⑧监测数据处理。监测数据必须填写在为该项目专门设计的表格上。所有监测的内容都须写明初始值、本次变化量、累计变化量。工程结束后，应对监测数据，尤其是对报警值的出现，进行分析，绘制曲线图，并编写工作报告。在基坑施工期间的监测必须由有资质的第三方进行，监测数据必须由监测单位直接寄送各有关单位。根据预先确定的监测报警值，对监测数据超过报警值的，报告上必须加盖红色报警章。

(5)监测报警值的分析

在工程监测中，每一项监测的项目都应该根据工程的实际情况、周边环境和设计计算书，事先确定相应的监控报警值，用以判断支护结构的受力情况、位移是否超过允许的范围，进而判断基坑的安全性，决定是否对设计方案和施工方法进行调整，并采取有效及时的处理措施。因此，监测项目的监控报警值的确定是至关重要的。

①监测报警值确定的依据。监控报警值确定的依据是基坑侧壁的安全等级，根据《建筑基坑支护技术规程》(JGJ 120—2012)规定，按照破坏后果的严重性，基坑侧壁的安全等级划分为三个等级，一般设计均对基坑的安全等级进行了规定。

②监控报警值的确定原则。各项监测指标报警值的确定应依照以下原则进行。

a. 满足设计计算的要求，不能大于设计值。

b. 满足监测对象的安全要求，达到保护的目的。

c. 对于相同条件的保护对象，应该结合周围环境的要求和具体的施工情况综合确定。

d. 满足现行的有关规范、规程的要求。

e. 在保证安全的前提下，综合考虑工程质量和经济等因素，减少不必要的资金投入。

一般情况下，每个项目的监控报警值由两个部分组成，即累计允许变化量和单位时间内允许变化量。监测报警值的确定应根据具体的工程设计、周边环境条件确定。

常规的监测报警值如下。

围护墙顶沉降与位移：3 mm/d，累计 30 mm。

围护结构测斜：3 mm/d，累计 35 mm。

坑外地表沉降：3 mm/d，累计 20 mm。

坑外地下水位变化：200 mm/d，累计 500 mm。

地下管线沉降与位移：3 mm/d，累计 10 mm。

建筑物沉降：3 mm/d，累计 15 mm。

支撑轴力：根据具体设计确定，立柱垂直位移 3 mm/d，累计 10 mm。

（6）监测频率的确定

为取得基准数据，各监测点在施工前，随施工进度及时设置，并及时测得初始值，而施工监测频率根据施工工况，合理安排观测时间间隔，做到既经济又能保证安全，其典型工程监测频率如表 5-2 所示。

表 5-2　某典型工程深基坑数据监测结果

监测项目	灌注桩施工	连续墙施工	坑内降水	大开挖至底板浇捣	底板浇捣后至±0.00
周边建筑物及地下管线	1次/7 d	1次/d	1次/3 d	1次/d	1次/7 d
围护桩顶位移连续墙顶位移	—	—	—	1次/d	1次/7 d
围护桩测斜连续墙测斜	—	—	—	1次/d	1次/7 d
地下水位	—	—	1次/d	1次/d	1次/7 d
支撑轴力	—	—	—	1次/d	1次/7 d
土压力	—	—	—	1次/d	1次/7 d
基坑回弹	—	—	—	底层开挖1次/d	—
主楼立柱沉降	—	—	—	1次/d	—
裙楼立柱沉降	—	—	—	1次/5 d	—

注：1. 监测将采用定时观测的方法进行，监测范围为施工影响区域。

2. 监测频率可根据监测数据变化大小进行适当调整。

3. 监测数据有突变时，监测频率加密到每天 2～3 次，支撑拆除时加强监测。

5. 超深基坑监测绿色施工技术的质量控制

基坑测量按一级测量等级进行。沉降观测误差：±0.1 mm；位移观测误差：±1.0 mm。

监测是施工管理的"眼睛"，监测工作是为信息化施工提供正确的形变数据。为确保真实、及时地做好数据的采集和预报工作，监测人员必须要对工作环境、工作内容、工作目的等做到心中有数，因此应从以下几个方面做好质量控制工作：精心组织，定人定岗，责任到人，严格按照各种测量规范以及操作规程进行监测；对所有资料进行自查、互检和审核；做好监测点保护工作，各种监测点及测试元件应做好醒目标志，督促施工人员加强保护意识，若有破坏立即补设以便保持监测数据的连续性；根据工况变化、监测项目的重要性及监测数据的动态变化，随时调整监测频率，及时将形变信息反馈给甲方、总包、监理等有关单位，以便及时调整施工工艺、施工节奏，有效控制周边环境或基坑围护结构的形变。

测量仪器须经专业单位鉴定后才能使用，使用过程中定期对测量仪器进行自检，发现误差超限立即送检。密切配合有关单位建立有关应急措施预案，保持 24 h 联系畅通，随时按有关单位要求实施加密监测，加强现场内的测量桩点的保护，所有桩点均明确标志以防止用错和破坏，每一项测量工作都要进行自检、互检和交叉检。

6. 超深基坑监测绿色施工技术的环境保护

测量作业完毕后，对临时占用、移动的施工设施应及时恢复原状，并保证现场清洁，仪器应存放有序，电器、电源必须符合规定和要求，严禁私自乱接电线；做好设备保洁工作，清洁进场，作业完毕后到指定地点进行仪器清理整理；所有作业人员应保持现场卫生，生产及生活垃圾均装入清洁袋集中处理，不得向坑内丢弃物品以免砸伤槽底施工人员。

5.2　主体结构绿色施工

5.2.1　大吨位 H 型钢插拔的绿色施工技术

1. 大吨位 H 型钢下插前期准备

围护设计在部分重力宽度不够处可采用在双轴搅拌桩内插入 H700 mm×300 mm×13 mm×24 mm 型钢，局部重力坝内插 14♯a 槽钢，特殊区域采用 H700 mm×300 mm×13 mm×24 mm 型钢。双轴搅拌桩与三轴搅拌桩同样为通过钻杆强制搅拌土体，同时注入水泥浆，以形成水泥土复合结构，而双轴搅拌桩施工工艺不同于三轴搅拌桩，双轴搅拌桩并不具备土体置换作用，所以 H 型钢不能依靠自重下插到位，必须借助外力辅助下插，可选用 PC450 机械手进行辅助。SMW（soil mixing wall，新型水泥土搅拌桩墙）三轴搅拌桩内插 H 型钢采用吊车定位后依靠 H 型钢自重下插的方式，H 型钢下插应在搅拌桩施工后 3 h 内进行，为方便今后 H 型钢回收，H 型钢下插前表面须涂刷减摩剂。

2. 大吨位 H 型钢插拔绿色施工工艺流程

大吨位 H 型钢插拔绿色施工工艺流程见图 5-4。

3. 型钢加工制作绿色施工技术

根据设计所要求的 H 型钢长度，部分型钢长度均在定尺范围内宜采用整材下插，游泳池区域型钢长度较长，故采用对接的形式已达到设计长度要求，对接型钢采用双面坡口的焊接方式，焊接质量均按《钢结构工程施工质量验收标准》（GB 50205—2020）执行，所投入焊接材料为 E43 型焊条以上，以确保质量要求。

根据设计要求，支护结构的 H 型钢在结构强度达到设计要求后必须全部拔出回收。H 型钢在使用前必须涂刷减摩剂，以利拔出，要求型钢表面均匀涂刷减摩剂，清除 H 型钢表面的污垢及铁锈。减摩剂必须用电热棒加热至完全融化，用搅棒搅时感觉厚薄均匀，才能涂敷于 H 型钢上，否则涂层不均匀，易剥落。若遇雨天，H 型钢表面潮湿，应先用抹布擦干表面才能涂刷减摩剂，不可以在潮湿表面上直接涂刷，否则将剥落。若 H 型钢在表面铁锈清除后不立即涂减摩剂，必须在以后涂刷施工前抹去表面灰尘，H 型钢表面涂上

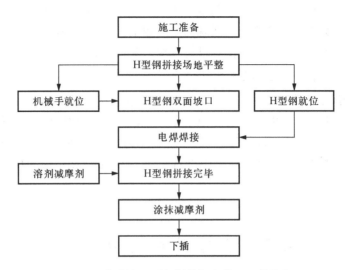

图 5-4　大吨位 H 型钢插拔绿色施工工艺流程

涂层后，一旦发现涂层开裂、剥落，必须将其铲除并重新涂刷减摩剂。

4. H 型钢下插技术要点

考虑到搅拌桩施工用水泥为 42.5 级水泥，凝固时间较短，型钢下插应在双轴搅拌桩施工完毕后 30 min 内进行，机械手应在搅拌桩施工出一定工作面后就位，准备下插 H 型钢。

采用土工法 H 型钢下插，即双轴搅拌桩内插 H 型钢，采用 PC450 机械手把型钢夹起后吊到围护桩中心灰线上空，两辅助工用夹具辅助机械手对好方向，再沿 H 型钢中心灰线插入土体，下插过程中采用机械手的特性进行震动下插。

SMW 工法 H 型钢下插，要求型钢下插应在三轴搅拌桩施工完毕后 30 min 内进行，吊机应在搅拌提升过程中已经就位，准备吊放 H 型钢。H 型钢使用前，在距型钢顶端处开一个中心圆孔，孔径约 8 cm，并在此处型钢两面加焊厚度不小于 12 mm 的加强板，中心开孔与型钢上孔对齐。根据甲方提供的高程控制点，用水准仪引放到定位型钢上，根据定位型钢与 H 型钢顶标高的高度差确定吊筋长度，在型钢两腹板外侧焊好吊筋不小于 $\phi 12$ mm 线材，误差控制在 ±3 cm 以内。型钢插入水泥土部分均匀涂刷减摩剂。装好吊具和固定钩，然后用 50 t 吊机起吊 H 型钢，准备下插，用线锤校核垂直度，必须确保垂直。在沟槽定位型钢上设 H 型钢定位卡，型钢定位卡必须牢固、水平，必要时用点焊与定位型钢连接固定；型钢定位卡位置必须准确，将 H 型钢底部中心对正桩位中心并沿定位卡靠型钢自重插入水泥土搅拌桩体内。若 H 型钢插放达不到设计标高时，则采用起拔 H 型钢，重复下插使其插到设计标高，下插过程中应控制 H 型钢垂直度，如遇较难插入的 H 型钢也可借助外力下插。

H 型钢的成型要求待水泥搅拌桩达到一定硬化后，将吊筋以及沟槽定位卡拆除，以便反复利用，节约资源。垂直度偏差下插过程中，H 型钢垂直度采用吊线锤结合人为观测垂直控制下插。若出现偏差，土工法通过机械手调整大臂方位随时修正，直至下插完毕，SMW 工法区域采用起拔 H 型钢重新定位后再次下插。型钢标高根据甲方提供的高程控制点，用水准仪控制 H 型钢标高，其所对应的质量标准如表 5-3 所示。

表 5-3　型钢质量检验标准

序号	检查项目	允许偏差或允许值	检查方法
1	型钢长度	±10 mm	用钢卷尺量
2	型钢垂直度	≤1/200	经纬仪
3	型钢底标高	−30 mm 设计要求−30 cm	水准仪
4	型钢插入平面位置	50 mm（平行于基坑边线） 10 mm（垂直于基坑边线）	用钢卷尺量

5.H 型钢拔除的绿色技术

H 型钢的拔除在地下结构完成达到设计强度并回填后进行，起拔采用专用夹具及千斤顶，以圈梁为反梁，反复顶升起拔回收 H 型钢，起拔过程中始终用吊车提住顶出的 H 型钢，千斤顶顶至一定高度后，用 25 t 吊车将型钢吊起堆放在指定场地，分批集中运出工地。

（1）H 型钢起拔绿色施工流程

H 型钢起拔绿色施工流程见图 5-5。

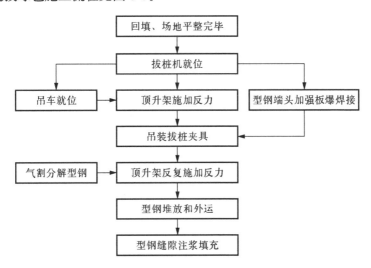

图 5-5　H 型钢起拔绿色施工流程

起拔 H 型钢施工条件必须满足结构浇筑完成且混凝土强度达到设计要求，围护桩与结构间回填土完成。起拔 H 型钢要求插入水泥土中的 H 型钢规格为 H700 mm×300 mm×13 mm×24 mm，经过施工经验投入起拔机型号为 WK−45 型，最大起拔力 400 t，自重约 1.5 t。

为保证 H 型钢起拔后减小对周边道路管线的影响，H 型钢拔出后留下的 H 型钢缝隙采用水泥浆回灌填充以减小地表沉降量。

（2）起拔 H 型钢对周围环境和管线的保护事项

浇捣压顶圈梁时，H 型钢挖出并清理干净露出的 H 型钢表面的水泥土后，在扎圈梁钢筋前，埋设在圈梁中的 H 型钢部分必须先用厚 10 mm 的泡沫塑料片在 H 型钢腹板两侧和翼板两侧各贴一块（共八块），泡沫片高度从圈梁底至少超过圈梁顶 10 cm，用＞8♯（"♯"表示铁丝的规格或直径，"♯"号越小，表示铁丝的直径越大，承载能力也越强，"＞8♯"表示使用的铁丝直径大于 8♯）的 U 形粗铁丝卡固定，保证泡沫塑料片不松开以确保今后 H 型钢顺利回收。

控制 H 型钢的起拔速度，根据监测数据指导型钢起拔，一般控制在 10 根左右，起拔时为减小 H 型钢起拔对周围环境的影响，应采用跳跃式进行。H 型钢起拔前采用间隔 3 根起拔 1 根的流程。每根 H 型钢起拔完毕，立即对其进行灌浆填充措施，以减小 H 型钢拔除后对周边环境的影响，灌浆料为纯水泥浆液，水灰比为 1.2 左右，采用自流式回灌。对产生影响的管线采取必要的保护措施，如将管线暴露或将管线悬吊等措施。根据监测结果，如情况确实比较严重时，将采取布设临时管线。在起拔过程中应当加强对该区域内的监测，一旦报警立即停止起拔。

5.2.2　大体积混凝土结构的绿色施工技术

1. 大体积混凝土结构

对以放疗室、防辐射室为代表的一类大体积混凝土结构来说，采用绿色施工技术来提高质量非常必要，包括顶、墙和地三界面全封一体化大壁厚、大体积混凝土整体施工，其关键在于基于实际尺寸构造的柱、梁、墙与板交叉节点的支模技术，设置分层、分向浇筑的无缝作业工艺技术，且考虑不同部位的分层厚度及其新老混凝土截面的处理问题，同时考虑为保证浇筑连续性而灵活随机设置预留缝的技术，混凝土浇筑过程中实时温控及全过程养护实施技术，以上绿色施工综合技术的全面、连续、综合应用可保证工程质量，是满足其特殊使用功能要求的必然选择。

2. 大体积混凝土绿色施工综合技术的特点

大体积混凝土绿色施工综合技术的特点主要体现在以下方面。

①采用面向顶、墙、地三个界面不同构造尺寸特征的整体分层、分向连续交叉浇筑的施工方法和全过程的精细化温控与养护技术，解决了大壁厚混凝土易开裂的问题，较传统的施工方法可大幅度提升工程质量及抗辐射能力。

②采取一个方向、全面分层、逐层到顶的连续交叉浇筑顺序，浇筑层的设置厚度以450 mm 为临界，重点控制底板厚度变异处质量，设置成 A 类质量控制点。

③采取柱、梁、墙板节点的参数化支模技术，精细化处理节点构造质量，可保证大壁厚顶、墙和地全封闭一体化防辐射室结构的质量。

④采取紧急状态下随机设置施工缝的措施，且同步铺不大于 30 mm 的同配比无石子砂浆，可保证混凝土接触处强度和抗渗指标。

3. 大体积混凝土结构绿色施工工艺流程

大壁厚的顶、墙和地全封闭一体化防辐射室的施工以控制模板支护及节点的特殊处理、大体量防辐射混凝土的浇筑及控制为关键，其展开后的施工工艺流程如图 5-6所示。

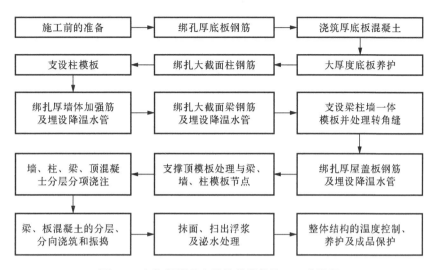

图 5-6 大体积混凝土结构的整体施工工艺流程

4. 大体积混凝土结构绿色施工技术要点

(1)大体积厚底板的施工要点

橡胶止水带施工时先做一条 100 mm×100 mm 的橡胶止水带，可避免混凝土浇筑时模板与垫层面的漏浆、泛浆。考虑到厚底板钢筋过于密集，快易收口网需要一层层分步安装、绑扎，为保证此部位模板的整体性，单片快易收口网高度为 3 倍钢筋直径，下片在内，上片在外，最底片塞缝带内侧。为增大快易收口网的整体性与其刚度，安装后，在结构钢筋部位的快易收口网外侧(后浇带一侧)附一根直径为 12 mm 的钢筋与其绑扎固定。厚底板采用分层连续交叉浇筑施工，特别是在厚度变异处，每层浇筑厚度控制在 400 mm 左右，模板缝隙和孔洞应保证严实。

(2)钢筋绑扎技术要点

厚墙体的钢筋绑扎时应保证水平筋位置准确，绑扎时先将下层伸出钢筋调直理顺，然后再绑扎解决下层钢筋伸出位移较大的问题。门洞口的加强筋位置，应在绑扎前根据洞口边线采用吊线找正方式，将加强筋的位置进行调整，以保证安装精度。大截面柱、大截面梁以及厚顶板的绑扎可依据常规规范进行，无特殊要求。

(3)降温水管埋设技术要点

按墙、柱、顶的具体尺寸，采用 2 寸钢管预制成回形管片，管间距设定为 500 mm 左右，管口处用略大于管径的钢板点焊作临时封堵。在钢筋绑扎时，按墙、柱、顶厚度大小，分两层预埋回形管片，用短钢筋将管片与钢筋焊接固定，其循环水管的布置形状可参考图 5-7。

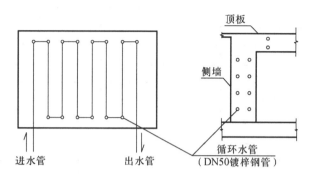

图 5-7 大体积混凝土浇筑过程中循环水管布置示意图

(4)柱、梁、板和墙交叉节点处模板支撑技术要点

满足交叉节点的支模要求梁的负弯矩钢筋和板的负弯矩钢筋高出板面设计标高，增加 50～70 mm 防辐射混凝土浇捣后局部超高。按最大梁高降低主梁底面标高，在主梁底净高允许条件下将主梁底标高下降 30～50 mm，可满足交叉节点支模的尺寸精度，实现参数化的模板支撑。降低次梁底面标高，将不同截面净高允许的其他交叉次梁的梁底标高下降 30～40 mm，次梁的配筋高度不变，主梁完全按设计标高施工，可满足交叉节点参数化精确支模的要求。墙模板的转角处接缝、顶板模板与梁墙模板的接缝处和墙模板接缝处等逐缝平整粘贴止水胶带，可解决无缝施工的技术问题。

(5)大壁厚墙体的分层交叉连续浇筑技术要点

大壁厚墙体防辐射混凝土采用分层交叉浇筑施工，每层浇筑厚度控制在 500 mm 左右，按照由里向外的顺序展开，其大体积混凝土浇筑过程如图 5-8 所示。

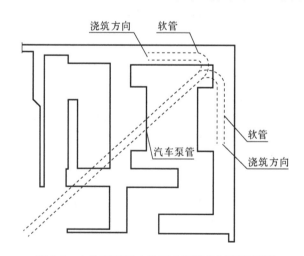

图 5-8 大体积混凝土分层交叉浇筑过程示意图

大壁厚墙体防辐射大体积混凝土浇筑前，先拌制一盘与混凝土同配合比的石子砂浆，润湿输送泵管，并均匀地铺在浇筑面上，其厚度约 20 mm 且不得超过 30 mm。浇筑混凝土时实时监测模板、支架、钢筋、预埋件和预留孔洞的情况，当发生变形位移时立即停止浇筑，并在已浇筑的防辐射混凝土初凝前修整完好。

(6)大壁厚顶板的分层交叉连续浇筑技术要点

厚顶板混凝土浇筑按照"一个方向、全面分层、逐层到顶"的施工法，即将结构分成若干个厚度均为 450 mm 的浇筑层，浇筑混凝土时从短边开始，沿长边方向进行浇筑，在逐层浇筑过程中第二层混凝土要在第一层混凝土初凝前浇筑完毕。

混凝土上、下层浇筑时应消除两层之间的接缝，振捣上层混凝土要在下层混凝土初凝之前进行，每层作业面分前、后两排振捣，第一道设置在混凝土卸料点，第二道设置在中间和坡角及底层钢筋处，应使混凝土流入下层底部以确保下层混凝土振捣密实。浇筑过程中采用水管降温，采用地下水做自然冷却循环水，并定期测量循环水温度。振捣时振捣棒要插入下一层混凝土至少 50 mm，保证分层浇筑的上下层混凝土结合为整体，混凝土浇筑过程中，钢筋工经常检查钢筋位置，若有移位须立即调整到位。

浇筑振捣过程中振捣延续时间以混凝土表面呈现浮浆和不再沉落、气泡不再上浮来控制，振捣时间避免过短和过长，一般为 15～30 s，并且在 20～30 min 后对其进行二次复振。振捣过程中严防漏振、过振造成的混凝土不密实、离析现象，振捣器插点要均匀排列，插点方式选用行列式或交错式，插入的间距一般为 500 mm 左右，振捣棒与模板的距离不大于 150 mm，并避免碰撞顶板钢筋、模板、预埋件等。

混凝土振捣和表面刮平抹压 1～2 h 后，混凝土初凝前，在其表面进行二次抹压，消除混凝土干缩、沉缩和塑性收缩产生的表面裂缝，以增强混凝土内部密实度，在混凝土终凝前对出现龟裂或有可能出现裂缝的地方再次进行抹压来消除潜在裂纹，浇筑过程中拉线，随时检查混凝土标高。

(7)紧急状态下施工缝的随机预留技术要点

若在施工中出现异常情况又无法及时进行处理，防辐射商品混凝土不能及时供应浇筑时需要随机留设施工缝。在施工缝外插入模板，将其后混凝土振捣密实，下次浇筑前将接触处的混凝土凿掉，表面做凿毛处理，铺设遇水膨胀止水条，并铺不大于 30 mm 同配比无石子砂浆，以保证防辐射混凝土接触处强度和抗渗指标。

(8)大体积混凝土温度控制技术要点

每组测温点沿墙体水平方向在其表面、中部和底部分别埋设测温管，在距混凝土墙体两侧表面 100 mm 以及混凝土中部分别布置 3 个测温点。

顶板在垂直方向上，每个测温点沿垂直高度在其表面、中部和板底分别埋设测温点，垂直高度依次为板顶－100 mm，板中部，板底＋100 mm。

测温管用直径为 20 mm 镀锌钢管制作，底部用铁板封死，上部外露 50 mm，待底板钢筋绑扎好后将测温管点焊在排架钢筋上，上部管口用塑料袋包住以防灌进混凝土。测温从测点混凝土浇筑完 10 h 后开始，72 h 内每 2 h 测温一次，72 h 后每 4 h 测温一次，7～14 d 每 6 h 测温一次，测至温度稳定为止。温度计用细绳悬挂且放于测温孔管内，管口用棉毡或丝帽密封，温度计放于孔内不少于 3 min，读数时应平视水银柱凹面计数。

(9)防辐射混凝土的养护技术要点

采取模板外侧保温技术，在内外侧木模板表面和墙顶浇筑面上覆盖一层塑料薄膜和一层薄棉被用于保温以减少表面热的扩散，控制内外温差不超过 25 ℃。厚墙板采用具有较好的保温保湿性能的木模，侧墙侧面模板上采用一层薄棉被覆盖并浇水保持湿润，薄棉被之间搭接长度不小于 100 mm，上下层错开并与模板牢固连接，铆钉固定使毛毯紧贴模板面，模板在 28 d 后拆除。

5. 大体积混凝土结构绿色施工的质量保证措施

(1)原材料的质量保证措施

选用低水化热水泥，同时在防辐射混凝土中掺入粉煤灰和矿渣微粉，混凝土密实度有所增加、收缩变形有所减少，则泌水量下降。防辐射混凝土搅拌站原材料称量装置要严格、准确，确保混凝土的质量，砂石的含泥量对于混凝土的抗拉强度与收缩影响较大，严格控制在 2% 以内，砂石骨料的粒径要尽量大些，以达到减少收缩的目的，在保证可泵性和水灰比一定的条件下尽量降低水泥浆量。混凝土搅拌运输车装料前把筒内积水排清，运输途中拌筒以 1～3 r/min 的速度进行搅拌，防止离析。搅拌车到达施工现场卸料前，应使拌筒以 8～12 r/min 的速度转 1～2 min，然后再进行反转卸料。采用聚丙烯纤维等外加剂以防止防辐射混凝土开裂，同时掺加减水剂，延长水化热释放的时间，降低水化热峰值，对混凝土的收缩有显著的补偿作用，可以减少平均温差以避免出现温差裂缝。

(2)施工过程中的质量保证措施

模板的支撑中应严格控制其精度，保证模板垂直度和密实性，特别是连接节点部位，严格控制混凝土出机温度和浇筑温度，控制混凝土内部温度与外界温度之差不大于 25 ℃，必须控制出罐温度在 14 ℃左右，这样可减小结构物的内表温差。采用分层连续浇筑，在上层防辐射混凝土浇筑前使其尽可能多的散发热量，降低混凝土的温升值，并缩小混凝土内外温差及温度应力。考虑到泵送混凝土表面的水泥浆较厚，在混凝土浇筑到顶面后及时把水泥浆排走，可减小表面裂缝。浇筑混凝土的收头处理是减小表面裂缝的重要措施，在混凝土浇筑后先初步按标高用长刮尺刮平，用木抹子反复搓平压实，然后表面压光，使混凝土硬化过程初期产生的收缩裂缝在塑性阶段就封闭填补，可防止混凝土表面开裂。

(3)施工养护过程中的质量保证措施

墙身钢筋绑扎完成后模板安装前，在墙身钢筋网片之间安装两层冷却水循环降温管网，用 φ50 mm 镀锌钢管丝接，钢管立管用扎带可靠固定在墙身钢筋网片附加筋上；顶板中间层钢筋网片绑扎完成，再在顶板内用 φ50 mm 镀锌钢管水平安装一套冷却水循环管网，其排距及层距均约 1 m。

浇筑完成后顶板混凝土表面浇筑抹压完毕，马上覆盖一层塑料薄膜以防止水分蒸发，然后在塑料薄膜上覆盖一层毛毯用以减少表面热的扩散，使混凝土表面保持湿润状态，塑料薄膜接头处要重叠部分薄膜，保证接缝良好以确保保温效果，同时保证所有的混凝土面覆盖密实且不得存在暴露。要保证混凝土内部与混凝土表面温差小于 25 ℃以及表面温度与大气温度之差小于 20 ℃，还须根据实际施工时的气候、测温情况、混凝土内表温差和降温速率。

在养护过程中若发现表面泛白或出现干缩细小裂缝，须立即检查加以覆盖进行补救。顶板混凝土表面二次抹面后在薄膜上盖上棉被，搭接长度不小于 100 mm，以减少混凝土表面的热扩散，延长散热时间，减小混凝土内外温差。混凝土撤除覆盖的时间应根据测温结果，待温升达到峰值后中心与表面温差小于 25 ℃、与大气温差值在 20 ℃内时可拆除，混凝土养护时间不得少于 14 d。

6. 大体积混凝土结构绿色施工技术的环境保护措施

建立健全"三同时(同时设计、同时施工、同时投产使用)"制度，全面协调施工与环保的关系，不超标排污。实行门前"三包(包修、包换、包退)"环境保洁责任制，保持施工区和生活区的环境卫生并及时清理垃圾，运至指定地点进行掩埋或焚烧处理，生活区设置化粪设备，生活污水和大小便经化粪池处理后运至指定地点集中处理。场地道路硬化并在晴天经常洒水，可防止尘土飞扬污染周围环境。

大体积混凝土振捣过程中振捣棒不得直接振动模板，不得有意制造噪声，禁止机械车辆高声鸣笛，采取消音措施以降低施工过程中的施工噪声，实现对噪声污染的控制。施工中产生的废泥浆须沉淀过滤，废泥浆和淤泥使用专门车辆运输，以防止遗撒污染路面，废浆须运输至业主指定地点。汽车出入口应设置冲洗槽，对外出的汽车用水枪将其冲洗干净，确认不会对外部环境产生污染。装运建筑材料、土石方、建筑垃圾及工程渣土的车辆须装载适量，保证行驶中不污染道路环境。

5.2.3　多层大截面十字钢柱的绿色施工技术

1. 多层大截面十字钢柱概述

随着高层、超高层建筑的蓬勃发展，劲性混凝土结构在高、大、新、齐乃至特种结构建筑中得到广泛应用，劲性混凝土柱承载力构件中钢柱的制作、吊装以及固定是关键技术，而对于多层大截面十字钢骨柱的分段安装、精确调整更是施工过程中的技术难题，其直接影响到工程的质量及进度。

施工单位应根据国家标准《钢结构工程施工质量验收标准》(GB 50205—2020)等指导整个多层钢柱的施工，同时，采用的施工工艺应该是在依据规范、设计图纸要求的基础上形成的切实可行的工艺。超长十字钢柱基于施工现场分段吊装、逐层拼装而达到设计的高度，在组装过程中设置临时操作台以满足临时施工作业的需要，设置刚性与柔性相结合的支撑系统以保证其安全性与稳定性，在组装的过程中按照分段吊装、逐一调整固定的施工工序进行，通过精细化焊接控制不同钢柱段连接节点的质量，安装过程中实施先进的测量监控以确保安装精度，并处理好与紧后工序的衔接。

2. 多层大截面十字钢柱绿色施工技术特点

采用现场分段吊装、焊接组装及设置临时操作平台的组合技术，解决了超长十字钢骨柱运输、就位的技术难题，通过合理划分施工段及施工组织，较整体安装做法大幅度提高安全系数及质量合格率。通过二次调整的手段精确控制超长十字钢柱的垂直度，第一次采用水平尺对其垂直度进行调整，第二次在经纬仪的同步监测下依靠缆风绳进行微调，保证其安装精度。针对多层大截面十字钢柱的特点，在首层钢柱安装过程中通过浇筑混凝土强化钢柱与承台之间的一体化连接，保证足够的承载力。采用抗剪键与缆风绳共同作用的临时支撑系统，首层设置抗剪键使支撑系统简化，多层十字钢柱的顶部和中部设置缆风绳柔性约束，刚性和柔性组合约束系统共同保证钢柱结构的稳定性安全性。采用十字钢柱连接节点的精细化处理技术，第一层的焊道封住坡口内母材与垫板的连接处，逐道逐层累焊至填满坡口，清除焊渣和飞溅物并修补所有焊接缺陷，焊后进行100%检测以保证安装质量并处理好与紧后工序的接口。

3. 多层大截面十字钢柱绿色施工工艺流程

多层大截面十字钢柱的安装通过钢筋工、电焊工、瓦工等工种施工技术人员的密切合作完成，施工过程中涉及的关键工序包括钢柱的吊装、调整、固定和焊接等，按照不同层数逐级累加，其详细的全过程绿色施工工艺流程如图 5-9 所示。

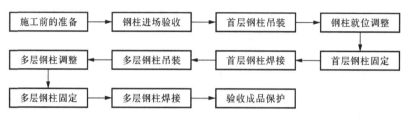

图 5-9　多层大截面十字钢柱绿色施工工艺流程

4. 多层大截面十字钢柱绿色施工技术要点

（1）钢柱进场的要点

钢柱按现场吊装的需要分批进场，每批进场构件的编号及数量提前 3 d 通知制作厂，现场钢柱临时堆放按平面布置的位置摆放在对应楼地面堆场，构件的堆放场地进行平整并保证道路通畅。

构件验收分两步进行，分别是厂内验收和厂外验收，这里主要介绍厂内验收。构件运抵现场后再由现场专职质量员组织验收，验收合格后报监理验收，实物验收包括构件外观尺寸、焊缝外观质量、构件数量、栓钉数量及位置、孔位大小及位置、构件截面尺寸等；资料验收包括原材材质证明、出厂合格证、栓钉焊接检验报告、焊接工艺评定报告、焊缝检测报告等。

对于构件存在的问题在制造厂修正后方可运至现场施工，对于运输等原因出现的问题，要求制造厂在现场设立紧急维修小组，在最短的时间里将问题解决，以确保施工工期。

（2）钢柱吊装的技术要点

多层大截面十字钢柱的吊装按照所在的层数及高度的不同，分段吊装，在完成首层吊装后，进行二层钢柱吊装，直至完成多层钢柱的吊装，到达指定的标高，全过程吊装的工艺流程安排如图 5-10 所示。

（3）钢柱吊装的准备要点

吊装前检查各个吊索用具，确认是否安全可靠，在钢柱临时连接耳板上挂好缆风绳并固定好。在钢柱两翼缘板上焊接 ϕ16 mm 圆钢并以圆钢为支撑点，挂好爬梯并固定。检查首节钢柱柱脚基础的就位轴线，并在钢柱的柱脚板上划出钢柱就位的定位线，同时在柱头位置用红色油漆标出钢柱垂直度控制标记，标记应标在钢柱的一个翼缘侧和一个腹板侧，在柱头位置划出钢柱翼缘中心标记，以便上层钢柱安装的就位使用。

（4）首层钢柱吊装的技术要点

落实各项准备工作，钢柱吊装机械利用现场的塔吊，吊装采用单机起吊，起吊前在钢柱柱脚位置垫好木板，以免钢柱在起吊过程中将柱损坏。钢柱起吊时吊车应边起钩、边转臂，使钢柱垂直离地，其过程如图 5-11 所示。

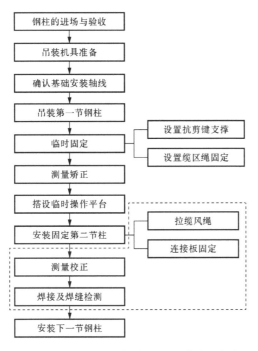

图 5-10　多层大截面十字钢柱全过程吊装的绿色施工流程

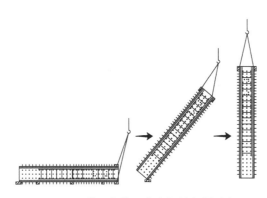

图 5-11　首层大截面十字钢柱起吊过程

　　当钢柱吊至距其就位位置上方 200 mm 时使其稳定，对准定位轴线缓慢下落。落实后使用专用角尺检查，调整钢柱，使钢柱的定位线与基础定位轴线重合，调整时需三人操作，一人移动钢柱，一人协助稳定，另一人进行检测，就位误差应确保在 3 mm 以内。由于现场安装支座标高存在多种因素影响，可能导致误差，因此首节钢柱标高调整应提前落实专人进行复测，为车间加工提供调整数据，安装时根据编号进行。钢柱垂直度矫正采用水平尺对钢柱垂直度进行初步调整，然后用两台经纬仪从柱的两个侧面同时观测，依靠缆风绳进行调整，其过程如图 5-12 所示，考虑到钢柱为每层一段，接头焊接利用每层临时操作台进行操作，垂直度调整到位后按要求进行焊接。

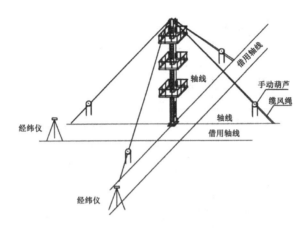

图 5-12 首层大截面十字钢柱垂直度矫正过程

(5)首层以上钢柱吊装的技术要点

首层以上钢柱在吊装前应在柱头位置划出钢柱柱顶安装中心标记线，以便上层钢柱安装的就位使用，同时在钢柱上设置拼接耳板，进行上下柱临时连接，首层以上钢柱起吊方法同首层钢柱，首层以上钢柱就位采用临时连接板，当钢柱就位后对齐安装定位线，将连接板用安装螺栓固定。

首层以上钢柱调整应采用缆风绳，调整前在下层钢柱上的相应位置焊接千斤顶支座，在上层钢柱相应位置上焊接耳板，用两台经纬仪在成直角的两个方向观测，通过千斤顶调节钢柱的偏差。

(6)钢柱垂直度与标高控制的技术要点

大截面十字钢柱的测量矫正过程如图 5-13 所示。

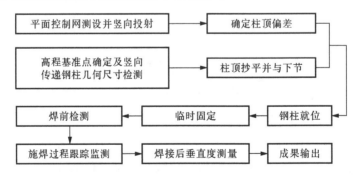

图 5-13 大截面十字钢柱的测量矫正过程

①钢柱垂直度控制的技术要点。做好各个首吊节间钢柱的垂直度控制，钢柱矫正要求进行焊接后最终结果的测量，焊接前可先用长水平尺初步控制垂直度，待形成框架后进行精确矫正，焊接后应进行复测并以此作为下一步施工的依据。

②钢柱标高控制的技术要点。高程基准点的测定及传递，要求高程的竖向传递采用钢尺，通过预留孔洞向上量测。每层传递的高程都要进行联测，相对误差应小于 2 mm。柱顶标高的测定要求确定各层柱底标高 500 mm 线及梁标高的 100 mm 线，从柱顶返量确定，通过控制柱底标高来控制柱顶及梁标高。

(7)首节钢柱与承台连接固定的技术要点

施工过程中施工缝留设在型钢柱柱脚端板至承台底板的高度为 500 mm 处，而实际浇筑时混凝土实际厚度为其高度减少 50 mm 浇筑，留置 50 mm 厚度的空间以便安装首节型钢柱时进行调节，便于灌浆料的施工，待安装后方可用高强无收缩灌浆料进行施工。

在垫层浇完达到 1.2 N/mm² 后即可在其上弹线，弹出型钢柱的安装位置，在承台底板钢筋绑扎结束后，需根据已弹的墨线在钢筋上做出相应的记号，然后用 5 mm 厚钢板做定位对应型钢柱的位置，再把高强度螺栓穿进定位架后与底板钢筋焊接成一整体，并可用 φ20 mm 钢筋与其焊接固定，同时插入 φ14 mm～φ16 mm 的钢筋，并对高强度螺栓上端部做好相应的保护，以确保丝端的清洁。可根据原设计的混凝土标号要求进行浇筑，在浇筑混凝土收面时，若室外气温较低或为提前安装大截面十字钢柱，可适当提高混凝土的标号，安装大截面十字钢柱时要求确保混凝土强度达到设计强度的 70% 以上。

（8）十字钢柱焊接固定的技术要点

焊前检查接头坡口角度、钝边、间隙及错口量均应符合要求，坡口内和两侧之锈斑、油漆、油污、氧化皮等均应清除干净。焊垫板或引弧板，其表面应清洁，要求与坡口相同，垫板与母材应贴紧，引弧板与母材焊接应牢固。

第一层的焊道应封住坡口内母材与垫板之连接处，然后逐道逐层累焊至填满坡口，每道焊缝焊完后都必须清除焊渣及飞溅物，出现焊接缺陷应及时磨去并修补。每道焊接层间温度应控制在 50～80 ℃，温度太低时应重新预热，太高时应暂停焊接，焊接时不得在坡口外的母材上打火引弧。柱与柱对接翼缘板熔透焊和腹板熔透焊。一个接口必须连续焊完，如不得已而中途停焊时，再焊前应重新按规定加热，焊后冷却到环境温度时进行外观检查和超声波检测。

5. 多层大截面十字钢柱绿色施工技术的质量控制

多层大截面十字钢柱安装的依据包括钢结构设计图纸和施工说明书、《钢结构工程施工质量验收标准》(GB 50205—2020)等。

多层大截面十字钢柱安装的质量控制点设置为：构件加工的质量控制；构件安装前对构件的质量检查；现场安装质量控制；测量的质量控制；焊接的质量控制。

施工准备阶段的质量控制要求进入现场的施工人员必须经过专业培训，技术工人必须持证上岗。构件加工运至现场后要对构件进行外观和尺寸检查，重点检查构件的型号、编号、长度、螺栓孔数和孔径等。

现场吊装质量控制要求严格按照安装施工方案和技术交底实施；严格按图纸核对构件编号、方向，确保准确无误；安装过程中严格工序管理，做到检查上工序、保证本工序、服务下工序。钢结构安装质量控制重点包括构件的垂直度偏差、标高偏差、位置偏差。要用测量仪器跟踪安装施工全过程。吊装前进行试吊，吊装前严格检查吊装站位场地及进行技术交底工作，特别是重点控制吊装过程中设备、机械的稳定性，吊装过程中严格进行环境监测，避免在大风的环境中施吊。

现场测量监控质量控制措施要求现场使用的测量仪器、钢尺必须定期检定，现场使用的钢尺必须与基础施工及构件加工时使用的钢尺进行校核，柱安装前在地面做出明显的标志以方便垂直度及标高测量。

现场焊接固定质量控制措施要求焊前检查接头坡口角度、钝边、间隙及错口量均应符合要求。焊前对坡口及其两侧各 100 mm 范围内的母材进行加热去污处理。遇雨天时应停焊，板厚大于 36 mm 时应按规定预热和后热，当风力大于 3 m/s 时，构件焊口周围及上方应加遮挡，风速大于 6 m/s 时则应停焊，焊后冷却到环境温度时进行外观检查，超声波检测应在焊后 24 h 进行。

焊接施工前先做工艺试验，针对 H 形接头形式及相应的材质、板厚进行焊接工艺试验，焊接材料和焊接设备的技术条件应符合国家标准和设计要求。正式焊接过程中如发现定位焊有裂纹则应将之铲除以免造成隐患，制作使用的焊条应符合设计批准以及焊接工艺规定。低氢药皮焊条都应装在密闭容器里或在使用前以 230～260 ℃ 的温度至少干燥 2 h，特殊要求的低氢药皮焊条应装在密封容器里或在使用前以 370～430 ℃ 的温度至少干燥 1 h。

6. 多层大截面十字钢柱绿色施工技术的环境保护措施

建立与完善环境保护和文明施工管理体系，制定环境保护标准和措施，明确各类人员的环保职责，并对所有进场人员进行环保技术交底和培训，建立施工现场环境保护和文明施工档案。项目部成立的文明施工管理小组，在砌块的砌筑过程中，对其进行全过程的卫生管理。严格遵守国家和地方政府下发的有关环境保护的法律、法规，认真贯彻"三同时（同时设计、同时施工、同时投产使用）"制度。定期进行生产垃圾的清运，确保整个施工现场的整洁，生产垃圾、弃渣委托环卫部门处理。优先选用先进的环保机械，其噪声小且具备消音器或隔音罩。

施工现场将遵照《建筑施工场界环境噪声排放标准》(GB 12523—2011)，制定降噪的相应制度和措施，严格控制强噪声作业的时间，提前计划施工工期，避免昼夜连续作业。严禁在施工区内高声喧叫，猛烈敲击铁器，增强全体施工人员防噪扰民的自觉意识，噪声超标造成环境污染的机械施工，其作业时间应限制在 7：00～12：00 和 14：00～22：00 之内，同时，严格控制各类型的光污染。

5.2.4 预应力钢结构的绿色施工技术

1. 预应力钢结构的特点及其绿色施工技术

建筑钢结构强度高、抗震性能好、施工周期短、技术含量高，具备节能减排的条件，能够为社会提供安全、可靠的工程，是高层以及超高层建筑的首选，而大截面大吨位预应力钢结构较传统的钢结构体系具有更加优越的承载力性能，可满足空间跨度及结构侧向位移的更高技术指标要求。

预应力钢结构的绿色施工技术包括以下先进的制作工艺与施工策略。

在预应力钢构件制作过程中实施参数化下料、精确定位、拼接及封装，实现预应力承重构件的精细化制作；在大悬臂区域钢桁架的绿色施工中采用逆作法施工工艺，即结合实际工况先施工屋面大桁架，再施工桁架下悬挂部分梁柱；先浇筑非悬臂区楼板及屋面，待预应力桁架张拉结束，再浇筑悬臂区楼板，实现整体顺作法与局部逆作法施工组织的最优组合；基于张拉节点深化设计及施工仿真监控的整体张拉结构位移的精确控制，借助辅助施工平台实施分阶段有序张拉，实现预应力拉锁安装的质量目标。

2. 预应力钢结构绿色施工技术

预应力钢结构施工工序复杂，实施以单拼桁架整体吊装为关键工作的模块化不间断施工工序，十字型钢柱及预应力钢桁架梁的精细化制作模块、大悬臂区域及其他区域的整体吊装与连接固定模块、预应力索的张拉力精确施加模块的实施是其实现连续、高质量施工的保证。大悬臂区域的施工采用局部逆作法施工工艺，即先施工屋面大桁架，再悬挂部分梁柱，楼板先浇筑非悬臂区楼板和屋面，待预应力张拉完屋面桁架再浇筑悬臂区楼板，实现工程整体顺做法与局部逆作法的交叉结合，可有效利用间歇时间、加快施工进度。十字型钢骨架及预应力箱梁钢桁架按照参数化精确下料，采用组立机进行整体的机械化生产，实现局部大截面预应力构件在箱梁钢桁架内部的永久性支撑及封装，预应力结构翼缘、腹板的尺寸偏差均在 2 mm 范围之内，并对桁架预应力转换节点进行优化，形成张拉快捷方便、可有效降低预应力损失的节点转换器。

采用单台履带式起重机吊装跨度为 22.2 m、最大质量达 103 t 的单榀大截面预应力钢架至标高 33.3 m 处，通过控制钢骨柱的位置精度，并在柱头下 600 mm 位置处用 300♯工字钢临时联系梁连接成刚性体以保证钢桁架的侧向稳定性，第一榀钢桁架就位后，在钢桁架侧向用 2 道 60 mm 松紧螺栓来控制侧向失稳和定位；第二榀钢桁架就位后将这两榀之间的联系梁焊接形成稳定的刚性体，通过吊架位置、吊点以及吊装空间角度的控制实现吊装稳定性。在拉索张拉控制施工过程中采用控制钢绞线内力及结构变形的双控工艺，并重点控制张拉点的钢绞线索力，桁架内侧上弦端钢绞线可在桁架上张拉，桁架内侧下弦端的张拉采用搭设 2.0 m×2.0 m×3.5 m 方形脚手架平台辅助完成，张拉根据施加预应力要求分为两次循环进行，第一次循环完成索力目标的 50%，第二次循环预应力张拉至目标索力。

3. 预应力钢结构绿色施工工艺流程

采用模块化施工工艺安排的预应力钢结构施工任务由不同班组相协调配合完成，以四组预应力钢架为一组流水作业，通过一系列质量控制点的设置及控制措施的采取，解决了预应力承载构件制作精度低、现场交叉工序协调性差、预应力索的张拉力难以控制等技术难题，其总的施工工艺流程如图 5-14 所示。

4. 预应力钢结构绿色施工的关键技术要点

(1)预应力构件精细化制作技术要点

①十字型钢骨柱精细化制作技术要点。根据设计图纸和现场吊装平面布置图情况合理分析型钢柱的长度，并考虑各预应力梁通过十字型钢柱的位置。材料入库前核对质量证明书或检验报告并检查钢材表面质量、厚度及局部平面度，经现场见证抽样送检合格后投入使用。十字型钢构件组立采用型钢组立机来完成，组立前应对照图纸确认所组立构件的腹板、翼缘板的长度、宽度、厚度无误后才能上机进行组装作业。精细化制作的尺寸精度要求如下。

a. 腹板与翼缘板垂直度误差不大于 2 mm。

b. 腹板对翼缘板中心偏移不大于 2 mm。

c. 腹板与翼缘板点焊距离为 400 mm±30 mm。

d. 腹板与翼缘板点焊焊缝高度不大于 5 mm，长度 40～50 mm。

e. H 型钢截面高度偏差为±3 mm。

建筑工程施工技术与项目管理

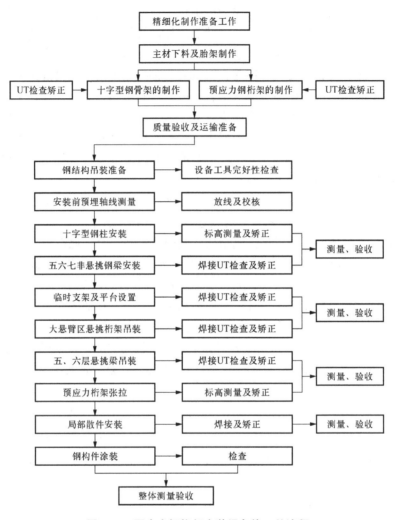

图 5-14 预应力钢桁架安装绿色施工总流程

采用数控钻床加工连接板上的孔，用统一孔模来定位套钻；钢梁上钻孔时先固定孔模，再核准相邻两孔之间间距及一组孔的最大对角线，核准无误后才能进行钻孔作业。切割加工工艺要求如下。

a. 切割前母材清理干净。

b. 切割前在下料口画线。

c. 切割后去除切割熔渣并将各构件按图编号。

组装过程中定位用的焊接材料应注意与母材的匹配并应严格按照焊接工艺要求进行选用，构件组装完毕后应进行自检和互检，测量，填妥测量表，准确无误后再提交专检人员验收，各部件装焊结束后应明确标出中心线、水平线、分段对合线等。

②预应力钢骨架及索具的精细化制作技术要点。大跨度、大吨位预应力箱型钢骨架构件采用单元模块化拼装的整体制作技术，并通过结构内部封装施加局部预应力构件。预应力钢骨架的关键制作工序包括：精确下料与预拼、腹板及隔板坡口的制作、胎架的制作、高质量的焊接及检验、表面处理和预处理技术以及全过程的监督、检查和不合格品控制。

在下料的过程中采用数控精密切割,对接坡口采用半自动精密切割且下料后要进行二次矫平处理。腹板两长边采用刨边加工隔板及工艺隔板组装的加工,在组装前对四周进行铣边加工,以作为大跨箱形构件的内胎定位基准,并在箱形构件组装机上按 T 形盖部件上的结构定位组装横隔板,组装两侧 T 形腹板部件要求与横隔板、工艺隔板顶紧定位组装。制作无黏结预应力筋的钢绞线,其性能应符合国家标准《预应力混凝土用钢绞线》(GB/T 5224—2023)规定,无黏结预应力筋用的钢绞线不应有死弯,若存在死弯必须切断;无黏结预应力筋中的每根钢丝应是通长的,且严禁有接头,不得存在死弯,若存在死弯必须切断,并采用专用防腐油脂涂料或外包层对无黏结预应力筋外表面进行处理。预应力筋所选用的锚具、夹具及连接器的性能均要符合现行国家标准《预应力筋用锚具、夹具和连接器》(GB/T 14370—2015)的规定,在预应力筋强度等级已确定的条件下,预应力筋-锚具组装件的静载锚固性能试验结果应同时满足锚具效率系数≥0.95 和预应力筋总应变≥2.0% 两项指标要求。

(2)主要预应力构件安装操作要点

①十字钢骨架吊装及安装要点。施工时需保证柱脚吊在空中时高于主筋一定距离,以利于钢骨柱能够顺利吊入柱钢筋内设计位置,吊装过程需要分段进行,并控制履带吊车吊装过程中的稳定性。

若钢骨柱吊入柱主筋范围内时操作空间较小,为使施工人员能顺利进行安装操作,考虑将柱子两侧的部分主筋向外梳理,当上节钢骨柱与下节钢骨柱通过四个方向连接耳板螺栓固定后,塔吊即可松钩,然后在柱身焊接定位板,用千斤顶调整柱身垂直度,垂直度调节通过两台垂直方向的经纬仪控制。

十字钢骨柱的安装测量及矫正安装钢骨柱要求:先在埋件上放出钢骨柱定位轴线,按地面定位轴线将钢骨柱安装到位,经纬仪分别架设在纵横轴线上,矫正柱子两个方向的垂直度,水平仪调整到理论标高,从钢柱顶部向下方画出同一测量基准线,用水平仪测量将微调螺母调至水平,再用两台经纬仪在互相垂直的方向同时测量垂直度。测量和对角紧固同步进行,达到规范要求后把上垫片与底板按要求进行焊接牢固,测量钢柱高度偏差并做好记录,当十字型钢柱高度正负偏差值不符合规范要求时立即进行调整。

十字钢骨架的焊接要求:在平面上从中心框架向四周扩展焊接,先焊收缩量大的焊缝,再焊收缩量小的焊缝,对称施焊。对于同一根梁的两端不能同时焊接,应先焊一端,待其冷却后再焊另一端。钢柱之间的坡口焊连接为刚接,上、下翼缘用坡口电焊连接,而腹板用高强螺栓连接,柱与柱接头焊接在本层梁与柱连接完成之后进行,施焊时应由两名焊工在相对称的位置以相同速度同时施工。H 型钢柱节点的焊接为先焊翼缘焊缝,再焊腹板焊缝;翼缘板焊接时两名焊工对称、反向焊接,焊接结束后将柱子连接耳板割除并打磨平整。

安装临时螺栓:十字型钢柱安装就位后先采用临时螺栓固定,其螺栓个数为接头螺栓总数的 1/3 以上,并且每个接头不少于 2 个,冲钉穿入数量不多于临时螺栓的 30%。组装时先用冲钉对准孔位,在适当位置插入临时螺栓并用扳手拧紧。安装时高强螺栓应自由穿入孔内,螺栓穿入方向一致,穿入高强螺栓用扳手紧固后再卸下临时螺栓,高强螺栓的紧固必须分两次进行,第一次为初拧,第二次为终拧,终拧时扭剪型高强螺栓应将梅花卡头拧掉。

②预应力钢桁架梁吊装及安装技术要点。钢梁进场后由质检技术人员检验钢梁的尺寸，且对变形部位予以修复，钢梁吊装采用加挂铁扁担两绳四点法进行吊装，吊装过程中于两端系挂控制长绳，钢梁吊起后缓慢起钩，吊到离地面 200 mm 时吊起暂停，检查吊索及塔机工作状态，检查合格后继续起吊。吊到钢梁基本位后由钢梁两侧靠近安装，钢桁架梁就位后，在穿入高强螺栓前，钢桁架梁和钢柱连接部位必须先打入定位销，两端至少各两根，再进行高强螺栓的施工，高强螺栓不得强行穿入且穿入方向一致，并从中央向上下、两侧进行初拧，撤出定位销，穿入全部高强螺栓进行初拧、终拧；钢桁架梁在高强螺栓终拧后进行翼缘板的焊接，并在钢梁与钢柱间焊接处采用 6 mm 钢板作衬垫，用气体保护焊或电弧焊进行焊接。大悬臂区域的对应施工顺序是先施工屋面大桁架，再施工悬挂部分梁柱，楼板先浇筑非悬臂区楼板和屋面，待预应力张拉完屋面桁架。再浇筑悬臂区楼板，对于五层跨度及重量均较大的钢梁分段制作，钢梁的整榀重量在 7.0～11.6 t 不等，采用两台 3.0 t 的卷扬机，采取滑轮组装整体吊装。

钢梁的平面组装要求：在指定区域进行钢梁的组装，组装前需搭建合适宽度的支撑平台，平台高度需根据现场条件(如屋顶、走道及挑檐高度)进行调整，以确保钢梁连接时的水平度和便利性。在组装区域进行钢梁拼装前，应清除所有可能妨碍作业的障碍物，如脚手架等。拼装完成后，对于底部难以直接焊接的结点，可使用托板暂时固定，待钢梁就位后再进行补焊。对于无柱节点支撑的情况，吊装时应优先吊装跨度最大的钢梁，随后组装并吊装其他钢梁支点。为确保吊装安全，需在钢梁上翼缘位置焊接符合要求的吊耳，以便进行吊装作业。

第一榀钢桁架就位后在钢桁架侧向用两道 60 mm 松紧螺栓来控制侧向失稳和定位；第二榀钢桁架就位后将这两榀之间的联系梁焊接完，尽快形成稳定的刚性体，钢桁架就位后未焊接完吊机不允许摘钩。吊装时要保证钢桁架的平衡以避免产生碰撞，悬挑梁应尽量放在吊机指定站位的作业半径内，钢桁架吊装立起时应选取合适的吊点以避免产生过大的变形，在确定吊点和进行钢丝绳配置时调整好吊装的空间角度，使吊钩处于分段中心的正上方。在接口处设操作平台以保证施工安装并方便吊装，吊装对接时各分段之间应设置工装件以确保各梁柱的对口精度，且避免过大的焊接变形。钢桁架吊装时提前做好准备工作，就位时用两道 60 mm 松紧螺栓来调整左右角度和定位，用楔铁和千斤顶调整对接错口，其他高空安装的挂篮、钢爬梯、安全带等安全设施也应一并安装好，和钢桁架一起吊装到位。钢桁架吊装就位对接焊时，先进行找正点焊牢固，以保证钢桁架的垂直度、轴线和标高符合图纸设计标准要求，焊接时用两个焊工同时在悬挑梁同一立面进行对接焊。

在特定轴线交汇区域下方需搭设承载排架，其目的是在吊装大型钢桁架梁时提供稳定的支撑平台，便于桁架梁的精确找正与安装。此举措旨在解决因桁架梁下部悬空而带来的安装难题。承载组合钢排架的安装支撑平台需与周边的结构主体(如钢筋混凝土核心筒及已浇筑完成的钢筋混凝土柱)进行牢固连接，以确保整个吊装作业过程中的稳定性与安全性。

③预应力桁架张拉技术要点。无黏结预应力钢绞线应采用适当包装，以防止正常搬运中的损坏，无黏结预应力钢绞线宜成盘运输，在运输、装卸过程中吊索应外包橡胶、尼龙带等材料，并应轻装轻卸，且严禁摔掷或在地上拖拉。吊装采用避免破损的吊装方式装卸整盘的无黏结预应力钢绞线；下料的长度应根据设计图纸，并综合考虑各方面因素，包括

孔道长度、锚具厚度、张拉伸长值、张拉端工作长度等，准确计算无黏结钢绞线的下料长度，且无黏结预应力钢绞线下料宜采用砂轮切割机切断。拉索张拉前主体钢结构应全部安装完成并合拢为一整体，以检查支座约束情况，直接与拉索相连的中间节点的转向器以及张拉端部的垫板，其空间坐标精度需严格控制，张拉端的垫板应垂直索轴线，以免影响拉索施工和结构受力。

拉索安装、调整和预紧要求如下。

a. 拉索制作长度应保证有足够的工作长度。

b. 对于一端张拉的钢绞线束，穿索应从固定端向张拉端进行穿束；对于两端张拉的钢绞线束，穿索应从桁架下弦张拉端向五层悬挂柱张拉端进行穿束，同束钢绞线依次传入。

c. 穿索后应立即将钢绞线预紧并临时锚固。

拉索张拉前为方便工人张拉操作，事先搭设好安全可靠的操作平台、挂篮等，拉索张拉时应确保人员足够，且人员正式上岗前应进行技术培训与交底。设备正式使用前需进行检验、校核并调试，以确保使用过程中万无一失。拉索张拉设备须配套标定，其要求千斤顶和油压表每半年配套标定一次，且配套使用，标定须在有资质的试验单位进行，根据标定记录和施工张拉力计算出相应的油压表值，现场按照油压表读数精确控制张拉力。索张拉前应严格检查临时通道以及安全维护设施是否到位，以保证张拉操作人员的安全；索张拉前应清理场地并禁止无关人员进入，以保证索张拉过程中的人员安全。在一切准备工作做完且经过系统的、全面的检查无误之后，现场安装总指挥检查并发令，才能正式进行预应力索张拉作业。钢绞线拉索的张拉点主要分布在五层吊柱的底部或桁架内侧悬挑上、下弦端，对于五层吊柱的底部，可直接采用外脚手架或根据外脚手架的搭设而搭设，对于桁架内侧上弦端，可直接站立在桁架上张拉，并通过张拉端定位节点固定。

对于桁架内侧下弦端，需要在六层平面搭设 2.0 m×2.0 m×3.5 m 的方形脚手平台，工作平台需能承受千斤顶、张拉工作人员及其他设备等施工荷载，脚手架立杆强度及稳定要满足要求，张拉分两个循环进行。直线束一端张拉超张拉系数采用一端张拉的施工。

由于结构变形很小，在钢绞线逐根张拉过程中先后张拉对钢绞线的预应力的影响也很小，对于单根钢绞线张拉的孔道摩擦损失和锚固回缩损失，则通过超张拉来弥补预应力损失。

5. 预应力钢结构绿色施工的质量控制

(1)质量保证管理措施

对整个施工项目实行全面质量管理，建立行之有效的质量保证体系，按《质量管理体系 基础和术语》(ISO 9000：2015)、《质量管理体系 基础和术语》(GB/T 19000—2016)系列标准和集团公司质量保证体系文件，成立以项目经理为首的质量管理机构，通过全面、综合的质量管理，以预控预应力钢结构的制作、吊装及张拉过程中的质量要求和工艺标准，通过严密的质量保证措施和科学的检测手段来保证工程质量。

质量方针及目标主要体现在品质方针，要求实施名牌战略，严格管理，精心施工，向用户提供优质的工程和服务。质量目标要求工程合格率100%，用户满意率100%。

数据的保证要求：原材料进场前向业主及监理等部门提供质保书、合格证等原始数据，工程竣工后提供全套竣工数据。

质量管理措施要求：严格执行质量管理制度及技术交底制度，坚持以技术进步来保证施工质量的原则，技术部门编制有针对性的施工组织设计，建立并实行自检、互检、工序交接检查的"三检"制度，自检要做好文字记录，隐蔽工程由项目技术负责人组织实施并做出较详细的文字记录。所有材料将根据设计院图纸要求进行订货，材料入库后由本公司物供部门组织质量管理部门对入库材料进行检查和验收；按供货方提供的原材，对尺寸、公差、厚度、平整度、外表面质量等进行详细检查，其要求具备有效质保书和合格证；对检查出的不符合图纸要求的原材，必须退回供货方，要求重新供应合格原材。

（2）预应力构件制作的质量保证措施

预应力构件放样和下料的质量控制：放样前要求放样人员必须熟悉施工图和工艺要求，核对构件及构件相互连接的几何尺寸和连接有否不当，若发现施工图有遗漏或错误，须取得原设计单位签具的设计变更文件，不得擅自修改。放样应在平整的放样台土进行，凡复杂图形需要放大样的构件，应以 1：1 的比例放出实样，当构件零件较大，难以制作样杆、样板时可绘制下料图。样杆、样板制作时，应按施工图和构件加工要求，做出各种加工符号、基准线、眼孔中心等标记，并按工艺要求，预放各种加工余量，然后划上冲印等印记。放样的样杆、样板材料必须平直，如有弯曲或不平，必须矫正后方可使用。放样工作完成后，对所放大样和样杆、样板进行自检，无误后报专职检验人员检验，样杆、样板应按零件号及规格分类存放并妥善保存。根据锯、割等不同切割工艺的要求和需要进行刨、铣加工的零件，预放不同的切割、加工余量及焊接收缩量，因原材料长度或宽度不足需焊接拼接时，须在拼接件上注出相互拼接编号和焊接坡口形状。相同规格较多、形状规则的零件可采用定位靠模下料，使用定位靠模下料时，必须随时检查定位靠模和下料件的准确性，按照样杆、样板的要求，对下料件应划出加工基准线和其他有关标记，并划上冲印等印记。下料完成后检查所下零件的规格、数量等是否有误，并作好下料记录。

（3）切割、制作及矫正的质量控制措施

切割前必须检查核对材料规格、型号、牌号是否符合图纸要求，切割前应将钢板表面的油污、铁锈等清除干净。切割时必须看清断线符号来确定切割程序，根据工程结构要求，构件的切割采用数控切割机、半自动切割机、剪板机、手工气割等方法。钢材的切断应按其形状选择最适合的方法进行，剪切或剪断的边缘应加工整光，相关接触部分不得产生歪曲。切口截面不得有撕裂、裂纹、棱边、夹渣、分层等缺陷和大于 1.0 mm 的缺棱，并应去除毛刺，切割的构件，其切线与号料线的允许偏差在 ±1.0 mm 范围内。只对影响号料质量的钢材进行矫正，其余在各工序加工完毕后再矫正或成型。

（4）预应力钢架结构安装的质量保证措施

支座预埋板的质量控制要求：利用原有控制网在主桁架、主体杆件投影控制点上用全站仪测出轴线的坐标中心点，在安装构件投影中心点两侧 300 mm 左右各引测一点，此三点应在一直线上，如不在一直线上应及时复测；通过激光经纬仪放出主桁架、主体构件支座的垂直线并检查偏移量，理论上此时各点的连线应成一直线，若不在一直线上，超出公差范围应报技术部门，并由技术部门拿出可行方案上报监理单位审批后实施。在主体构件外侧设置控制点，利用主体构件中心点坐标与控制网中任意一点的相互关系进行角度、坐标转换。依据上述方法测放出十字中心线并检测，利用高程控制点架设水准仪及利用水平尺测量出支座中心点及中心点四角的标高，预埋板的水平度、高差如超过设计和规范允许范围，应采用加垫板的方法，使其符合要求。

在预应力钢桁架安装中应根据主体结构杆件的吊装要求划出支承架的十字线，将预先制作好的支承架吊上支架基础来定对十字线。把十字线驳上支承架的顶端面和侧面，敲上洋冲并加以明显标记，用全站仪检测支承架顶标高是否控制在预定标高之内。主体结构杆件的吊装定位全部采用全站仪进行精确定位，通过平面控制网和高层控制网进行坐标的转换，在吊装过程中对主桁架两端进行测量定位，发现误差及时修正。测量时应采用多种方法测量并相互校核，以解决施工机械的震动、胎架模具的遮挡对观测的通视、仪器稳定性等的干扰。钢构件安装过程中应对桁架进行变形监测，并及时矫正，使其符合设计、规范要求，以克服自身荷载的作用及其在拆除临时支撑后或滑移过程中产生的变形的影响。

(5)预应力拉锁张拉的质量保证措施

在屋盖钢结构拼装时应严格保证精度以限制误差，拉索穿束过程中应加强索头、固定端及张拉端的保护，同时保护索体不受损坏。机械设备数量满足实际施工要求并配专人负责维护和保养，使其处于良好状态，张拉设备在使用前严格进行标定并在施工中定期矫正。现场配备专业技术能力过硬的技术负责人以及技术熟练程度很高、实践经验丰富的技术工人，每个张拉点由一至两名工人看管，每台油泵均由一名工人负责，并由一名技术人员统一指挥、协调管理，按张拉给定的控制技术参数进行精确控制。施工前要对所有人员进行详细的技术交底，并做好交底记录，每道工序完成后应及时报验监理验收，并做好验收记录，张拉过程中油泵操作人员要做好张拉记录。钢绞线制作应保证有足够的工作长度，穿索应尽量保证同束钢绞线依次穿入，穿索后应立即将钢绞线预紧并临时锚固。

结构整体成型后方可进行张拉，为保证张拉锚固后达到设计有效预应力，在正式张拉前应进行预应力损失试验，测定摩擦损失和锚具回缩损失值，从而确定超张拉系数。张拉过程中应加强对设备的控制，千斤顶张拉过程中油压应缓慢、平稳，并且控制锚具回缩量，千斤顶与油压表需配套校验，严格按照标定记录，计算与索张拉力一致的油压表读数，并依此读数控制千斤顶实际张拉力。拉索张拉过程中应停止对张拉结构进行其他项目的施工，拉索张拉过程中若发现异常，应立即暂停，查明原因并进行实时调整。

6. 预应力钢结构绿色施工的环境保护措施

建立和完善环境保护和文明施工管理体系，制定环境保护标准和措施，明确各类人员的环保职责，并对所有进场人员及参与预应力构件焊接制造的人员进行环保技术交底和培训，建立施工现场环境保护和文明施工档案。按照"安全文明样板工地"的要求对施工现场场容、场貌统一规划，经常对施工通行道路进行洒水，防止扬尘污染周围环境并及时清理施工现场，做到规范围挡，标牌清楚、齐全、醒目，施工现场整洁文明。

实现水的循环利用，现场设置洗车池和沉淀池、污水井，对废水、污水进行集中无害化处理，以防止施工废浆乱流，罐车在出场前均需要用水清洗，以保证交通道路的清洁，减少粉尘的污染。

防止大气污染措施主要体现在：在预应力构件制作现场保证良好的通风条件，通过设置机械通风并结合自然通风以保证作业现场的环保指标。施工队伍进场后，在清理场地内原有的垃圾时，采用临时专用垃圾坑或容器装运，严禁随意凌高抛撒垃圾并做到垃圾的及时清运。

施工现场遵照《建筑施工场界环境噪声排放标准》(GB 12523—2011)制定降噪的相应制度和措施。健全管理制度，严格控制强噪声作业的时间，提前计划施工工期，避免吊装施工过程中的昼夜连续作业，若必须昼夜连续作业时，应采取降噪措施，做好周围群众的工作，并报有关环保单位备案审批后方可施工。对于焊接噪声的污染，可在车间内的墙壁上布置吸声材料以降低噪声值。严禁在施工区内猛烈敲击预应力钢构件，增强全体施工人员防噪扰民的自觉意识。施工现场的履带起重机等强噪声机械的施工作业尽量放在封闭的机械棚内或白天施工，最大限度地降低其噪声以不影响工人与居民的休息。对噪声超标造成环境污染的机械施工，其作业时间限制在7：00～12：00和14：00～22：00。各项施工均选用低噪声的机械设备和施工工艺，施工场地布局要合理，尽量减少施工对居民生活的影响，减少噪声强度和敏感点受噪声干扰时间。

光污染的控制要求：对焊接光源的污染科学设置焊接工艺，在焊接实施的过程中设置黑色或灰色的防护屏以减少弧光的反射，起到对光源污染的控制。夜间照明设备要选用既满足照明要求又不刺眼的新型灯具，施工照明灯的悬挂高度和方向要考虑不影响居民夜间休息，使夜间照明只照射施工区域而不影响周围居民区居民的休息。同时，科学组织、选用先进的施工机械和技术措施，做好节水、节电工作，并严格控制材料的浪费。

5.2.5　复合桁架楼承板的绿色施工技术

1. 复合桁架楼承板的构造及其安装要点

复合桁架楼承板主要由带有加强筋补强加密的"几"字形钢筋桁架、型钢板、高性能混凝土面层以及临时支撑构件等组成，该楼承板体系具有承载力大、自重轻、保温隔热、节能降噪性能好、稳定性与耐久性好等优势，其构造如图5-15所示。

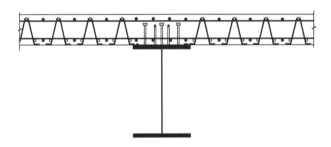

图 5-15　复合桁架楼承板构造示意图

复合桁架楼承板的安装在钢框架结构施工完成后进行，通过钢框架结构的预留螺栓固定压型钢底板，根据楼承板的最大跨度及构造特点设置临时支撑与永久支撑，在此基础上整体吊装经参数化制作完成的钢筋桁架，在预先设定的位置上进行初步密拼就位，在此基础上实现加强钢筋的交叉绑扎补强与点焊就位，在压型顶板安装前进行特殊构造的处理，最后浇筑高性能混凝土面层，并保证其黏结性与平整度。

2. 复合桁架楼承板绿色施工技术

针对复合桁架体系过多采用钢筋加肋、交错绑扎、加密布置等结构的特点，施工过程中采用区域划分、同步作业、模块化安装、精细化后处理的组合施工技术，有效保证楼承板的各项质量指标。采用参数化下料与整体安装技术，精确计算不同规格部分每块板的长度，避免长板短用和板型的交替使用，精密规则化的密铺技术保证了拼接位置的规整性，降低了楼承板后处理工序的难度。

施工过程中采用对搭接部位的精确化控制技术，复合桁架楼承板与主梁平行铺设且镀锌钢板搭接到主梁上的尺寸为 30 mm，并将镀锌钢板与钢梁点焊固定，焊点间距为 300 mm，可有效防止漏浆现象。紧凑型复合桁架采用初步整体吊装固定与紧后钢筋加密补强相结合的组合工艺，大幅度提升了钢筋桁架体系的承载力与耐久性。

采用临时支撑与永久支撑交叉使用的施工工艺，考虑混凝土浇捣顺序、堆放厚度及随机不确定因素的影响，在最大无支撑跨度的跨中位置设置一道临时支撑，局部加强点采用焊接永久支撑角钢，在高低跨衔接过渡处搭设钢管架并辅以顶托和方木进行可靠支撑，实现多类型、多接触支撑体系的联合应用。垂直于桁架方向的现场钢筋布置于桁架上弦钢筋的下方，在解决桁架与工字梁搭接的过程中设置找平点，以保证混凝土保护层的厚度及平整度。

3. 复合桁架楼承板绿色施工工艺流程

复合桁架楼承板的安装按照流水作业、实时监控、动态调整的原则进行施工流程的设计，其总的施工工艺流程如图 5-16 所示。

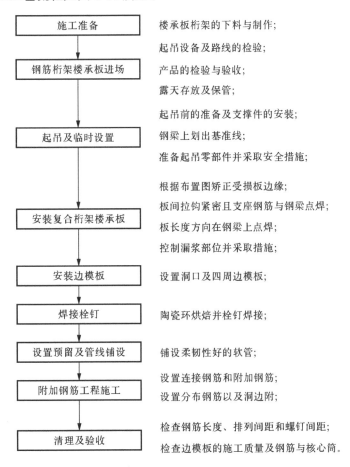

图 5-16　紧凑型复合桁架楼承板安装工艺流程

4.复合桁架楼承板绿色施工技术要点

(1)柱边处角钢安装

角钢在钢柱与钢筋桁架楼承板接触处设置,安装前对照钢筋桁架楼承板平面布置施工图检查到场角钢规格型号是否满足设计要求,而钢长度由钢柱截面尺寸确定。角钢安装前先刷漆,然后安装。在安装过程中先在钢柱上放好线来确定角钢的安装位置,然后将角钢焊接于钢柱上。在柱混凝土与板混凝土一起浇筑的工况中,楼承板直接搁在柱模上,柱边角钢可取消。

(2)钢筋桁架楼承板施工

①钢筋桁架楼承板的施工准备与条件。施工前的准备要求:紧凑型钢筋桁架楼承板到达现场后将其搬运到各安装区域;先搭设施工用的临时通道以保证施工方便及安全;准备简易操作工具,包括吊装用钢索及零部件和操作工人劳动保护用品等;在柱边等异形处设置角钢支撑件;放设钢筋桁架楼承板铺设时的基准线;对操作工人进行技术及安全交底并发作业指导书。

为配合安装作业顺序,钢筋桁架楼承板铺设前应具备以下条件:隔撑及钢筋桁架楼承板下的支撑角钢已安装完成;核心筒剪力墙上预埋件及预埋钢筋预埋已完成;钢筋桁架楼承板构件已进场并验收合格;钢梁表面吊耳已清除、磨平、补漆。施工前对照图纸检查楼承板尺寸、钢筋桁架构造尺寸等是否满足设计要求,可按表5-4和表5-5所示进行检查。

表5-4 紧凑型钢筋桁架模板宽度、长度允许偏差

钢筋桁架楼承板的长度	宽度允许偏差	长度允许偏差
≤5.0 m	±4 mm	±3 mm
>5.0 m		±4 mm

表5-5 桁架构造尺寸允许偏差

对应尺寸	允许偏差
钢筋桁架高度	±3 mm
钢筋桁架间距	±10 mm
桁架节点间距	±3 mm

检查钢筋桁架楼承板的拉钩是否有变形,变形处用自制的矫正器械进行矫正;底模的平直部分和搭接边的平整度每米应不大于1.5 mm。

对于紧凑型桁架,外观质量的检查要求有:焊点处熔化金属应均匀;每件成品的焊点脱落、漏焊数量不得超过焊点总数的4%,相邻的两焊点不得有漏焊或脱落;焊点应无裂纹、多孔性缺陷及明显的烧伤现象。对于钢筋桁架与底模的焊接,要求每件成品焊点的烧穿数量不得超过焊点总数的20%。

②钢筋桁架楼承板的施工顺序。科学合理地安排钢筋桁架楼承板的施工顺序是加快施工进度、保证工程质量的根本,可设置包含逆作法施工的顺序,其顺序依次是上部非悬挑

区、七层非悬挑区、屋面非悬挑区、钢吊柱及桁架预应力张拉、屋面悬挑区、七层悬挑区、五层悬挑区和六层悬挑区。

钢筋桁架楼承板平面及立面的施工顺序如下：每层钢筋桁架楼承板的铺设宜从起始位置向一个方向铺设，边角部分最后处理，随主体结构安装施工顺序铺设相应各层的钢筋桁架楼承板。

③钢筋桁架楼承板的安装技术要点。楼板铺设前应按图纸所示的起始位置放设铺板基准线，对准基准线安装第一块板并依次安装其他板。

楼板连接采用扣合方式，板与板之间的拉钩连接应紧密，以保证浇筑混凝土时不漏浆，同时注意排板方向要一致；平面形状变化处将钢筋桁架楼承板切割，切割前对要切割的尺寸进行检查，复核后在模板上放线，可采用机械进行，端部的竖向钢筋还原就位后方可进行安装。

跨间收尾处若板宽不足 576 mm，将钢筋桁架楼承板沿钢筋桁架长度方向切割，切割后板上应有一榀或二榀钢筋桁架，且不得将钢筋桁架切断。钢筋桁架平行于钢梁处，底模在钢梁上的搭接不小于 30 mm，钢筋桁架垂直于钢梁处，模板端部的竖向钢筋在钢梁上的搭接长度应不小于 50 mm，且应保证镀锌底模能搭接到钢梁上 30 mm。

④钢筋桁架楼承板安装后处理的技术要点。钢筋桁架楼承板就位之后将其端部的竖向钢筋及底模与钢梁点焊牢固，沿长度方向将镀锌钢板与钢梁点焊，焊接采用手工电弧焊，且间距为 300 mm。待铺设一定面积之后绑扎分布钢筋，以防止钢筋桁架侧向失稳，若设计在楼板上要开洞口施工应预留，应按设计要求设洞口边加强筋。

四周设边模板，待楼板混凝土达到设计强度后方可切断钢筋桁架楼承板的钢筋及底模，切割时宜从下往上切割以防止底模边缘与浇筑好的混凝土脱离，若将钢筋桁架裁断，则采用同型号的钢筋将钢筋桁架重新连接进行恢复，并按图纸要求进行补强。单块钢筋桁架楼承板比较重，在铺设的过程中需要多人协同作业，需加强相互之间的协调与配合。

（3）边模施工

施工前必须仔细阅读图纸，选准边模板型号、确定边模板搭接长度。安装时将边模板紧贴钢梁面，边模板底部与钢梁表面每隔 300 mm 间距点焊 25 mm 长和 2 mm 高的焊缝。边模板安装之后应拉线校直，调节适当后，利用钢筋一端与栓钉点焊，一端与边模板点焊，将边模固定，其构造如图 5-17 所示。

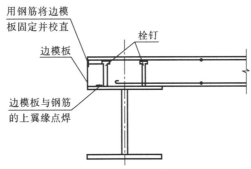

图 5-17　边模固定细部的构造示意图

（4）附加钢筋及管线安装

附加钢筋及管线基本施工顺序：管线的敷设——→设置连接钢筋——→设置附加钢筋——→设置洞边附加筋——→设置分布钢筋。

①附加钢筋的安装技术要点。考虑到钢筋桁架的影响，板中的敷设管线采用柔韧性较好的材料；考虑到钢筋桁架间距有限，尽量避免多根管线集束预埋，并采用直径小一点的管线分散穿孔预埋；按设计要求设置楼板支座连接筋及负筋，连接筋应与钢筋桁架绑扎或焊接；楼板上若要开洞口应事先确定，须按设计要求设置洞口边加强筋，待楼板混凝土达到设计强度时方可切断钢筋桁架楼承板的钢筋及钢板。

②管线的安装技术要点。电气接线盒的预留预埋可事先将其固定在镀锌板上大小相应的孔上，钻孔应小心，并避免钢筋桁架楼承板的变形，进而影响外观或导致漏浆；在管线敷设过程中注意做好对已铺设好的钢筋桁架楼承板的保护工作，不宜在镀锌板面上行走或踩踏。禁止随意扳动、切断钢筋桁架，若不得已需要裁断钢筋桁架，应采用同型号的钢筋将钢筋桁架重新连接进行修复。

（5）复合桁架楼承板安装后处理的技术要点

在混凝土浇筑前，应完成钢筋桁架楼承板安装及栓钉焊接并验收合格。在浇筑混凝土时，按设计要求在相应的位置设置临时支撑。支撑在板的强度达到设计要求后方可进行拆除。工缝处振捣时采用平板振，并避免将已初凝的混凝土振裂。

5. 复合桁架楼承板绿色施工的质量控制

（1）质量控制规范及标准

依据《混凝土结构工程施工质量验收规范》（GB 50204—2015）、《钢结构工程施工质量验收标准》（GB 50205—2020）等。

（2）绿色施工的质量控制措施

原材料进加工厂须通过多道工序的严格检查，以确保产品质量；加工厂应配备专业的设备及工艺操作工程师、专业的质检工程师，对每一块产品均应进行跟踪检查以确保产品的质量；严格遵守施工程序，认真执行施工操作规程及验收规范，加强技术交底工作，强化质量意识，完善"三检（自检、互检、专检）"制度，严格资料管理工作，建立质量奖惩制度以及加强员工培训，以提高操作水平。

（3）绿色施工的质量控制要点

对紧凑型复合桁架楼承板安装质量进行隐蔽及交接验收。在紧凑型复合桁架楼承板安装过程中进行监督检查，其主控项目包括：钢筋桁架楼承板的构造尺寸是否满足要求；每个部位钢筋桁架楼承板的型号是否与图纸相符；支座竖筋及板边在钢梁上的搭接长度是否满足要求；支座竖筋、板端、板边及边模是否与钢梁或栓钉焊接牢固；板边及异形处经过切割的位置处应保证无漏浆部位存在；预留洞口位置是否在允许偏差范围内；栓钉焊接质量是否符合标准要求；检查钢筋桁架楼承板板与板之间拉钩连接是否紧密。

6. 复合桁架楼承板绿色施工的环境保护措施

建立和完善环境保护及文明施工管理体系，制定环境保护标准和措施，明确各类人员的环保职责，并对现场所有人员进行环境保护交底和培训，建立施工现场环境保护和文明施工档案。按照"安全文明样板工地"的要求对施工现场进行统一规划，保持施工现场的整洁与文明，科学组织和选用先进的施工机械和技术措施，做好节水节电工作，严格控制原材料浪费。

原材料、半成品堆放场地应平整、干净、牢固、干燥，排水通风良好、无污染，堆放时应分类、分规格堆放整齐、平直，水平位置上下一致，防止变形损坏、防止颠覆或倾倒。分阶段、分专业制定专项成品保护措施，并严格实施，设专人负责成品保护工作，制定正确的施工顺序，严禁违反施工程序的做法。做好工序标志工作，即在施工过程中对易受污染、破坏的成品、半成品做标记；采取护、包、盖、封防护，即采取保护措施，对成品和半成品进行防护，并将损坏的及时恢复。

作业前应熟悉图纸，制定交叉施工作业计划，既要保证进度，又要保证交叉施工不产生相互干扰，防止盲目赶工期，造成互相损坏、反复污染等现象的产生。作业负责人应经常巡视检查，采用书面形式由下道工序作业人员和成品保护负责人同时签字确认，并保存工序交接书面材料，下道工序作业人员对防止成品的污染、损坏或丢失负直接责任，成品保护专人对成品保护负监督、检查责任。

第6章　建筑工程项目进度管理

6.1　建筑工程项目进度管理概述

6.1.1　进度相关概念

(1)进度概念

进度通常是指工程项目实施结果的进展状况。工程项目进度是一个综合的概念,除工期以外,还包括工程量、资源消耗等。进度的影响因素也是多方面的、综合性的,因而,进度管理的手段及方法也应该是多方面的。

(2)进度指标

按照一般的理解,工程进度既然是项目实施结果的进展状况,就应该以项目任务的完成情况作为指标。但由于通常工程项目对象系统是复杂的,常常很难选定一个恰当的、统一的指标来全面反映工程的进度。例如,对于一个小型的房屋建筑单位工程,它由地基与基础、主体结构、建筑装饰、建筑屋面、建筑给水和排水及采暖等多个分部工程组成,而不同的工程活动的工程数量单位是不同的,很难用工程完成的数量来描述单位工程、分部工程的进度。

在现代工程项目管理中,人们赋予进度以结合性的含义,将工程项目任务、工期、成本有机地结合起来,由于每种工程项目在实施过程中都要消耗时间、劳动力、材料、成本等才能完成任务,而这些消耗指标是对所有工作都适用的消耗指标,因此,有必要形成一个综合性的指标体系,才能全面反映项目的实施进展状况。综合性进度指标将使各个工程活动、分部和分项工程直至整个项目的进度描述更加准确、方便。目前应用较多的是以下四种指标。

①持续时间。项目与工程活动的持续时间是进度的重要指标之一。人们常用实际工期与计划工期相比较来说明进度完成情况。例如某工作计划工期30 d,该工作已进行15 d,则工期已完成1/2。此时能说施工进度已达1/2吗?恐怕不能。因为工期与人们通常概念上的进度是不同的。对于一般工程来说,工程量等于工期与施工效率(速度)的乘积,而工作速度在施工过程中是变化的,受很多因素的影响,如管理水平、环境变化等,又如工程受质量事故影响,时间过了1/2,而工程量只完成了1/3。一般情况下,实际工程中工作效率与时间的关系如图6-1所示:开始阶段施工效率低(投入资源少、工作配合不熟练);中期效率最高(投入资源多,工作配合协调);后期效率又慢了下来(工作面小,投入资源

少），工程进展过程中还会有各种外界的干扰或者不可预见因素造成的停工，施工的实际效果与计划效率常常是不相同的。在此时如果用工期的消耗来表示进度，往往会产生误导。只有在施工效率与计划效率完全相同时，工期消耗才能真正代表进度。通常使用这一指标与完成的实物量、已完工程价值量或者资源消耗等指标结合起来对项目进展状况进行分析。

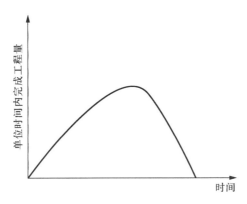

图 6-1　时间效率关系图

②完成的实物量。用完成的实物量表示进度。例如设计工作按完成的资料计量，混凝土工程按完成的体积计量，设备安装工程按完成的吨位计量，管线、道路工程用长度计量等。

这个指标的主要优点是直观、简单明确、容易理解，适用于描述单一任务的专项工程，但不适合用来描述综合性、复杂工程的进度，如分部工程、分项工程进度。

③已完工程的价值量。已完工程的价值量是指已完成的工作量与相应合同价格或预算价格的乘积。它将各种不同性质的工程量从价值形态上统一起来，可方便地将不同分项工程统一起来，能够较好地反映由多种不同性质工作所组成的复杂、综合性工程的进度状况。例如人们经常说某工程已完成合同金额的 80％等，就是用已完成工程的价值来描述进度状况，是人们很喜欢用的进度指标之一。

④资源消耗指标。常见的资源消耗指标有工时、机械台班、成本等。这一指标具有统一性和较好的可比性。各种项目均可用它们作为衡量进度的指标，以便于统一分析尺度。

实际应用中，常常将资源消耗指标与工期(持续时间)指标结合在一起使用，以此来对工程进展状况进行全面的分析。例如，将工期与成本指标结合起来分析进度是否实质性拖延及成本超支。在实际工程中使用资源消耗指标来表示工程进度应注意以下问题。

a. 投入资源数量与进度背离时会产生错误的结论。例如某项活动计划需要 60 工时，现已用 30 工时，则工时消耗已达 50％，如果计划劳动效率与实际劳动效率完全相同，则进度已达 50％，如果计划劳动效率与实际劳动效率不相同，用工时消耗来表示进度就会产生误导。

b. 实际工程中，计划工程量与实际工程量常会不同，例如某工作计划工时为 60 工时，而实际实施过程中，由于实际施工条件变化，施工难度增加，应该需要 80 工时，现已用 20 工时，进度达到 30％，而实际上只完成了 25％，因此，正确结果只能在计划正确并按预定的效率施工时才能得到。

c. 用成本反映进度时，以下成本不计入：返工、窝工、停工增加的成本，材料及劳动力价格变动造成的成本变动。

（3）进度管理

工程项目的进度管理是指根据进度目标的要求，对工程项目各阶段的工作内容、工作程序、持续时间和衔接关系编制计划，将该计划付诸实施，在实施的过程中经常检查实际进度是否按计划要求进行，对出现的偏差分析原因，采取补救措施或调整、修改原计划直至工程竣工，交付使用。进度管理的最终目的是确保项目工期目标的实现。

工程项目进度管理是建设工程项目管理的一项核心管理职能。由于建设项目是在开放的环境中进行的，置身于特殊的法律环境之下，且生产过程中人员、工具与设备的流动性，产品的单件性等都决定了进度管理具有复杂性及动态性，必须加强项目实施过程中的跟踪控制。进度控制与质量控制、投资控制是工程项目建设中并列的三大目标之一。它们之间有着密切的相互依赖和制约关系：通常，进度加快需要增加投资，但工程能提前使用就可以提高投资效益；进度加快有可能影响工程质量，而质量控制严格则有可能影响进度，但如因质量的严格控制而不致返工，又会加快进度。因此，项目管理者在实施进度管理工作中要对三个目标全面系统地加以考虑，正确处理好进度、质量和投资的关系，提高工程建设的综合效益。特别是对一些投资较大的工程，在采取进度控制措施的时候要特别注意其对成本和质量的影响。

6.1.2　建筑工程项目进度管理的目的与任务、方法与措施

1. 建筑工程项目进度管理的目的与任务

进度管理的目的是通过控制以实现工程的进度目标。通过进度计划控制可以有效地保证进度计划的落实与执行，减少各单位和部门之间的相互干扰，确保施工项目工期目标以及质量、成本目标的实现，同时也为可能出现的施工索赔提供依据。

施工项目进度管理是项目施工中的重点控制之一，它是保证施工项目按期完成，合理安排资源供应、节约工程成本的重要措施。建筑工程项目不同的参与方都有各自的进度控制的任务，但都应该围绕着投资者早日发挥投资效益的总目标去展开。工程项目不同参与方的进度管理任务见表 6-1。

表 6-1　工程项目参与方的进度管理任务

参与方名称	任务	进度涉及时段
业主方	控制整个项目实施阶段的进度	设计准备阶段、设计阶段、施工阶段、物资采购阶段、动用前准备阶段
设计方	根据设计任务委托合同控制设计进度，并能满足施工、招投标、物资采购进度协调	设计阶段
施工方	根据施工任务委托合同控制施工进度	施工阶段
供货方	根据供货合同控制供货进度	物资采购阶段

2. 建筑工程项目进度管理的方法与措施

项目进度管理方法主要是规划、控制和协调。规划是指确定施工项目总进度控制目标和分进度控制目标，并编制其进度计划。控制是指在施工项目实施的全过程中，比较施工实际进度与施工计划进度，出现偏差及时采取措施调整。协调是指协调与施工进度有关的单位、部门和工作队组之间的进度关系。

建筑工程项目进度管理采取的主要措施有组织措施、技术措施、合同措施和经济措施。

(1)组织措施

组织措施主要包括：建立施工项目进度实施和控制的组织系统；订立进度控制工作制度；检查时间、方法，召开协调会议时间、人员等；落实各层次进度控制人员、具体任务和工作职责；确定施工项目进度目标，建立施工项目进度控制目标体系。

(2)技术措施

采取技术措施指尽可能采用先进施工技术、方法和新材料、新工艺、新技术，保证进度目标实现。在落实施工方案发生问题时，能适时调整工作之间的逻辑关系，以加快施工进度。

(3)合同措施

采取合同措施指以合同形式保证工期进度的实现，即保持总进度控制目标与合同总工期相一致，分包合同的工期与总包合同的工期相一致，供货、供电、运输、构件加工等合同规定提供服务的时间与有关的进度控制目标一致。

(4)经济措施

采取经济措施指落实实现进度目标的保证资金，签订并实施关于工期和进度的经济承包责任制，建立并实施关于工期和进度的奖惩制度。

6.1.3　建筑工程项目进度管理的基本原理与内容

1. 建筑工程项目进度管理的基本原理

(1)动态控制原理

工程进度控制是一个不断变化的动态过程，在项目开始阶段，实际进度按照计划进度的规划进行，但由于外界因素的影响，实际进度的执行往往会与计划进度出现偏差，出现超前或滞后的现象。这时通过分析偏差产生的原因，采取相应的改进措施，调整原来的计划，使二者在新的起点上重合，并通过发挥组织管理作用，使实际进度继续按照计划进行。在一段时间后，实际进度和计划进度又会出现新的偏差。如此，工程进度控制出现了一个动态的调整过程。

(2)系统原理

工程项目是一个大系统，其进度控制也是一个大系统，进度控制中计划进度的编制受到许多因素的影响，不能只考虑某一个因素或几个因素。进度控制组织和进度实施组织也具有系统性，因此，工程进度控制具有系统性，应该综合考虑各种因素的影响。

(3)信息反馈原理

信息反馈是工程进度控制的重要环节，施工的实际进度通过信息反馈给基层进度控制工作人员，在分工的职责范围内，信息经过加工逐级反馈给上级主管部门，最后到达主控制室，主控制室整理统计各方面的信息，经过比较分析作出决策，调整进度计划。进度控制不断调整的过程实际上就是信息不断反馈的过程。

(4)弹性原理

工程进度计划工期长、影响因素多，因此进度计划的编制就会留出余地，使计划进度具有弹性。进行进度控制时就应利用这些弹性，缩短有关工作的时间，或改变工作之间的搭接关系，使计划进度和实际进度达到吻合。

(5)封闭循环原理

项目进度控制的全过程是一个计划、实施、检查、比较分析、确定调整措施、再计划的封闭循环过程。

(6)网络计划技术原理

网络计划技术原理是工程进度控制的计划管理和分析计算的理论基础。在进度控制中要利用网络计划技术原理编制进度计划，根据实际进度信息，比较和分析进度计划，又要利用网络计划的工期优化、工期与成本优化和资源优化的理论调整计划。

2. 建筑工程项目进度管理的内容

(1)项目进度计划

工程项目进度计划包括项目的前期设计、施工和使用前的准备等几个阶段的内容，项目进度计划的主要内容就是制定各级项目进度计划，包括总控制的项目总进度计划、中间控制的项目分阶段进度计划和详细控制的各子项目进度计划，并对这些进度计划进行优化，以达到对这些项目进度计划的有效控制。

(2)项目进度实施

工程项目进度实施就是在资金、技术、合同、管理信息等方面进度保证措施落实的前提下，使项目进度按照计划实施。由于施工过程中存在各种干扰因素，将使项目进度的实施结果偏离进度计划，项目进度实施的任务就是预测这些干扰因素，对其风险程度进行分析，并采取预控措施，以保证实际进度与计划进度的吻合。

(3)项目进度检查

工程项目进度检查的目的就是了解和掌握建筑工程项目进度计划在实施过程中的变化趋势和偏差程度。其主要内容有跟踪检查、数据采集和偏差分析。

(4)项目进度调整

工程项目的进度调整是整个项目进度控制中最困难、最关键的内容。其包括以下几方面的内容。

①偏差分析：主要是分析影响进度的各种因素和产生偏差的前因后果。

②动态调整：主要是寻求进度调整的约束条件和可行方案。

③优化控制：调控的目标是使进度、费用变化最小，能达到或接近进度计划的优化控制目标。

6.1.4 建筑工程项目进度管理目标的制定

进度管理目标的制定应在项目分解的基础上确定。其包括项目进度总目标和分阶段目标，也可根据需要确定年、季、月、旬(周)目标和里程碑事件目标等。里程碑事件目标是指关键工作的开始时刻或完成时刻。

在确定施工进度管理目标时，必须全面细致地分析与建设工程进度有关的各种有利因素和不利因素。只有这样才能制定出一个科学、合理的进度管理目标。确定施工进度管理目标的主要依据有：建设工程总进度目标对施工工期的要求；工期定额、类似工程项目的实际进度；工程难易程度和工程条件的情况等。

　　在确定施工进度分解目标时，还要考虑以下几个方面。

　　①对于大型建筑工程项目，应根据尽早提供可动用单元的原则，集中力量分期分批建设，以便尽早投入使用，尽快发挥投资效益。这时，为保证每一动用单元能形成完整的生产能力，就要考虑这些动用单元交付使用时所必需的全部配套项目。因此，要处理好前期动用和后期建设的关系、每期工程中主体工程与辅助及附属工程之间的关系等。

　　②结合本工程的特点，参考同类建设工程的经验来确定施工进度目标，避免只按主观愿望盲目确定进度目标，从而在实施过程中造成进度失控。

　　③合理安排土建与设备的综合施工。按照它们各自的特点，合理安排土建施工与设备基础、设备安装的先后顺序及搭接、交叉或平行作业，明确设备工程对土建工程的要求和土建工程为设备工程提供施工条件的内容及时间。

　　④做好资金供应能力、施工力量配备、物资（材料、构配件、设备）供应能力与施工进度的平衡工作，确保工程进度目标的要求，从而避免其落空。

　　⑤考虑外部协作条件的配合情况。主要包括施工过程中及项目竣工所需的水、电、气、通信、道路及其他社会服务项目的满足程度和满足时间。它们必须与有关项目的进度目标相协调。

　　⑥考虑工程项目所在地区地形、地质、水文、气象等方面的限制条件。

6.2　建筑工程项目进度计划编制与实施

6.2.1　建筑工程项目进度计划编制

　　建设工程项目施工进度计划是进度控制的依据。因此，需要编制两种施工进度计划：施工总进度计划和单位工程施工进度计划。

　　1. 建筑工程项目施工组织形式及其特点（流水施工方法的形式与特点）

　　（1）流水施工的组织形式与特点

　　流水施工是建筑工程中最为常见的施工组织形式，能有效地控制工程进度。

　　①流水施工的组织形式。

　　a. 将拟建施工项目中的施工对象分解为若干个施工过程，即划分为若干个工作性质相同的分部、分项工程或工序。

　　b. 将施工项目在平面上划分为若干个劳动量大致相等的施工段。

　　c. 在竖向上划分成若干个施工层，并按照施工过程成立相应的专业工作队。

　　d. 各专业队按照一定的施工顺序依次完成各个施工对象的施工过程，同时保证施工在时间和空间上连续、均衡和有节奏地进行，使相邻两专业队能最大限度地搭接作业。

②流水施工的特点。

a. 尽可能地利用工作面进行施工，工期比较短。

b. 各工作队实现了专业化施工，有利于提高技术水平和劳动生产率，也有利于提高工程质量。

c. 专业工作队能够连续施工，同时使相邻专业队的开工时间最大限度地搭接。

d. 单位时间内投入的劳动力、施工机具、材料等资源量较为均衡，有利于资源供应的组织。

e. 为施工现场的文明施工和科学管理创造了有利条件。

(2)流水施工的表达方式与特点

流水施工的表达方式有两种，即横道图和网络图。

①横道图的形式和特点。

a. 横道图有水平指示图表和垂直指示图表两种。水平指示图表中，横坐标表示流水施工的持续时间，纵坐标表示开展流水施工的施工过程、专业工作队的名称、编号和数目，呈梯形分布的水平线表示流水施工的开展情况；垂直指示图表中，横坐标表示流水施工的持续时间，纵坐标表示开展流水施工所划分的施工段编号，n 条斜线段表示各专业工作队或施工过程开展流水施工的情况。

b. 横道图的优缺点。优点：表达方式较直观；使用方便，很容易看懂；绘图简单方便，计算工作量小。缺点：工序之间的逻辑关系不易表达清楚；适用于手工编制，不便于用计算机编制；由于不能进行严格的时间参数计算，故不能确定计划的关键工作、关键线路与时差；级别调整只能采用手工方式，工作量较大；此种计划难以适应大进度计划系统的需要。

②网络图的表达方式和特点。

a. 网络图的表达方式有单代号网络图和双代号网络图两种。单代号网络图是指组织网络图的各项工作由节点表示，以箭线表示各项工作的相互制约关系，采用这种符号从左向右绘制而成的网络图就是单代号网络图。双代号网络图是指组成网络图的各项工作由节点表示工作的开始和结束，以箭线表示工作的名称，把工作的名称写在箭线上方，工作的持续时间(小时、天、周)写在箭线下方，箭尾表示工作的开始，箭头表示工作的结束，采用这种符号从左向右绘制而成的网络图就是双代号网络图。

b. 网络图的优缺点(与横道图相比)。优点：网络图能明确表达各项工作之间的逻辑关系；通过网络时间参数的计算，可以找出关键线路和关键工作；通过网络时间参数的计算，可以明确各项工作的机动时间；网络图可以利用电子计算机进行计算、优化和调整。缺点：计算劳动力、资源消耗量时，比横道图要困难；没有横道图那样直观明了，但可以通过绘制时标网络计划得以弥补。

(3)流水施工的基本组织形式

流水施工按照涨水节拍的特征可分为有节奏流水施工和无节奏流水施工，其中有节奏流水施工又可分为等节奏流水施工与异节奏流水施工。

等节奏流水施工是指在有节奏流水施工中，各施工过程的流水节拍都相等的流水施工。在流水组中，每一个施工过程本身在各施工段中的作业时间(流水节拍)都相等，各个施工过程之间的流水节拍也相等，故等节奏流水施工的流水节拍是一个常数。

异节奏流水施工是指在有节奏流水施工中，各施工过程的流水节拍各自相等而不同施工过程之间的流水节拍却不尽相等的流水施工。在流水组织中，每一个施工过程本身在各施工段上的流水节拍都相等，但是不同施工过程之间的流水节拍不完全相等。在组织异节奏流水施工时，按每个施工过程流水节拍之间是某个常数的倍数，可组织成倍节拍流水施工。

无节奏流水施工是指在组织流水施工时，全部或部分施工过程在各个施工段上的流水节拍不相等的流水施工。这种施工是流水施工中最常见的一种。其特点是各施工过程在各施工段上的作业时间(流水节拍)不全相等，且无规律；相邻施工过程流水步距不尽相等；专业工作队数等于施工过程数；各专业工作队能够在施工段上连续作业，但有的施工段之间可能有空闲时间。

(4)流水施工的基本参数

在组织施工项目流水施工时，用以表达流水施工在工艺流程、空间布置和时间安排等方面的状态参数，称为流水施工参数，包括工艺参数、空间参数和时间参数。

①工艺参数。工艺参数主要是指在组织施工项目流水施工时，用以表达流水施工在施工工艺方面进展状态的参数。它包括施工过程和流水强度。

施工过程指在组织工程流水施工时，根据施工组织及计划安排需要，将计划任务划分成的子项。

a. 施工过程划分的粗细程度由实际需要而定，可以是单位工程，也可以是分部工程、分项工程或施工工序。

b. 根据其性质和特点不同，施工过程一般分为三类，即建造类施工过程、运输类施工过程和制备类施工过程。

c. 由于建造类施工过程占有施工对象的空间，直接影响工期的长短，因此，必须列入施工进度计划，并在其中大多作为主导施工过程或施工过程中的关键工作。

d. 施工过程的数目一般用 n 表示，它是流水施工的主要参数之一。

流水强度是指某施工过程(专业工作队)在单位时间内所完成的工作量，也称为流水能力或生产能力。流水强度可用式(6.1)计算。

$$V_i = \sum R_i S_i \tag{6.1}$$

式中：V_i——某施工过程(队)的流水强度；R_i——投入该施工过程中的第 i 种资源量(施工机械台数或工人数)；S_i——投入该施工过程中的第 i 种资源的产量定额；$\sum$——投入该施工过程中各资源的种类数之和。

②空间参数。空间参数指在组织施工项目流水施工时，用以表达流水施工在空间布置上开展状态的参数，包括工作面和施工段。

工作面指某专业工种的工人或某种施工机械进行施工的活动空间。工作面的大小表明能够安排的施工人数或机械台数的多少；每个作业的工人或每台施工机械所需工作面的大小，取决于单位时间内其完成的工作量和安全施工的要求；工作面确定的合理与否，直接影响专业工作队的生产效率。

施工段指将施工对象在平面或空间上划分成若干个劳动量大致相等的施工段落，或称作流水段。施工段的数目一般用 m 表示，它是流水施工的主要参数之一。

③时间参数。时间参数指在组织施工项目流水施工时，用以表达流水施工在时间安排上所处状态的参数。它包括流水节拍、流水步距、流水施工工期三个指标。

流水节拍指在组织施工项目流水施工时，某个专业工作队在一个施工段上的施工时间。影响流水节拍数值大小的因素主要有：施工项目所采取的施工方案；各施工段投入的劳动力人数或机械台班、工作班次；各施工段工程量的多少。

流水步距指在组织施工项目流水施工时，相邻两个施工过程（或专业工作队）相继开始施工的最小时间间隔。确定流水步距一般满足以下几个基本要求：各施工过程按各自流水速度施工，始终保持工艺先后顺序；各施工过程的专业工作队投入施工后尽可能保持连续作业；相邻两个施工过程（或专业工作队）在满足连续施工的条件下，能最大限度地实现合理搭接。

流水施工工期指从第一个专业工作队投入流水施工开始，到最后一个专业工作队完成流水施工为止的整个持续时间。由于一项建设工程往往包含有许多流水组，故流水施工工期一般均不是整个工程的总工期。

2. 网络计划技术的应用

常用网络计划有双代号网络计划、单代号网络计划、双代号时标网络计划、单代号搭接网络计划四种类型。

(1)网络计划的应用程序

网络计划应用程序一般包括 4 个阶段、10 个步骤，如表 6-2 所示。具体如下。

表 6-2　网络计划应用程序表

编制阶段	编制步骤
计划准备阶段	①调查研究
	②确定网络计划目标
绘制网络图阶段	③进行项目分解
	④分析逻辑关系
	⑤绘制网络图
计算时间参数及确定关键线路阶段	⑥计算工作持续时间
	⑦计算网络计划时间参数
	⑧确定关键线路关键工作
网络计划优化阶段	⑨优化网络计划
	⑩编制优化后网络计划

①计划准备阶段。

a. 调查研究。调查研究的目的是掌握足够充分准确的资料，从而为确定合理的进度目标、编制科学的进度计划提供可靠依据。

调查研究的内容具体包括：工程任务情况、实施条件、设计资料；有关标准、定额、规程、制度；资源需求与供应情况；资金需求与供应情况；有关统计资料、经验、总结及历史资料。

调查研究的方法具体包括：实际观察、测算、询问；会议调查；资料检索；分析预测等。

b. 确定网络计划目标。网络计划的目标由工程项目的总目标所决定，可分为以下三类。

(a)时间目标。时间目标也即工期目标，是指建筑工程施工合同中规定的工期或有关主管部门要求的工期。工期目标的确定应以建筑安装工程工期定额为依据，同时充分考虑类似工程实际进展情况、气候条件以及工程难易程度和建设条件的落实情况等因素，建筑工程施工进度安排必须以建筑安装工程工期定额为最高时限。

(b)时间-资源目标。所谓资源，是指在工程建设过程中所需投入的劳动力、原材料及施工机具等。在一般情况下，时间-资源目标分为两类：资源有限，工期最短，即在一种或几种资源供应能力有限的情况下，寻求工期最短的计划安排；工期固定，资源均衡，即在工期固定的前提下，寻求资源需用量尽可能均衡的计划安排。

(c)时间-成本目标。时间-成本目标是指以限定的工期寻求最低成本或寻求最低成本时的工期安排。

②绘制网络图阶段。

a. 进行项目分解。将工程项目由粗到细进行分解，是编制网络计划的前提。如何进行工程项目的分解、工作划分的粗细程度如何等，都直接影响到网络图的结构。对于控制性网络计划，其工作划分应粗一些；而对于实施性网络计划，工作划分应细一些。工作划分的粗细程度，应根据实际需要来确定。

b. 分析逻辑关系。分析各项工作之间的逻辑关系时，既要考虑施工程序或工艺技术过程，又要考虑组织安排或资源调配需要。对施工进度计划而言，分析其工作之间的逻辑关系时，应考虑以下问题：施工工艺的要求；施工方法和施工机械的要求；施工组织的要求；施工质量的要求；当地的气候条件；安全技术的要求。分析逻辑关系的主要依据是施工方案、有关资源供应情况和施工经验等。

c. 绘制网络图。根据已确定的逻辑关系即可绘制网络图。可绘制单代号网络图，也可以绘制双代号网络图，还可根据需要，绘制双代号时标网络图。

③计算时间参数及确定关键线路阶段。

a. 计算工作持续时间。工作持续时间是指完成该工作所花费的时间。其计算方法有多种，既可以凭以往的经验进行估算，也可以通过试验推算。当有定额可用时，还可利用时间定额或产量定额，同时考虑工作面及合理的劳动组织进行计算。

b. 计算网络计划时间参数。网络计划时间参数一般包括：工作最早开始时间、工作最早完成时间、工作最迟开始时间、工作最迟完成时间、工作总时差、工作自由时差、节点最早时间、节点最迟时间、相邻两项工作之间的时间间隔、计算工期等。应根据网络计划的类型及使用要求选择上述时间参数。网络计划时间参数的计算方法有图上计算法、表上计算法、公式法等。

c. 确定关键线路和关键工作。在计算网络计划时间参数的基础上，便可根据有关时间参数确定网络计划中的关键线路和关键工作。

④网络计划优化阶段。

a. 优化网络计划。当初始网络计划的工期能满足所要求的工期，资源需求量也能得到满足时，则无须进行网络优化，此时的初始网络计划即可作为正式的网络计划。否则，需要对初始网络计划进行优化。

根据工程项目所追求的目标不同，网络计划的优化包括工期优化、费用优化和资源优化三种。应根据工程的实际需要选择不同的优化方法。

b. 编制优化后网络计划。根据网络计划的优化结果便可绘制优化后的网络计划，同时编制网络计划说明书。网络计划说明书的内容包括：编制原则和依据，主要计划指标一览表，执行计划的关键问题，需要解决的主要问题及主要措施，以及其他需要说明的问题。

(2)双代号网络计划的时间参数及关键线路

①时间参数计算。

a. 网络计划时间参数的计算方法有公式计算法、表算法、图算法、计算机计算法。图算法简便、明确，可边算边标于图上，此方法深受欢迎，但大型网络计划必须用计算机进行计算。

b. 计算双代号网络计划时间参数及其步骤如下：工作持续时间——→最早开始时间——→最早完成时间——→计划工期——→最迟完成时间——→最迟开始时间——→总时差——→自由时差。

c. 工作持续时间 D_{i-j} 的计算。计算方法有以下两种。

(a)定额计算法，其计算公式见式(6.2)。

$$D_{i-j} = Q_{i-j}/RS \tag{6.2}$$

式中：D_{i-j}——$i-j$ 工作的持续时间；Q_{i-j}——$i-j$ 工作的工程量；R——工作人数；S——产量定额(劳动定额)。

(b)三时估计法，其计算公式见式(6.3)。

$$D_{i-j} = (a + 4c + b)/6 \tag{6.3}$$

式中：a——工作的乐观(最短)时间估计值；b——工作的悲观(最长)时间估计值；c——工作的最可能持续时间估计值。其余符号意义同前。

d. 工作 $i-j$ 最早开始时间 ES_{i-j} 的计算。

(a)工作 $i-j$ 最早开始时间 ES_{i-j} 应从网络计划的起点节点开始，顺箭线方向依次逐项计算。

(b)以起点节点 i 为箭尾节点的工作 $i-j$，当未规定其最早开始时间 ES_{i-j} 时，其值应等于零。

(c)当工作 $i-j$ 只有一项紧前工作 $h-i$ 时，最早开始时间 ES_{i-j} 见式(6.4)。

$$ES_{i-j} = ES_{h-i} + D_{h-i} \tag{6.4}$$

式中：ES_{h-i}——工作 $i-j$ 的紧前工作 $h-i$ 的最早开始时间；D_{h-i}——工作 $i-j$ 的紧前工作 $h-i$ 的持续时间。其余符号意义同前。

(d)工作 $i-j$ 有多个紧前工作时，其最早开始时间 ES_{i-j} 见式(6.5)。

$$ES_{i-j} = \max(ES_{h-i} + D_{h-i}) \tag{6.5}$$

式中：符号意义同前。

e. 工作 $i-j$ 最早完成时间 EF_{i-j} 的计算。工作最早完成时间是指各紧前工作完成后，本工作有可能完成的最早时刻。按式(6.6)计算。

$$EF_{i-j} = ES_{i-j} + D_{i-j} \tag{6.6}$$

式中：D_{i-j}——工作 $i-j$ 的持续时间。其余符号意义同前。

f. 网络计划工期 T_p 的计算。网络计划工期 T_p 是指按要求工期和计算工期确定的作为实施目标的工期。当规定了要求工期 T_r 时，计划工期不应超过要求工期，即 $T_p \leqslant T_r$；当存在要求工期且末规定要求工期 T_r 时，计划工期通常等于计算工期，即 $T_p = T_c$。网络计划的计算工期 T_c 是指根据时间参数计算得到的工期。按式(6.7)计算。

$$T_c = \max(EF_{i-n}) \tag{6.7}$$

式中：EF_{i-n}——以终点节点($j=n$)为箭头节点的工作 $i-n$ 的最早完成时间。

g. 工作 $i-j$ 最迟完成时间 LF_{i-j} 的计算。工作最迟完成时间指在不影响整个任务按期完成的前提下，工作必须完成的最迟时刻。工作最迟完成时间应从网络计划的终点节点开始，逆着箭线方向依次逐项计算；终点节点($j=n$)为箭头节点的工作的最迟完成时间 LF_{i-n}，应按网络计划的计划工期 T_p 确定。即式(6.8)。

$$LF_{i-n} = T_p \tag{6.8}$$

式中：符号意义同前。

工作 $i-j$ 最迟完成时间 LF_{i-j} 应按式(6.9)计算。

$$LF_{i-j} = \min(LF_{j-k} - D_{j-k}) \tag{7.9}$$

式中：LF_{j-k}——工作 $j-k$ 的最迟完成时间；D_{j-k}——工作 $j-k$ 的持续时间。

h. 工作 $i-j$ 最迟开始时间 LS_{i-j} 的计算。工作的最迟开始时间是指在不影响整个任务按期完成的前提下，工作必须开始的最迟时刻。工作 $i-j$ 的最迟开始时间 LS_{i-j} 应按式(6.10)计算。

$$LS_{i-j} = LF_{i-j} - D_{i-j} \tag{7.10}$$

式中：符号意义同前。

i. 工作 $i-j$ 总时差 TF_{i-j} 的计算。工作总时差指在不影响总工期的前提下，某项工作所具有的可利用的机动时间。按式(6.11)或式(6.12)计算。

$$TF_{i-j} = LS_{i-j} - ES_{i-j} \tag{6.11}$$

或

$$TF_{i-j} = LF_{i-j} - EF_{i-j} \tag{7.12}$$

式中：符号意义同前。

j. 工作 $i-j$ 自由时差 FF_{i-j} 的计算。工作自由时差是指在不影响其紧后工作最早开始的前提下，某项工作所具有的机动时间。自由时差的计算应符合以下规定。

当工作 $i-j$ 有紧后工作 $j-k$ 时，其自由时差见式(6.13)。

$$FF_{i-j} = ES_{j-k} - ES_{i-j} - D_{i-j} \tag{6.13}$$

式中：ES_{j-k}——工作 $j-k$ 的最早开始时间。其余符号意义同前。

终点节点($j=n$)为箭头节点的工作，其自由时差应按网络计划的计划工期 T_p 确定，即式(6.14)。

$$FF_{i-j} = T_p - ES_{i-n} - D_{i-n} \tag{6.14}$$

式中：ES_{i-n}——以网络计划终点节点 n 为完成节点的工作的最早开始时间；D_{i-n}——以网络计划终点节点 n 为完成节点的工作的持续时间。其余符号意义同前。

②关键线路的确定。关键线路是自始至终全部由关键工作组成的线路，或线路上总的工作持续时间最长的线路。

a. 关键线路确定的方法。将关键工作自左而右依次首尾连接而成的线路就是关键线路。关键工作是网络计划中总时差最小的工作。当计划工期与计算工期相等时，这个"最小值"为零；当计划工期大于计算工期时，这个"最小值"为正；当计划工期小于计算工期时，这个"最小值"为负。

b. 关键线路在网络图中不止一条，可能同时存在几条。

c. 关键线路并不是一成不变的，在一定条件下，关键线路和非关键线路可以相互转换。

(3)单代号网络计划的时间参数及关键线路

单代号网络计划的时间参数和双代号网络计划的时间参数基本相同。其计算顺序也基本相同，只是在自由时差计算之前要计算时间间隔 LAG_{i-j}。相邻两项工作之间的时间间隔是指其紧后工作最早开始时间与本工作最早完成时间的差值，即式(7.15)。

$$LAG_{i-j} = ES_{i-j} - EF_{i-j} \tag{7.15}$$

式中：符号意义同前。

若某项工作有多项紧后工作，则其自由时差要取其与紧后工作时间间隔的最小值，即式(7.16)。

$$FF_{i-j} = \min(LAG_{i-j}) \tag{7.16}$$

式中：符号意义同前。

关键线路可以通过以下两种方法确定。

a. 利用关键工作确定关键线路。将所有关键工作相连，并保证相邻两项关键工作之间的时间间隔为零而构成的线路，即为关键线路。

b. 利用相邻两项工作之间的时间间隔确定关键线路。从网络计划的终点节点开始逆着箭线方向依次找出相邻两项工作之间时间间隔为零的线路，即为关键线路。

(4)双代号时标网络计划(时标网络计划)多数及关键线路

①时标网络计划的特点：时间参数一目了然。由于箭线的长短受时标的制约，故绘图比较麻烦，修改网络计划的工作持续时间时，必须重新绘图。绘图时可以不进行计算。只有在图上没有直接表示出来的时间参数，如总时差、最迟开始时间和最迟完成时间，才需要进行计算。所以，使用时标网络计划可以大大节省计算时间。可以直接在时标网络图上进行资源优化和调整，并可在时标网络计划图上使用"实际进度前锋线"进行网络计划管理。时标网络计划适用于作业计划或短期计划的编制和使用。

②时标网络计划的基本特点：实际工作以实箭线表示，虚工作以虚箭线表示，自由时差以波形线表示；当实箭线之后有波形线且其末端有垂直部分时，垂直部分用实箭线绘制；当虚箭线有时差时且其末端有垂直部分时，垂直部分用虚箭线绘制。

③时标网络图的绘制要求。时间长度是以所有符号在时标表上的水平位置及其水平投影长度表示的，与其所代表的时间值相对应；节点的中心必须对准时标的刻度线；虚工作必须以垂直虚线表示，有时差时加波形线表示；时标网络计划宜按最早时间编制，不宜按最迟时间编制。时标网络计划编制前，必须先绘制无时标网络计划；绘制时标网络计划图可以在以下两种方法中任选一种：一是先计算无时标网络计划的时间参数，再将计划在时标表上进行绘制；二是不计算时间参数，直接根据无时标网络计划在时标表上进行绘制。

④双代号时标网络计划关键线路的确定。自终点节点至起点节点逆箭线方向朝起点节点观察，自始至终不出现波形线的线路，即为关键线路。

(5)单代号搭接网络计划(搭接网络计划)参数及关键线路

①搭接网络计划的特点。与单代号网络计划的计算图形相比,搭接网络计划必须有虚拟的起点节点和虚拟的终点节点。此外,搭接网络计划的计算与单代号网络计划的计算相比,两者的差别有以下几点。

a. 搭接网络计划的计算要考虑搭接关系。

b. 处理在计算最早开始时间的过程中出现负值的情况(将该节点与虚拟起点节点相连,令活动 i 和活动 j 之间的完成到开始的时距 $FTS_{i,j}=0$,并将负值升值为零)。

c. 处理在计算最迟完成时间的过程中出现最迟完成时间大于计算工期的情况(将此节点与虚拟终点节点相连,令 $FTS_{i,j}=0$,将此值降值为计算工期)。

d. 计算间隔时间要考虑时距并在多个结果中取小值。

②搭接网络计划的计算。

a. 用搭接网络计划的时距计算时间参数使用的公式。

(a)当有 $STS_{i,j}$ 时距时,$ES_j=ES_i+STS_{i,j}$,$LS_i=LS_j-STS_{i,j}$。

(b)当有 $FTF_{i,j}$ 时距时,$EF_j=EF_i+FTF_{i,j}$,$LF_i=LF_j-FTF_{i,j}$。

(c)当有 $STF_{i,j}$ 时距时,$EF_j=ES_i+STF_{i,j}$,$LS_i=LF_j-STF_{i,j}$。

(d)当有 $FTS_{i,j}$ 时距时,$ES_j=EF_i+FTS_{i,j}$,$LF_i=LS_j-FTS_{i,j}$。

式中:$STS_{i,j}$——活动 i 和活动 j 之间的开始到开始的时距;$FTF_{i,j}$——活动 i 和活动 j 之间的完成到完成的时距;$STF_{i,j}$——活动 i 和活动 j 之间的开始到完成的时距;ES_i——活动 i 的最早开始时间;ES_j——活动 j 的最早开始时间;LS_i——活动 i 的最迟开始时间;LS_j——活动 j 的最迟开始时间;EF_i——活动 i 的最早完成时间;EF_j——活动 j 的最早完成时间;LF_i——活动 i 的最迟完成时间;LF_j——活动 j 的最迟完成时间。其余符号意义同前。

b. 计算间隔时间的公式见式(7.17)。

$$LAG_{i,j}=\min\begin{cases}ES_j=ES_i-STS_{i,j}\\EF_j=EF_i-FTF_{i,j}\\EF_j=ES_i-STF_{i,j}\\ES_j=EF_i-FTS_{i,j}\end{cases}\qquad(7.17)$$

式中:$LAG_{i,j}$——相邻两项工作之间的时间间隔。其余符号意义同前。

③关键线路的确定。单代号搭接网络计划的关键线路是:从搭接网络计划的终点节点开始,逆着箭线方向依次找出相邻两项工作之间的时间间隔,其中该间隔为零部件的路就是关键线路。

6.2.2　建筑工程项目进度计划实施

项目进度计划的实施就是用项目进度计划指导施工活动、落实和完成计划。项目进度计划逐步实施的进程就是项目逐步完成的过程。步骤如下。

(1)项目进度计划执行准备

要保证项目进度计划的落实,必须先做好准备工作,估计和预测执行中可能出现的问题。做好进度计划执行的准备工作是项目进度计划顺利执行的保证。

(2)签发施工任务书

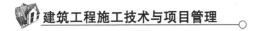

编制好月(旬)作业计划以后,签发施工任务书使其进一步落实。施工任务书是向班组下达任务、实行责任承包、全面管理的综合性文件,它是计划和实施的纽带。施工任务书包括施工任务单、限额领料单、考勤表等。其中施工任务单包括分项工程施工任务、工程量、劳动量、开工及完工日期、工艺、质量和安全要求等内容。限额领料单根据施工任务单编制,它是控制班组领用料的依据,主要列明各科名称、规格、型号、单位和数量、退领料记录等。其相关的计划表及各类表单见表 6-3~表 6-6。

表 6-3　旬作业计划

序号	工程名称	工程数量	工日数	持续时间	进度/d									
					1	2	3	4	5	6	7	8	9	10

表 6-4　施工任务单

项目名称_____　　编　号_____　　开工日期_____　　部位名称_____　　签发人_____

交底人_____　　施工班组_____　　签发日期_____　　回收日期_____

定额编号	分项工程名称	单位	定额工数			实际完成情况				考勤记录	
			工程量	时间定额 定额系数	定额工数	工程量	时需工数	实耗工数	工效/%	姓名	日　期
小　计											

材料名称	单位	单位定额	单位定额	定额数量	实需数量	施工要求及注意事项	
					验收内容	签证人
					质量分	
					安全分	

定额编号	分项工程名称	单位	定额工数			实际完成情况				考勤记录							
			工程量	时间定额／定额系数	定额工数	工程量	时需工数	实耗工数	工效／%	姓名	日 期						
			文明施工分								合计						

计划施工日期：__月__日～__月__日　实际施工日期：__月__日～__月__日，工期超__天，拖__天

表 6-5　限额领料单

年　　月　　日

单位工程			施工预算工程量			任务单编号				
分项工程			实际工程量			执行班组				
材料名称	规格	单位	施工定额	计划用量	实际用量	计划单价	金额	级配	节约	超用

表 6-6　限额领料发放记录

日期	名称、规格	单位	数量	领用人	日期	名称、规格	单位	数量	领用人	日期	名称、规格	单位	数量	领用人

（3）做好施工进度记录

在计划任务完成的过程中，各级施工计划的执行者都要跟踪做好施工记录，实事求是地记载计划中的每项工作开始日期、工作进度和完成日期，并填好有关图表为施工项目进度检查分析提供信息。

（4）做好施工中的调度工作

施工调度是指在施工过程中不断组织新的平衡，建立和维护正常的施工条件及施工程序所做的工作。它的主要任务是督促、检查工程项目计划和工程合同执行情况，调度物资、设备、劳力，解决施工现场出现的矛盾，协调内外部的配合关系，促进和确保各项计划指标的落实。

6.3 建筑工程项目进度计划的检查与调整

为了掌握项目的进度情况，在进度计划执行一段时间后就要检查实际进度是否按照计划进度顺利进行。在进度计划执行发生偏离的时候，编制调整后的施工进度计划，以保证总目标的实现。

在施工项目的实施过程中，为了进行施工进度控制。进度控制人员应经常性地、定期地跟踪检查施工实际进度情况，主要是收集施工项目进度材料，进行统计整理和对比分析，确定实际进度与计划进度之间的关系，其主要工作如下文所述。

6.3.1 检查进度与整理数据

1. 跟踪检查施工实际进度

跟踪检查施工实际进度是分析施工进度、调整施工进度的前提。其目的是收集实际施工进度的有关数据。跟踪检查的时间、方式、内容和收集数据的质量，将直接影响控制工作的质量和效果。

进行计划检查应按统计周期的规定进行定期检查，并应根据需要进行不定期检查。进度计划的定期检查包括规定的年、季、月、旬、周、日检查，不定期检查指根据需要由检查人(或组织)确定的专题(项)检查。检查内容应包括工程量的完成情况、工作时间的执行情况、资源使用及与进度的匹配情况、上次检查提出问题的整改情况以及检查者确定的其他检查内容。检查和收集资料的方式一般采用经常、定期地收集进度报表方式，定期召开进度工作汇报会，或派驻现场代表检查进度的实际执行情况等方式进行。

2. 整理统计检查数据

对收集到的施工项目实际进度数据要进行必要的整理，按施工进度计划控制的工作项目内容进度整理统计，形成与计划进行具有可比性的数据。一般可以按实物工程量、工作量和劳动消耗量以及累计百分比整理和统计实际检查的数据，以便与相应的计划相对比。

需特别注意，施工项目进度计划编制之后，应进行进度计划的实施。进度计划的实施就是落实并完成进度计划，用施工项目进度计划指导施工活动。

将收集的资料整理和统计成具有与计划进度可比性的数据后，用施工项目实际进度与计划进度的比较方法进行比较。通常采用的比较方法有横道图比较法、S形曲线比较法、香蕉形曲线比较法、前锋线比较法。通过比较得出实际进度与计划进度相一致、超前和拖后三种情况。

6.3.2 分析影响与调整计划

1. 分析进度偏差对后续工作及总工期的影响

当实际进度与计划进度进行比较，判断出现偏差时，首先应分析该偏差对后续工作和对总工期的影响程度，然后才能决定是否调整以及选取调整的方法与措施。具体步骤如下。

(1)分析出现进度偏差的工作是否为关键工作

若出现偏差的工作为关键工作，则无论偏差大小，都将影响后续工作按计划施工并使过程总工期拖后，必须采取相应措施调整后期施工计划，以便确保计划工期；若出现偏差的工作为非关键工作，则需要进一步根据偏差值与总时差和自由时差进行比较分析，才能确定对后续工作和总工期的影响程度。

(2)分析进度偏差时间是否大于总时差

若某项工作的进度偏差时间大于该工作的总时差，则将影响后续工作和总工期，必须采取措施进行调整；若进度偏差时间小于或等于该工作的总时差，则不会影响工程总工期，但是否影响后续工作，尚需分析此偏差与自由时差的大小关系才能确定。

(3)分析进度偏差时间是否大于自由时差

若某项工作的进度偏差时间大于该工作的自由时差，说明此偏差必然对后续工作产生影响，应该如何调整，应根据后续工作的允许影响程度而定；若进度偏差时间小于或等于该工作的自由时差，则对后续工作毫无影响，不必调整。

需注意，分析偏差主要是利用网络计划中总时差和自由时差的概念进行判断。由时差概念可知：当偏差大于该工作的自由时差而小于总时差时，对后续工作的最早开始时间有影响，对总工期无影响；当偏差大于总时差时，对后续工作和总工期都有影响。

2. 施工项目进度计划的调整方法

在对实施的进度计划分析的基础上，应确定调整原计划的方法，一般主要有以下几种。

①改变某些工作间的逻辑关系。若检查的实际施工进度产生的偏差影响了总工期，在工作之间的逻辑关系允许改变的条件下，可以改变关键线路和超过计划工期的非关键线路上的有关工作之间的逻辑关系，达到缩短工期的目的。用这种方法调整的效果是很显著的。例如，可以把依次进行的有关工作改成平行的或相互搭接的，以及分成几个施工段进行流水施工等，都可以达到缩短工期的目的。

②缩短某些工作的持续时间。这种方法是不改变工作之间的逻辑关系，而是缩短某些工作的持续时间，使施工进度加快，并保证实现计划工期的方法。那些被压缩持续时间的工作是位于由于实际施工进度的拖延而引起总工期增长的关键线路和某些非关键线路上的工作，同时又是可压缩持续时间的工作。这种方法实际上就是采用网络计划优化的方法。

③资源供应的调整。如果资源供应发生异常(供应满足不了需要)，应采用资源优化方法对计划进行调整，或采取应急措施，使其对工期影响最小化。

④增减工程量。增减工程量主要是指改变施工方案、施工方法，从而导致工程量的增加或减少。

⑤起止时间的改变。起止时间的改变应在相应工作时差范围内进行。每次调整必须重新计算时间参数，观察该项调整对整个施工计划的影响。调整时可采用下列方法：将工作在其最早开始时间和最迟完成时间之间的范围内移动；延长工作的持续时间；缩短工作的持续时间。

根据施工进度检查记录，进行统计整理和对比分析，进度计划比较是施工进度计划调整的基础。常用的比较方法有以下几种。

(1)横道图比较法

用横道图编制实施进度计划，是人们常用的方法。它简明、形象和直观，编制方法简单，使用方便。

横道图比较法是指将检查实际进度收集的信息经整理后直接用粗实线并列标注在原计划的横道线下方，进行直观比较的方法。

例如某钢筋混凝土基础工程，分三段组织流水施工时，将其施工的实际进度与计划进度比较，如图 6-2 所示。

横道图比较法的适用范围为各项工作均为匀速施工，即每项工作在单位时间里完成的任务量都是相等的情况。

匀速施工横道图比较法的比较步骤如下。

①编制横道图进度计划。

②在进度计划上标出检查日期。

③将检查收集的实际进度数据，按比例用涂黑的粗线标于计划进度线的下方。

④比较分析实际进度与计划进度。

a. 涂黑的粗线右端与检查日期相重合，表明实际进度与计划进度相一致。

b. 涂黑的粗线右端在检查日期左侧，表明实际进度拖后。

c. 涂黑的粗线右端在检查日期右侧，表明实际进度超前。

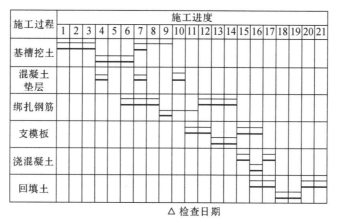

图 6-2 实际进度与计划进度比较横道图

(2)S 形曲线比较法

S 形曲线比较法是以横坐标表示进度时间，纵坐标表示累计完成任务量，而绘制出一条按计划时间累计完成任务量的 S 形曲线，将工程项目的各检查时间实际完成的任务量绘在 S 形曲线图上，进而进行实际进度与计划进度的比较。

从整个工程项目的施工全过程看，一般在开始和结束时，单位时间投入的资源量较少，中间阶段单位时间投入的资源量较多，与其相关单位时间完成的任务量也是呈同样的变化，如图 6-3(a)所示；而随时间进展累计完成的任务量，则应该呈 S 形变化，如图 6-3(b)所示。

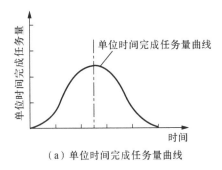

（a）单位时间完成任务量曲线

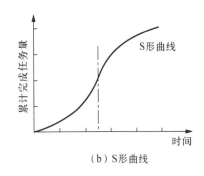

（b）S形曲线

图 6-3 时间与完成任务量关系曲线图

S形曲线比较法同横道图比较法一样，是通过图上直观对比进行施工实际进度与计划进度相比较的方法。

在工程施工中，按规定的检查时间将检查时测得的施工实际进度的数据资料经整理统计后绘制在计划进度S形曲线的同一个坐标图上，如图 6-4 所示。

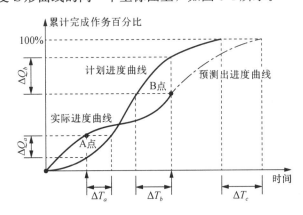

图 6-4 S形曲线的比较图

运用图 6-4 中的两条S形曲线可以进行如下比较。

①工作实际进度与计划进度的关系。实际进度在计划进度S形曲线左侧（如A点），则表示此时实际进度已比计划进度超前；反之，则表示实际进度比计划进度拖后（如B点）。

②实际进度超前或拖后的时间。从图 6-4 中可以得知实际进度比计划进度超前或拖后的具体时间，用 ΔT_a 和 ΔT_b 表示。

③工作量完成情况。由实际完成S形曲线上的一点与计划S形曲线相对应点的纵坐标可得此时已超额或拖欠的工作量的百分比差值，用 ΔQ_a 和 ΔQ_b 表示。

④后期工作进度预测。在实际进度偏离计划进度的情况下，如工作不调整，仍按原计划安排的速度进行（如图 6-4 中虚线所示），则总工期必将超前或拖延，从图 6-4 中也可得知此时工期的预测变化值，用 ΔT_c 表示。

（3）香蕉形曲线比较法

①香蕉形曲线的形成。香蕉形曲线是两条S形曲线组合成的闭合曲线。从S形曲线的绘制过程中可知：任一工程项目，从某一时间开始施工，根据其计划进度要求而确定的施

工进展时间与相应的累计完成任务量的关系都可以绘制出一条计划进度的 S 形曲线。

因此，按任何一个工程项目的施工计划，都可以绘制出两种曲线：以最早开始时间安排进度而绘制的 S 形曲线，称为 ES 曲线；以最迟开始时间安排进度而绘制的 S 形曲线，称为 LS 曲线。

两条 S 形曲线都是从计划的开始时刻开始和完成时刻结束，因此两条曲线是闭合的，ES 曲线在 LS 曲线的左上方，两条曲线之间的距离是中间段大，两端小，在端点处重合，形成一个形如香蕉的闭合曲线，故称为香蕉形曲线。如图 6-5 所示。

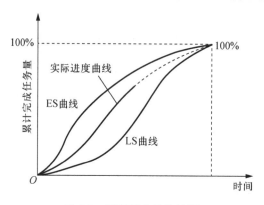

图 6-5 香蕉形曲线比较图

　　②香蕉形曲线比较法的作用。

a. 香蕉形曲线主要是起控制作用。严格控制实际进度的变动范围，使实际进度的曲线处于香蕉形曲线范围内，就能保证按期完工。

b. 确定是否调整后期进度计划。进行施工实际进度与计划进度的 ES 曲线和 LS 曲线的比较，以便确定是否应采取措施调整后期的施工进度计划。

c. 预测后期工程发展趋势。确定在检查时的施工进展状态下，预测后期工程施工的 ES 曲线和 LS 曲线的发展趋势。

（4）前锋线比较法

前锋线比较法适用于时标网络计划。如图 6-6 所示。

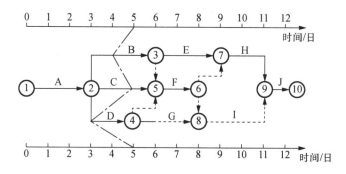

图 6-6 网络计划前锋线比较图

注：字母表示工作任务，比如工作 A、工作 B……；数字表示时间，日；圆圈内数字表示节点编号。

　　①前锋线绘制。在时标网络计划中，从检查时刻的时标点出发，首先连接与其相邻的工作箭线的实际进度点，由此再去连接该箭线相邻工作箭线的实际进度点，依此类推，将

检查时刻正在进行工作的点都依次连接起来，组成一条一般为折线的前锋线。

②前锋线分析。

a. 判定进度偏差。按前锋线与箭线交点的位置判定工程实际进度与计划进度的偏差。

b. 实际进度与计划进度有三种关系。前锋线明显地反映出检查日有关工作实际进度与计划进度的关系有以下三种情况：实际进度点与检查日时间相同，则该工作实际与计划进度一致；实际进度点位于检查日时间右侧，则该工作实际进度超前；实际进度点位于检查日时间左侧，则该工作实际进展拖后。

工程进度的推迟一般分为工程延误和工期延期两种，其责任及处理方法不同。由于承包单位自身的原因造成的进度拖延，称为工程延误；由于承包单位以外的原因造成进度拖延，称为工程延期。

如果是工程延误，则所造成的一切损失由承包单位承担。如果是工程延期，则承包单位不仅有权要求延长工期，而且还有权向业主提出赔偿费用的要求以弥补由此造成的额外损失。

第7章 建筑工程项目成本管理

7.1 建筑工程施工成本管理概述

7.1.1 建筑工程施工成本的构成

建筑工程施工成本是指在建设工程项目的施工过程中所发生的全部生产费用的总和。建筑工程施工成本包括直接成本和间接成本。直接成本是指施工过程中耗费的构成工程实体或有助于工程实体形成的各项费用支出，包括人工费、材料费、施工机具使用费和措施项目费；间接成本是指准备施工、组织和管理施工生产的全部费用支出，是非直接用于也无法直接计入工程对象，但却是施工过程中必定产生的费用或企业必须缴纳的费用，其包括企业管理费和规费。

（1）人工费

人工费是指按工资总额构成规定支付给从事建筑安装工程施工的生产工人和附属生产单位工人的各项费用。人工费的内容包括以下几项。

①计时工资或计件工资：按计时工资标准和工作时间或对已做工作按计件单价支付给个人的劳动报酬。

②奖金：对超额劳动和增收节支支付给个人的劳动报酬，如节约奖、劳动竞赛奖等。

③津贴补贴：为了补偿职工特殊或额外的劳动消耗和因其他特殊原因而支付给个人的津贴，以及为了保证职工工资水平不受物价影响而支付给个人的物价补贴，如流动施工津贴、特殊地区施工津贴、高温(寒)作业临时津贴、高空津贴等。

④加班加点工资：按规定支付的在法定节假日工作的加班工资和在法定日工作时间外延时工作的加点工资。

⑤特殊情况下支付的工资：根据国家法律、法规和政策规定，因疾病、工伤、产假、婚丧假、事假、探亲假、定期休假、停工学习、执行国家或社会义务等原因而按计时工资标准或计时工资标准的一定比例支付的工资。

人工费的基本计算公式为式(7.1)。

$$人工费 = \sum（工日消耗量 \times 日工资单价）\tag{7.1}$$

（2）材料费

材料费是指施工过程中耗费的原材料、辅助材料、构配件、零件、半成品或成品、工程设备的费用。其中，工程设备是指构成或计划构成永久工程一部分的机电设备、金属结构设备、仪器装置及其他类似的设备和装置。材料费具体内容包括以下几项。

①材料原价：材料、工程设备的出厂价格或商家供应价格。

②运杂费：材料、工程设备自来源地运至工地仓库或指定堆放地点所产生的全部费用。

③运输损耗费：材料在运输装卸过程中产生的不可避免的损耗。

④采购及保管费：为组织采购、供应和保管材料、工程设备的过程中所需要的各项费用。其包括采购费、仓储费、工地保管费、仓储损耗。

材料费的基本计算公式为式(7.2)。

$$材料费 = \sum (材料消耗量 \times 材料单价) \qquad (7.2)$$

材料单价的基本计算公式为式(7.3)。

$$材料单价 = [(材料原价 + 运杂费) \times (1 + 运输损耗率)] \times (1 + 采购保管费费率) \qquad (7.3)$$

工程设备费的基本计算公式为式(7.4)。

$$工程设备费 = \sum (工程设备量 \times 工程设备单价) \qquad (7.4)$$

工程设备单价的基本计算公式为式(7.5)。

$$工程设备单价 = (设备原价 + 运杂费) \times (1 + 采购保管费费率) \qquad (7.5)$$

(3)施工机具使用费

施工机具使用费是指施工作业所产生的施工机械、仪器仪表使用费或其租赁费。

①施工机械使用费：施工机械作业产生的使用费或租赁费。施工机械使用费的基本计算公式为式(7.6)。

$$施工机械使用费 = \sum (施工机械台班消耗量 \times 机械台班单价) \qquad (7.6)$$

其中，施工机械台班单价应由下列七项费用组成。

a. 折旧费：施工机械在规定的使用年限内陆续收回其原值的费用。

b. 大修理费：施工机械按规定的大修理间隔台班进行必要的大修理，以恢复其正常功能所需的费用。

c. 经常修理费：施工机械除大修理外的各级保养和临时故障排除所需的费用。其包括为保障机械正常运转所需替换设备与随机配备工具附具的摊销和维护费用、机械运转中日常保养所需润滑与擦拭的材料费用以及机械停滞期间的维护和保养费用等。

d. 安拆费及场外运费：安拆费是指施工机械(大型机械除外)在现场进行安装与拆卸所需要的人工、材料、机械和试运转费用及机械辅助设施的折旧、搭设、拆除等费用；场外运费是指施工机械整体或分体自停放地点运至施工现场或由一施工地点运至另一施工地点的运输、装卸、辅助材料及架线等费用。

e. 人工费：机上司机(司炉)和其他操作人员的人工费。

f. 燃料动力费：施工机械在运转作业中所消耗的各种燃料及水、电等。

g. 税费：施工机械按照国家规定应缴纳的车船使用税、保险费及年检费等。

②仪器仪表使用费：工程施工所需使用的仪器仪表的摊销及维修费用。

仪器仪表使用费的基本计算公式为式(7.7)。

$$仪器仪表使用费 = 工程使用的仪器仪表摊销费 + 维修费 \qquad (7.7)$$

（4）措施项目费

措施项目费是指为完成建设工程施工，产生于该工程施工前和施工过程中的技术、生活、安全、环境保护等方面的费用。措施项目费的内容包括以下几项。

①安全文明施工费：在合同履行过程中，承包人按照国家法律、法规、标准等规定，为保证安全施工、文明施工，保护现场内外环境和搭拆临时设施等而产生的费用。其包括以下几项。

a. 环境保护费：施工现场为达到环保部门要求所需要的各项费用。

b. 文明施工费：施工现场文明施工所需要的各项费用。

c. 安全施工费：施工现场安全施工所需要的各项费用。

d. 临时设施费：施工企业为进行建设工程施工所必须搭设的生活和生产用的临时建筑物、构筑物和其他临时设施费用。临时设施费包括临时设施的搭设、维修、拆除、清理费或摊销费等。

e. 扬尘污染防治增加费：用于采取移动式降尘喷头、喷淋降尘系统、雾炮机、围墙绿植、环境监测智能化系统等环境保护措施所产生的费用。

②夜间施工增加费：因夜间施工所产生的夜班补助、夜间施工降效、夜间施工照明设备摊销及照明用电等费用。

③二次搬运费：因施工场地条件限制而产生的材料、构配件、半成品等一次运输不能到达堆放地点，必须进行二次或多次搬运所产生的费用。

④冬、雨期施工增加费：在冬期或雨期施工需要增加的临时设施、防滑、排除雨雪，人工及施工机械效率降低等费用。

⑤已完工程及设备保护费：竣工验收前，对已完工程及设备采取的必要保护措施所产生的费用。

⑥工程定位复测费：工程施工过程中进行全部施工测量放线和复测工作的费用。

⑦特殊地区施工增加费：工程在沙漠或其边缘地区、高海拔、高寒、原始森林等特殊地区施工增加的费用。

⑧大型机械设备进出场及安拆费：机械整体或分体自停放场地运至施工现场或由一个施工地点运至另一个施工地点所产生的机械进出场运输、转移费用及现场安装、拆卸所需的人工费、材料费、机械费、试运转费和安装所需要的辅助设施的费用。

⑨脚手架工程费：施工需要的各种脚手架搭、拆、运输费用，以及脚手架购置费的摊销（或租赁）费用。

（5）企业管理费

企业管理费是指建筑安装企业组织施工生产和经营管理所需的费用。企业管理费包括以下几项。

①管理人员工资：按规定支付给管理人员的计时工资、奖金、津贴补贴、加班加点工资及特殊情况下支付的工资等。

②办公费：企业管理办公用的文具、纸张、账表、印刷、邮电、书报、办公软件、现场监控、会议、水电、烧水和集体取暖降温（包括现场临时宿舍取暖降温）等费用。

③差旅交通费：职工因公出差、调动工作的差旅费、住勤补助费、市内交通费与误餐补助费，职工探亲路费，劳动力招募费，职工退休、退职一次性路费，工伤人员就医路

费，工地转移费，以及管理部门使用的交通工具的油料、燃料等费用。

④固定资产使用费：企业及其附属单位使用的属于固定资产的房屋、设备、仪器等的折旧、大修、维修或租赁费。

⑤工具用具使用费：企业施工生产和管理使用的不属于固定资产的工具、器具、家具、交通工具和检验、试验、测绘、消防用具等的购置、维修和摊销费。

⑥劳动保险和职工福利费：由企业支付的职工退职金、按规定支付给离休干部的经费，集体福利费、夏季防暑降温津贴、冬季取暖补贴、上下班交通补贴等。

⑦劳动保护费：企业按规定发放的劳动保护用品的支出，如工作服、手套、防暑降温饮料及在有碍身体健康的环境中施工的保健费用等。

⑧检验试验费：施工企业按照有关标准规定，对建筑及材料、构件和建筑安装物进行一般鉴定、检查所产生的费用，包括自设试验室进行试验所耗用的材料等费用。不包括新结构、新材料的试验费，对构件做破坏性试验及其他特殊要求检验试验的费用和建设单位委托检测机构进行检测的费用，对此类检测产生的费用，由建设单位在工程建设其他费用中列支。但对施工企业提供的具有合格证明的材料进行检测不合格的，该检测费用由施工企业支付。

⑨工会经费：企业按《中华人民共和国工会法》规定的全部职工工资总额比例计提的工会经费。

⑩职工教育经费：按职工工资总额的规定比例计提，企业为职工进行专业技术和职业技能培训，专业技术人员继续教育、职工职业技能鉴定、职业资格认定，以及根据需要对职工进行各类文化教育所发生的费用。

⑪财产保险费：企业管理用财产、车辆等的保险费用。

⑫财务费：企业为施工生产筹集资金或提供预付款担保、履约担保、职工工资支付担保等所产生的各种费用。

⑬税金：企业按规定缴纳的房产税、车船使用税、土地使用税、印花税等。

⑭城市维护建设税：为了加强城市的维护建设，扩大和稳定城市维护建设资金的来源，规定凡缴纳消费税、增值税的单位和个人，都应当依照规定缴纳城市维护建设税。城市维护建设税税率采用差别税率：纳税人所在地在市区的，税率为7%；纳税人所在地在县城、乡镇的，税率为5%；纳税人所在地不在市区、县城或乡镇的，税率为1%。

⑮教育费附加：对缴纳增值税、消费税的单位和个人征收的附加费。其目的是发展地方性教育事业，扩大地方教育经费的资金来源。以纳税人实际缴纳的增值税、消费税的税额乘以征收率3%。

⑯地方教育附加：各地应统一征收地方教育附加，征收标准为纳税人实际缴纳的增值税、消费税税额的2%。

⑰其他：包括技术转让费、技术开发费、投标费、业务招待费、绿化费、广告费、公证费、法律顾问费、审计费、咨询费、保险费等。

在进行施工成本管理时，企业管理费可分为施工现场产生的管理费用和企业对施工项目进行管理所发生的费用。

(6)规费

规费是指按国家法律、法规规定，由省级政府和省级有关权力部门规定必须缴纳或计取的费用。规费包括以下几项。

①社会保险费：包括养老保险费、失业保险费、医疗保险费、生育保险费和工伤保险费。养老保险费是指企业按照规定标准为职工缴纳的基本养老保险费；失业保险费是指企业按照规定标准为职工缴纳的失业保险费；医疗保险费是指企业按照规定标准为职工缴纳的基本医疗保险费；生育保险费是指企业按照规定标准为职工缴纳的生育保险费；工伤保险费是指企业按照规定标准为职工缴纳的工伤保险费。

②住房公积金：企业按规定标准为职工缴纳的住房公积金。

③环境保护税：按规费计列的现场环境保护所需费用，其征收方法和征收标准由各设区市建设行政主管部门根据本行政区域内环保和税务部门的规定执行。

7.1.2 建筑工程施工成本管理的内容与措施

建筑工程施工成本管理就是要在保证工期和质量满足合同要求的情况下，采取相应的管理措施。其包括组织措施、经济措施、技术措施、合同措施，目的是将成本控制在计划范围内，并进一步寻求最大限度的成本节约。

1. 建筑工程施工成本管理的内容

建筑工程施工成本管理的内容主要包括成本计划、成本控制、成本核算、成本分析和成本考核。

（1）成本计划

成本计划是以货币形式编制施工项目在计划期内的生产费用、成本水平、成本降低率，以及为降低成本所采取的主要措施和规划的书面方案。它是建立施工项目成本管理责任制、开展成本控制和核算的基础，也是该施工项目降低成本的指导文件，是设立目标成本的依据。可以说，成本计划是目标成本的一种形式。

（2）成本控制

成本控制是指在施工过程中，对影响施工项目成本的各种因素加强管理，并采用各种有效措施，将施工中实际发生的各种消耗和支出严格控制在成本计划范围内，通过动态监控并及时反馈，计算实际成本和计划成本（目标成本）之间的差异并进行分析，进而采取多种措施，减少或消除施工中的损失浪费。

项目施工成本控制应贯穿于项目从投标阶段开始直到保证金返还的全过程，是企业实现全面成本管理的重要环节。

（3）成本核算

成本核算包括以下两个基本环节。

①按照规定的成本开支范围对施工成本进行归集和分配，计算出施工成本的实际发生额。

②根据成本核算对象，采用适当的方法，计算出该施工项目的总成本和单位成本。

施工成本管理需要正确、及时地核算施工过程中发生的各项费用，计算施工项目的实际成本。

成本核算一般以单位工程为对象，但也可以按照承包工程项目的规模、工期、结构类型、施工组织和施工现场等情况，结合成本管理要求，灵活划分成本核算对象。

项目管理机构应按规定的会计周期进行项目成本核算。坚持形象进度、产值统计、成本归集三同步原则，即三者的取值范围是一致的。形象进度表达的工程量、统计施工产值的工程量和实际成本归集所依据的工程量均应是相同的数值。项目管理机构应编制项目成本报告。对竣工工程的成本核算，应区分为竣工工程现场成本和竣工工程完全成本，并分别由项目管理机构和企业财务部门进行核算分析，其目的是分别考核项目管理绩效和企业经营绩效。

（4）成本分析

成本分析是在成本核算的基础上对成本的形成过程和影响成本升降的因素进行分析，以寻求进一步降低成本的途径，包括有利偏差的挖掘和不利偏差的纠正。成本分析贯穿于施工成本管理的全过程，在成本的形成过程中，主要利用施工项目的成本核算资料与目标成本、预算成本及类似项目的实际成本等进行比较，了解成本的变动情况的同时，也要分析主要技术经济指标对成本的影响，系统地研究成本变动因素，检查成本计划的合理性，并通过成本分析，深入揭示成本变动的规律，寻找降低项目施工成本的途径，以便有效地控制成本。

（5）成本考核

成本考核是指施工项目完成后，对施工项目成本形成中的各责任者，按施工项目成本目标责任制的有关规定，将成本的实际指标与计划、定额、预算进行对比和考核，评定施工项目成本计划完成情况和各责任者的业绩，并以此给予相应的奖励和处罚。通过成本考核，做到有奖有惩、赏罚分明，才能有效地调动企业的每一个职工在各自的岗位上努力完成目标成本的积极性，从而降低施工项目成本，提高企业管理效益。

以施工成本降低额和施工成本降低率作为成本考核的主要指标。施工成本考核是衡量成本降低的实际成果，也是对成本指标完成情况的总结和评价。成本考核可以分别考核组织管理层和项目经理部。

建筑工程施工成本管理的每一个环节都是相互联系和相互作用的。成本计划是成本决策所确定目标的具体化。成本计划控制则是对成本计划的实施进行控制和监督，保证决策的成本目标的实现，而成本核算又是对成本计划是否实现的最后检验，它所提供的成本信息又为下一个施工项目成本预测和决策提供了基础资料。成本考核是实现成本目标责任制的保证和实现决策目标的重要手段。

2. 建筑工程施工成本管理的措施

为了取得施工成本管理的理想成效，应当从多方面采取措施实施管理，通常可以将这些措施归纳为组织措施、技术措施、经济措施和合同措施。

（1）组织措施

组织措施是从施工成本管理的组织方面采取的措施，如实行项目经理责任制，落实施工成本管理的组织机构和人员，明确各级施工成本管理人员的任务和职能分工、权力与责任，编制施工成本控制工作计划，确定合理、详细的工作流程图等，通过生产要素的优化配置、合理使用、动态管理，有效控制施工成本。同时，加强施工调度，避免因施工计划不周和盲目调度造成的窝工损失、机械利用率降低、物料积压等，导致施工成本增加。组织措施是其他各类措施的前提和保障。

（2）技术措施

施工过程中降低成本的技术措施包括：进行技术经济分析，确定最佳的施工方案；结合施工方法，进行材料比选，降低材料消耗的费用；确定最合适的施工机械、设备使用方案；结合项目的施工组织设计及自然地理条件，降低材料的库存成本和运输成本；先进的施工技术的应用，新材料的运用，新开发机械设备的使用等。在实践中，也要避免仅从技术角度选定方案而忽视对其经济效果的分析论证。

技术措施不仅对解决施工成本管理过程中的技术问题是不可缺少的，对纠正施工成本管理目标偏差也有相当重要的作用。运用技术纠偏措施的关键在于：一是要能提出多个不同的技术方案；二是要对不同的技术方案进行技术经济分析，对比选择最佳方案。

（3）经济措施

经济措施是最易为人们所接受和采用的措施。通过编制资金使用计划，确定、分解施工成本管理目标；对施工成本管理目标进行风险分析，并制定防范性对策；在施工中应严格控制各项开支，及时准确地记录、收集、整理、核算实际发生的成本；对各种变更，应及时做好增减账，落实业主签证并结算工程款；通过偏差分析和未完工程施工成本预测，发现潜在的将引起未完工程施工成本增加的问题，主动、及时采取预防措施。

（4）合同措施

采用合同措施控制施工成本，应贯穿整个合同周期，包括从合同谈判开始到合同终结的全过程。在合同谈判时，对各种合同结构模式进行分析、比较，选用适合于工程规模、性质和特点的合同结构模式；在合同的条款中，应仔细考虑一切影响成本和效益的因素，特别是潜在的风险因素，通过对引起成本变动的风险因素的识别和分析，采取必要的风险对策；在合同执行期间，合同管理的措施既要密切注视对方合同执行的情况，以寻求合同索赔的机会，也要密切关注自己履行合同的情况，以防止被对方索赔。

7.2 建筑工程施工成本计划

7.2.1 建筑工程施工成本计划的编制要求、依据与方法

1. 建筑工程施工成本计划的编制要求

①合同规定的项目质量和工期要求。

②组织对施工成本管理目标的要求。

③以经济、合理的项目实施方案为基础的要求。

④有关定额及市场价格的要求。

2. 建筑工程施工成本计划的编制依据

①合同文件。

②项目管理实施规划，包括施工组织设计或施工方案。

③相关设计文件。

④人工、材料、机械市场价格信息。

⑤相关定额、计量计价规范。

⑥类似项目的施工成本资料。

3. 建筑工程施工成本计划的编制方法

施工总成本目标确定后，需要通过编制详细的实施性成本计划将目标成本层层分解，落实到施工过程的每一个环节，有效地控制成本。施工成本计划的编制方法通常有按施工成本组成编制施工成本计划、按项目组成编制施工成本计划和按工程进度编制施工成本计划。

(1)按施工成本组成编制施工成本计划

施工成本可以按成本组成划分为人工费、材料费、施工机械使用费、措施费、企业管理费等，如图 7-1 所示。

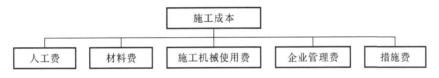

图 7-1　按施工成本组成编制施工成本计划

(2)按项目组成编制施工成本计划

大、中型工程项目通常是由若干个单项工程构成的，而每个单项工程包括了多个单位工程，每个单位工程又是由若干个分部分项工程所构成。因此，编制施工成本计划时，先将项目总施工成本分解到单项工程和单位工程中，再进一步分解到分部工程和分项工程中，如图 7-2 所示。

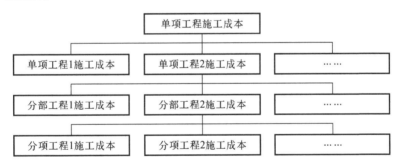

图 7-2　按项目组成编制施工成本计划

在对施工项目成本目标进行分解后，具体编制分项工程的成本支出计划，列出详细的成本计划表，见表 7-1。

表 7-1　分项工程成本计划表

分项工程编码	工程内容	计量单位	工程数量	计划成本	分项小计

在编制成本计划时，既要考虑总的预备费，也要在主要的分项工程中安排适当的不可预见费，避免在具体编制成本计划时(如发现个别单位工程某项内容的工程量计算有较大出入、偏离成本计划)，能够尽可能及时地采取一些措施。

(3)按工程进度编制施工成本计划

按工程进度编制施工成本计划,通常可利用控制项目施工进度的网络图进一步扩充得到,即在建立网络图时,一方面确定完成各项工作所需花费的时间;另一方面确定完成这一工作的合适施工成本支出计划。在实践中,将工程项目分解为既能方便地表示时间,又能方便地表示施工成本支出计划的工作是不容易的。通常,如果项目分解程度对时间控制合适,则可能对施工成本支出计划分解过细,以至于不能确定每项工作的施工成本支出计划。因此,在编制网络计划时,应充分考虑进度控制对项目划分要求的同时,还要考虑确定施工成本支出计划对项目划分的要求,做到两者兼顾。

通过对施工成本目标按时间进行分解,可获得项目施工进度计划的横道图,并在此基础上编制成本计划。其表示方式有两种:一种是在时标网络图上按月编制的成本计划直方图(图7-3);另一种是用时间-成本累积曲线(S形曲线)表示(图7-4)。

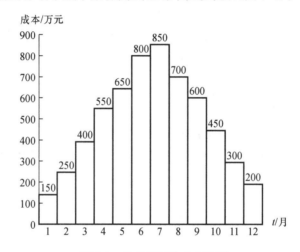

图7-3　按月编制的成本计划

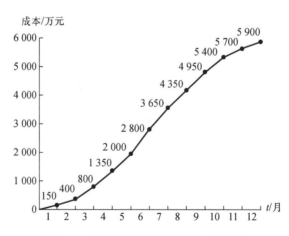

图7-4　时间—成本累积曲线(S形曲线)

时间-成本累积曲线按以下步骤绘制。

①确定工程项目施工进度计划,编制进度计划横道图。

②根据每单位时间内完成的实物工程量或投入的人力、材料、机械设备和资金等，计算单位时间(月或旬)的成本，在时标网络图上按时间编制成本支出计划，用直方图表示。

③计算一定时间 t 内累计支出成本额。

④按计算所得的累计支出成本额，绘制 S 形曲线。

每一条 S 形曲线对应的都是某一特定的施工进度计划。项目经理可根据成本支出计划合理安排和调配资金，同时，项目经理也可以根据筹措的资金来调整 S 形曲线，即通过调整非关键线路上的工序最早或最迟开始时间，将实际的成本支出控制在计划范围内。

以上三种编制施工成本计划的方法并不是相互独立的，在实践中往往是将这三种方法结合起来使用，从而达到更好的成本控制效果。

7.2.2　建筑工程施工成本计划的内容与类型

1. 建筑工程施工成本计划的内容

(1)编制说明

编制说明是指对工程的范围、投标竞争过程及合同条件、承包人对项目经理提出的责任成本目标、施工成本计划编制的指导思想和依据等的具体说明。

(2)施工成本计划的指标

施工成本计划一般包含以下三类指标。

①成本计划的数量指标。例如按子项汇总的工程项目计划总成本指标，按分部汇总的各单位工程(或子项目)计划成本指标，按人工、材料、机械等各主要生产要素计划成本指标等。

②成本计划的质量指标。例如施工项目总成本降低率可采用：

设计预算成本计划降低率＝设计预算总成本计划降低额/设计预算总成本；

责任目标成本计划降低率＝责任目标总成本计划降低额/责任目标总成本。

③成本计划的效益指标。例如工程项目成本降低额可采用：

设计预算成本计划降低额＝设计预算总成本－计划总成本；

责任目标成本计划降低额＝责任目标总成本－计划总成本。

(3)按工程量清单列出的单位工程计划成本汇总表

按工程量清单列出的单位工程计划成本汇总表见表 7-2。

表 7-2　单位工程计划成本汇总表

序号	清单项目编码	清单项目名称	合同价格	计划成本
1				
2				
⋮				

(4)按成本性质划分的单位工程成本汇总表

根据清单项目的造价分析，分别对人工费、材料费、机械费、措施费、企业管理费等进行汇总，形成单位工程成本计划表。

成本计划的编制是施工成本预控的重要手段，应在工程开工前编制完成。而不同的实施方案将导致人工费、材料费、施工机具使用费、措施费和企业管理费的差异，项目计划成本还应在项目实施方案确定和不断优化的前提下进行编制，并将计划成本目标分解落实，为各项成本的执行提供明确的目标、控制手段和管理措施。

2. 建筑工程施工成本计划的类型

施工项目成本计划的编制是一个不断深化的过程。在这一过程的不同阶段形成深度和作用不同的成本计划，按成本计划的作用可分为竞争性成本计划、指导性成本计划和实施性成本计划。

(1)竞争性成本计划

竞争性成本计划是指工程项目施工投标及签订合同阶段估算的成本计划。这类成本计划是以招标文件中的合同条件、投标者须知、技术规范、设计图纸和工程量清单等为依据，以招标文件中有关价格条件说明为基础，结合调研和答疑获得的信息，根据企业的工料消耗标准、水平、价格资料和费用指标，对企业拟完成招标工程所需要支出的全部费用的估算，是对投标报价中成本的预算，虽也着力考虑降低成本的途径和措施，但总体上还不够细化和深入。

(2)指导性成本计划

指导性成本计划是施工准备阶段的预算成本计划，是项目部、项目经理的责任成本目标。指导性成本计划是以投标文件、施工承包合同为依据，按照企业的预算定额标准制定的设计预算成本计划，一般情况下只确定责任总成本指标。

(3)实施性成本计划

实施性成本计划是以项目施工组织设计、施工方案为依据，以实施落实项目经理责任目标为出发点，采用企业的施工定额通过施工预算的编制而形成的实施性施工成本计划。

以上三类成本计划互相衔接、不断深化，构成了整个工程施工成本的计划过程。其中，竞争性成本计划带有成本战略的性质，是施工项目投标阶段商务标书(投标报价)的基础。指导性成本计划和实施性成本计划，都是战略性成本计划的进一步展开和深化，是对战略性成本计划的战术安排。

7.3 建筑工程施工成本控制

施工成本控制是指在项目施工成本形成过程中，对生产经营所消耗的人力资源、物质资源和费用开支进行指导、监督、检查和调整，及时纠正偏差，将各项生产费用控制在成本计划范围内，确保成本管理目标的实现。

7.3.1 建筑工程施工成本控制的依据与程序

1. 建筑工程施工成本控制的依据

项目管理机构应依据以下内容进行施工成本控制。

(1)工程承包合同

工程承包合同是施工成本控制的主要依据。项目管理机构应以施工承包合同为抓手，围绕施工成本管理目标，从预算收入和实际成本两条线，研究分析节约成本、增加收益的最佳途径，提高项目的经济效益。

(2)施工成本计划

施工成本计划是根据施工项目的具体情况制定的施工成本控制方案，既包括预定的具体成本控制目标，又包括实现控制目标的措施和规划，是施工成本控制的指导文件。

(3)进度报告

进度报告提供了对应时间节点的工程实际完成量、工程施工成本实际支付情况及实际收到工程款情况等重要信息。施工成本控制工作正是通过实际情况与施工成本计划相比较，找出两者之间的差别，分析偏差产生的原因，从而采取措施改进以后的工作。另外，进度报告还有助于管理者及时发现工程实施中存在的隐患，及时采取有效措施，防患于未然。

(4)工程变更

项目的实施过程中会因各种原因引起工程变更。工程变更一般包括设计变更、进度计划变更、施工条件变更、技术规范与标准变更、施工工艺和施工方法变更、工程量变更等。工程变更往往又会使工程量、工期、成本发生相应的变化，从而增加了施工成本控制工作的难度。因此，施工成本管理人员应当及时掌握变更信息及其对施工成本产生的影响，计算、分析和判断变更及变更可能带来的索赔额度等。

另外，有关施工组织设计、分包合同文本等也都是施工成本控制的依据。

2. 建筑工程施工成本控制的程序

建筑工程施工成本控制的程序体现了动态跟踪控制的原理。在确定了施工成本计划之后，必须定期地进行施工成本计划值与实际值的比较，当实际值偏离计划值时，分析产生偏差的原因，采取适当的纠偏措施，以确保施工成本控制目标的实现。建筑工程施工成本控制按以下程序进行。

(1)确定成本控制分层次目标

在施工准备阶段，项目部应根据施工合同、与企业签订的项目管理目标，结合施工组织设计和施工方案，确定项目的施工成本管理目标，并依据进度计划层层分解，确定各层次成本管理目标，如月度、旬成本计划目标。

(2)采集成本数据，检测成本形成过程

在施工过程中，定期收集实际发生的成本数据，按照施工进度将施工成本实际值与计划值逐项进行比较，了解、检测和控制成本的形成过程。

(3)发现偏差，分析原因

对施工成本实际值与计划值逐项比较的结果进行分析，以确定偏差的严重性及偏差产生的原因。这一步是施工成本控制工作的核心，其主要目的是找出产生偏差的原因，从而采取有针对性的措施，减少或避免相同偏差的再次产生或减少由此造成的损失。

(4)采取措施，纠正偏差

根据工程的具体情况、偏差及其原因分析的结果，采取适当的措施，减小或消除偏差。纠偏是施工成本控制中最具实质性的一步，只有通过纠偏才能最终达到有效控制施工成本的目的。

（5）调整改进成本控制方法

如有必要（即原定的项目施工成本目标不合理，或原定的项目施工承包目标无法实现，或采取的方法和措施不能有效地控制成本），进行项目施工成本目标的调整或改进成本控制方法。

7.3.2 赢得值法控制施工成本

赢得值法（earned value management，EVM）是目前国际上先进的工程公司普遍使用的工程项目的费用、进度综合分析和控制的方法。

1. 赢得值法的三个基本参数

（1）已完工作预算费用

已完工作预算费用（budgeted cost for work performed，BCWP），是指在某一时间已经完成的工作（或部分工作）经工程师批准认可的预算资金总额，也是业主支付承包人已完工作量相应费用的依据，即承包人按预算应获得（挣得）的金额，故称为赢得值或挣值。BCWP 的计算公式为式（7.8）。

$$已完工作预算费用（BCWP）＝已完成工作量×预算单价 \quad (7.8)$$

（2）计划工作预算费用

计划工作预算费用（budgeted cost for work scheduled，BCWS），是指根据进度计划在某一时刻计划应当完成的工作（或部分工作），以预算为标准所需要的资金总额。BCWS 的计算公式为式（7.9）。

$$计划工作预算费用（BCWS）＝计划工作量×预算单价 \quad (7.9)$$

（3）已完工作实际费用

已完工作实际费用（actual cost for work performed，ACWP），是指在某一时间已经完成的工作（或部分工作）所实际花费的总金额。ACWP 的计算公式为式（7.10）。

$$已完工作实际费用（ACWP）＝已完成工作量×实际单价 \quad (7.10)$$

2. 赢得值法的四个评价指标

在计算赢得值三个基本参数的基础上，可以确定赢得值法的四个评价指标。

（1）费用偏差（cost variance，CV）

CV 的计算公式为式（7.11）。

费用偏差（CV）＝已完工作预算费用－已完工作实际费用

$$＝已完成工作量×预算单价－已完成工作量×实际单价 \quad (7.11)$$

费用偏差反映的是价差。当费用偏差为负值时，即表示项目运行超出预算费用；当费用偏差为正值时，表示项目实际费用没有超出预算费用，运行节支。

（2）进度偏差（schedule variance，SV）

SV 的计算公式为式（7.12）。

进度偏差（SV）＝已完工作预算费用－计划工作预算费用

$$＝已完成工作量×预算单价－计划工作量×预算单价 \quad (7.12)$$

进度偏差反映的是量差。当进度偏差为负值时，表示进度延误，即实际进度落后于计划进度；当进度偏差为正值时，表示进度提前，即实际进度快于计划进度。

（3）费用绩效指数（cost performance index，CPI）

CPI 的计算公式为式（7.13）。

费用绩效指数（CPI）＝ 已完工作预算费用 / 已完工作实际费用

$$= （已完成工作量 \times 预算单价）/（已完成工作量 \times 实际单价）$$

$$(7.13)$$

CPI 反映的是价格绩效。当 CPI＜1 时，表示超支，即实际费用高于预算费用；当 CPI＞1时，表示节支，即实际费用低于预算费用。

（4）进度绩效指数（schedule performance index，SPI）

SPI 的计算公式为式（7.14）。

进度绩效指数（SPI）＝ 已完工作预算费用 / 计划工作预算费用

$$= （已完成工作量 \times 预算单价）/（计划工作量 \times 预算单价）$$

$$(7.14)$$

SPI 反映的是进度绩效。当 SPI＜1 时，表示进度延误，即实际进度比计划进度拖后；当 SPI＞1 时，表示进度提前，即实际进度比计划进度快。

以上四个评价指标中，费用偏差和进度偏差反映的是绝对偏差，直观、明了，有助于费用管理人员了解项目费用出现偏差的绝对数额，并采取一定的纠偏措施，制定或调整费用支出计划和资金筹措计划。而用"费用"表示进度偏差在实际应用时，还需将用施工成本差额表示的进度偏差转换为所需要的时间，以便合理地调整工期。费用绩效指数和进度绩效指数反映的是相对偏差，其既不受项目层次的限制，也不受项目实施时间的限制，因此，在同一项目和不同项目比较中均可采用。

7.3.3　偏差分析法控制施工成本

常用的偏差分析方法有横道图法和曲线法。

（1）横道图法

采用横道图法进行施工成本偏差分析，是用不同的横道标识已完工程计划施工成本、拟完工程计划施工成本和已完工程实际施工成本，横道的长度与其金额的大小成正比，如图 7-5 所示。

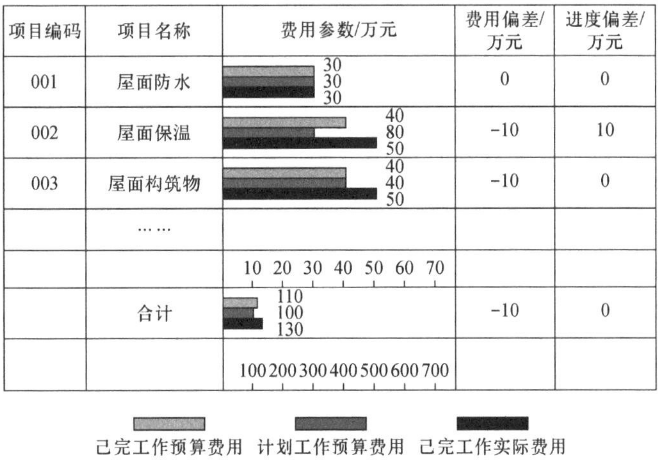

项目编码	项目名称	费用参数/万元	费用偏差/万元	进度偏差/万元
001	屋面防水	30 / 30 / 30	0	0
002	屋面保温	40 / 80 / 50	−10	10
003	屋面构筑物	40 / 40 / 50	−10	0
		……		
		10　20　30　40　50　60　70		
	合计	110 / 100 / 130	−10	0
		100　200　300　400　500　600　700		

已完工作预算费用　计划工作预算费用　已完工作实际费用

图 7-5　偏差分析横道图法

横道图法具有形象、直观、一目了然等优点，它能够准确表达出费用的绝对偏差，并据此判断偏差的严重性。但横道图法反映的信息量较少，一般在项目的较高管理层应用。

（2）曲线法

曲线法是用施工成本累计曲线（S形曲线）来进行施工成本偏差分析的一种方法。在项目实施过程中，已完工程实际投资、已完工程计划投资、预计完成的计划投资可以形成三条施工成本参数曲线。

曲线法是赢得值法的进一步延伸，实际施工成本曲线与计划施工成本曲线之间的竖向距离表示施工成本偏差，已完计划施工成本曲线与拟完计划施工成本曲线的水平距离表示进度偏差，如图7-6所示。用曲线法进行偏差分析同样具有形象、直观的特点，但这种方法很难直接用于定量分析，只能对定量分析起一定的辅助作用。

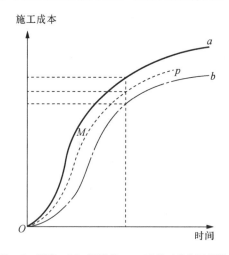

注：O—原点；M—测量点；a—已完工程实际投资；
b—已完工程计划投资；p—预计完成的计划投资

图7-6　偏差分析曲线法

（3）偏差原因分析与纠偏措施

①偏差原因分析。偏差原因分析的一个重要目的就是要找出引起偏差的原因，从而有可能采取有针对性的措施，减少或避免相同原因的再次发生。

一般来说，产生费用偏差的原因有设计原因、业主原因、施工原因，还有物价上涨、自然环境、政策变化等。

②纠偏措施。在分析偏差原因的基础上，针对项目施工的实际情况，可采取不同的纠偏措施，如寻找新的效率更高的设计方案、改变实施过程、变更工程范围、加强索赔管理等。

7.4　建筑工程施工成本分析

7.4.1　建筑工程施工成本分析的依据与内容

1. 建筑工程施工成本分析的依据

一个单位的经济核算工作由业务核算、会计核算、统计核算三个方面的内容组成。施工成本分析，就是根据业务核算、会计核算、统计核算提供的资料，对施工成本的形成过程和影响成本升降的因素进行分析，以寻求进一步降低成本的途径。另外，通过成本分析，可从账簿、报表反映的成本现象看清楚成本的实质，从而增强项目成本的透明度和可控性，为加强成本控制，实现项目成本目标创造条件。施工成本分析的主要依据有业务核算、会计核算和统计核算。

（1）业务核算

业务核算是指单位在开展自身业务活动时应当履行的各种手续，以及由此而产生的各种原始记录，包括产品验收记录、生产调度表、任务分派单、班组考勤记录表等。业务核算是反映监督单位内部经济活动的一种方法。

业务核算的范围比会计核算、统计核算要广，会计核算和统计核算一般是对已经发生的经济活动进行核算，而业务核算不但可以对已经发生的经济活动进行核算，而且还可以对尚未发生或正在发生的经济活动进行核算，看是否可以做，是否有经济效果。其特点是对个别的经济业务进行单项核算。例如，各种技术措施、新工艺等项目，可以核算已经完成的项目是否达到原定的目的，取得预期的效果，也可以对准备采取措施的项目进行核算和审查，看是否有效果，值不值得采纳，随时都可以进行。业务核算的目的是迅速取得资料，在经济活动中及时采取措施进行调整。

业务核算既是会计核算和统计核算的基础，又是两者的必要补充。

（2）会计核算

会计核算也称为会计反映，是以货币为主要计量尺度对会计主体的资金运动进行的反映。其主要是指对会计主体已经发生或已经完成的经济活动进行的事后核算，也就是会计工作中记账、算账、报账的总称。会计核算主要是价值核算。资产、负债、所有者权益、营业收入、成本、利润会计六要素指标主要是通过会计来核算。由于会计记录具有连续性、系统性、综合性等特点，所以，它是施工成本分析的重要依据。

（3）统计核算

统计核算是指对事物的数量进行计量来研究监督大量的或者个别典型经济现象的一种方法。单位中的统计工作，就是对单位在开展各种业务活动时所产生的大量数据进行搜集、整理和分析，按统计方法加以系统整理，表明其规律性，形成各种有用的统计资料。比如，产品产量、耗用总工时、单位职工工资水平、员工的年龄构成等。它的计量尺度比会计核算宽，可以用货币计算，也可以用实物或劳动量计量。通过全面调查和抽样调查等特有的方法，不仅能提供绝对数指标，还能提供相对数和平均数指标，既可以计算当前的实际水平，确定变动速度，也可以预测发展的趋势。

2. 建筑工程施工成本分析的内容

建筑工程施工成本分析的内容包括时间节点成本分析、工作任务分解单元成本分析、组织单元成本分析、单项指标成本分析和综合项目成本分析。

(1)时间节点成本分析

时间节点成本分析是按照项目施工的不同阶段或时间点进行的成本分析。这通常包括开工前成本预测、施工过程中各关键节点的成本评估以及竣工后的最终成本结算。通过对比各时间节点的实际成本与预算成本，可以及时发现成本偏差，分析偏差原因，并采取相应的纠偏措施。这种分析有助于项目管理者掌握成本的动态变化，确保项目按预定目标推进。

(2)工作任务分解单元成本分析

工作任务分解单元成本分析是将整个工程项目细分为若干具体的工作任务或工作包，并对每个单元的成本进行详细分析。这种方法有助于明确每个任务的成本构成和责任主体，便于跟踪和控制。通过对比各任务单元的实际成本与计划成本，可以识别出成本超支或节约的具体环节，进而分析原因，制定改进措施。

(3)组织单元成本分析

组织单元成本分析是从组织结构的角度对项目成本进行分析。它关注不同部门、团队或承包商的成本表现，分析各组织单元在成本控制方面的成效与不足，通过比较不同组织单元的成本效率，可以识别出成本控制能力较强的单元，并推广其成功经验。同时，针对成本控制不力的单元，制定针对性的改进措施，以提升整体成本控制水平。

(4)单项指标成本分析

单项指标成本分析是针对项目中的某一特定成本项目(如人工费、材料费、机械费等)进行的详细分析。通过对比实际消耗量与预算消耗量，可以评估该成本项目的控制效果。此外，还可以结合市场价格波动、供应商管理等因素，深入分析成本变动的原因，为成本控制提供数据支持。单项指标成本分析有助于项目管理者精准施策，有效控制关键成本项目。

(5)综合项目成本分析

综合项目成本分析是对整个工程项目的成本进行全面、系统的分析。它综合了时间节点成本分析、工作任务分解单元成本分析、组织单元成本分析和单项指标成本分析的结果，从整体上评估项目的成本控制效果。通过综合项目成本分析，可以全面了解项目的成本构成、变动趋势及影响因素，为制定更加科学合理的成本控制策略提供依据。同时，综合项目成本分析还有助于项目管理者总结经验教训，提升未来项目的成本管理水平。

7.4.2　建筑工程施工成本分析的步骤与基本方法

1. 建筑工程施工成本分析的步骤

①选择成本分析方法。

②收集成本信息。

③进行成本数据处理。

④分析成本形成原因。

⑤确定成本结果。

2. 建筑工程施工成本分析的基本方法

建筑工程施工成本分析的基本方法包括比较法、因素分析法、差额计算法、比率法等。

(1)比较法

比较法又称为指标对比分析法,就是通过技术经济指标的对比,检查目标的完成情况,分析产生差异的原因,进而挖掘内部潜力的方法。这种方法通俗易懂、简单易行、便于掌握,因而得到广泛应用。但在应用比较法分析施工成本时,必须注意各技术经济指标的可比性。

①将实际指标与目标指标进行对比。通过实际指标与目标指标对比,可以检查目标完成情况,分析影响目标完成的积极因素和消极因素,以便及时采取措施,保证成本目标的实现。在进行实际指标与目标指标对比时,还应注意目标本身有无问题。如果目标本身确实出现问题,则应调整目标。

②将本期实际指标与上期实际指标对比。通过本期实际指标与上期实际指标对比,可以观察各项技术经济指标的变动情况,反映施工管理水平的提高程度。

③将实际指标与本行业平均水平、先进水平对比。通过实际指标与本行业平均水平、先进水平对比,可以反映本项目的技术管理和经济管理与行业的平均水平和先进水平的差距,进而采取措施赶超先进水平。

在实际工作中,可以将三种比较法的结果在同一表中加以反映。如某施工项目主材,计划节约 10 万元,实际节约 11 万元,上年度节约 9 万元,本行业先进水平节约 12 万元,则可编制分析表,见表 7-3。

表 7-3　实际指标与上期指标、本行业先进水平比较分析表

指标	年计划数	本期实际数	上期实际数	先进水平数	差异数		
					与计划比	与上期比	与先进比
主材节约额/万元	10	11	9	12	1	1	—1

(2)因素分析法

因素分析法又称为连环置换法,可用这种方法来分析各种因素对成本的影响程度。在进行分析时,首先要假定众多因素中的一个因素发生了变化,而其他因素不变,然后逐个替换,分别比较其计算结果,以确定各个因素的变化对成本的影响程度。因素分析法的计算步骤如下。

①确定分析对象,并计算出实际与目标数的差异。

②确定该指标的组成因素,并按其相互关系进行排序(排序规则是:先实物量,后价值量;先绝对值,后相对值)。

③以目标数为基础,将各因素的目标数相乘,作为分析替代的基数。

④将各个因素的实际数按照上面的排列顺序进行替换计算,并将替换后的实际数保留下来。

⑤将每次替换计算所得的结果与前一次的计算结果相比较,两者的差异即该因素对成本的影响程度。

⑥各个因素的影响程度之和应与分析对象的总差异相等。

(3)差额计算法

差额计算法是因素分析法的一种简化形式,其利用各个因素的目标值与实际值的差额来计算其对成本的影响程度。

(4)比率法

比率法是指用两个以上的指标的比例进行分析的方法。先将对比分析的数值变成相对数,再观察其相互之间的关系。常用的比率法有相关比率法、构成比率法和动态比率法。

①相关比率法。相关比率法是将两个性质不同而又相关的指标的比率加以对比、求出比率的方法。例如,产值和工资是两个不同的概念,但它们的关系又是投入与产出的关系。一般情况下,都希望以最少的工资支出完成最大的产值。因此,用产值工资率指标来考核和分析人工费的支出成本水平。

②构成比率法。构成比率法又称为比重分析法或结构对比分析法,通过计算某项指标的各个组成部分占总体的比重,即部分与总体的比率,进行数量分析的一种方法。同时,也可看出量、本、利的比例关系(即预算成本、实际成本和降低成本的比例关系),从而寻求降低成本的途径。相关计算如下。

预算成本比重=预算成本数额/预算总成本

实际成本比重=实际成本数额/实际总成本

成本降低额=预算成本数额-实际成本数额

成本降低额占本项(%)=成本降低额/本项预算成本数额

成本降低额占质量(%)=成本降低额/预算总成本

③动态比率法。动态比率法就是将同类指标不同时期的数值进行对比,求出比率,分析该项指标的发展方向和发展速度。动态比率法的计算通常采用基期指数和环比指数两种方法。

7.4.3 综合成本的分析方法

综合成本是指涉及多种生产要素,并受多种因素影响的成本费用,如分部分项工程成本、月(季)度成本、年度成本、竣工成本等。

(1)分部分项工程成本分析

分部分项工程成本分析是施工项目成本分析的基础。分部分项工程成本分析的对象为已完成分部分项工程。分部分项工程成本分析的方法是进行预算成本、目标成本和实际成本的"三算"对比,分别计算实际偏差和目标偏差,分析偏差产生的原因,进一步寻求分部分项工程成本节约途径。

预算成本、目标成本和实际成本的"三算"来源(依据):预算成本来自投标报价成本,目标成本来自施工预算,实际成本来自施工任务单的实际工程量、实耗人工和限额领料单的实耗材料。

施工预算是施工企业为了加强企业内部经济核算,在施工图预算的控制下,依据企业的内部施工定额,以建筑安装单位工程为对象,根据施工图纸、施工定额、施工及验收规范、标准图集、施工组织设计(施工方案)编制的单位工程施工所需要的人工、材料和施工机械台班用量的技术经济文件。施工预算属于施工企业的内部文件,同时也是施工企业进行劳动调配、计划物资供应、控制成本开支、进行成本分析和班组经济核算的依据。

由于施工项目包括多项分部分项工程,不可能也没有必要对每一项分部分项工程都进行成本分析,特别是一些工程量小、成本费用低的零星工程。而对于主要分部分项工程则必须进行成本分析,且从开工到竣工进行系统的成本分析。通过主要分部分项工程成本的系统分析,了解项目成本形成的全过程,为竣工成本分析和类似项目成本管理提供参考资料。

(2)月(季)度成本分析

月(季)度成本分析是施工项目定期的、经常性的中间成本分析。对于具有一次性特点的施工项目来说,有着特别重要的意义。通过月(季)度成本分析,及时发现问题,以便按照成本目标指定的方向进行监督和控制,保证项目成本目标的实现。

月(季)度成本分析的依据是当月(季)的成本报表,通常有以下几个方面的分析。

①将实际成本与计划成本对比,分析当月(季)的成本降低水平,通过累计实际成本与累计预算成本的对比,分析累计的成本降低水平,预测实现项目成本目标的前景。

②将实际成本与目标成本对比,分析目标成本的落实情况,发现目标管理中的问题和不足,进而采取措施,加强成本管理,确保成本目标的实现。

③对各成本项目的成本分析,了解成本总量的构成比例和成本管理的薄弱环节。

④将实际的主要技术经济指标与目标值对比,分析产量、工期、质量、"三材"节约率、机械利用率等对成本的影响。

⑤分析技术组织措施的执行效果,寻求更加有效的节约途径。

⑥分析其他有利条件和不利条件对成本的影响。

(3)年度成本分析

企业成本要求一年结算一次,不得将本年成本转入下一年度。而项目成本则以项目的寿命周期为结算期,要求从开工、竣工到保修期结束连续计算,最后结算出成本总量及其盈亏。由于项目的施工周期一般较长,除进行月(季)度成本核算和分析外,还要进行年度成本的核算和分析。这不仅是企业汇编年度成本报表的需要,还是项目成本管理的需要。通过年度成本的综合分析,总结一年来成本管理的成绩和不足,为今后的成本管理提供经验和教训,从而更有效地进行项目成本的管理。

年度成本分析的依据是年度成本报表。年度成本分析的内容,除月(季)度成本分析的六个方面外,重点是针对下一年度的施工进展情况,提出切实可行的成本管理措施,以保证施工项目成本目标的实现。

(4)竣工成本分析

凡是有几个单位工程而且是单独进行成本核算(即成本核算对象)的施工项目,其竣工成本分析应以各单位工程竣工成本分析资料为基础,再加上项目经理部的经营效益(如资金调度、对外分包等所产生的效益)进行综合分析。如果施工项目只有一个成本核算对象(单位工程),就以该成本核算对象的竣工成本资料作为成本分析的依据。

单位工程竣工成本分析包括竣工成本分析、主要资源节超对比分析和主要技术节约措施及经济效果分析。通过分析,了解单位工程的成本构成和降低成本的来源,为同类工程的成本管理提供参考。

第8章 建筑工程项目质量管理

8.1 建筑工程项目质量管理概述

8.1.1 质量

质量的概念一般有狭义和广义之分。狭义的质量是指产品质量，就是产品的好坏；而广义的质量不仅包含产品质量本身，还包括产品形成过程的工作质量。产品质量是工作质量的表现，而工作质量是产品质量的保证。

目前，国内外对质量有一个共同的理解：质量是满足明确的和隐含的需要的特性之总和［按《质量管理体系 基础和术语》(GB/T 19000—2016)］。

建筑工程项目质量的形成包括三个阶段。

①策划阶段。形成工程对象的质量及其技术目标，主要由业主或业主聘请的项目管理公司来完成。

②设计阶段。根据质量目标和技术规范要求形成工程对象固有的特性，主要由设计单位完成。

③施工阶段。实现设计意图，建成工程实体，主要由施工企业委派的施工项目部完成。

当建筑工程项目采用 EPC(engineering、procuremet、construction)承包模式时，这三个阶段的质量都由施工企业来完成。

8.1.2 质量管理

国家标准《质量管理体系 基础和术语》(GB/T 19000—2016)对质量管理的定义是"在质量方面指挥和控制组织的协调的活动"。在质量方面的指挥和控制活动，通常包括制定质量方针和质量目标、质量策划、质量控制、质量保证和质量改进。

1. 质量方针和质量目标

（1）质量方针

①质量方针是"由组织的最高管理者正式颁布的、该组织总的质量宗旨和方向"。

②质量方针是组织总方针的一个组成部分，由最高管理者批准。它是组织的质量政策，是组织全体职工必须遵守的准则和行动纲领，是企业长期或较长时期内质量活动的指导原则，它反映了企业领导的质量意识和决策。

（2）质量目标

①质量目标是"与质量有关的、所追求或作为目的的事物"。

②质量目标应覆盖那些为了使产品满足要求而确定的各种需求。因此，质量目标一般是按年度提出的在产品质量方面要达到的具体目标。

③质量方针是总的质量宗旨、总的指导思想，而质量目标是比较具体的、定量的要求。因此，质量目标应是可测的，并且应该与质量方针，包括与持续改进的承诺相一致。

2. 质量策划

质量策划是指为实现组织的质量目标，对质量管理活动进行系统性的规划和安排，包括识别质量需求和期望、设定质量目标、制定质量计划、明确质量责任与权限、配置必要的资源以及建立质量控制和质量保证的措施等，以确保项目或产品从设计、生产到交付的全过程都能满足既定的质量要求。它是质量管理体系中的重要环节，为质量控制的实施和质量保证的达成提供了基础和方向。

3. 质量控制

国家标准《质量管理体系　基础和术语》(GB/T 19000—2016)对质量控制的定义是："质量管理的一部分，致力于满足质量要求。"

（1）质量控制的目标

质量控制的目标就是产品质量能满足顾客、法律法规等方面所提出的质量要求（适用性、可靠性、安全性）。

（2）质量控制体系

质量控制体系是为使产品质量达到满足用户对质量要求而建立的有机整体。该组织机构具备控制质量的人力和物力，还要明确各部门、人员的职责和权力及为控制质量而必须遵循的程序和活动。

（3）施工项目质量控制的工作内容

施工项目质量控制的工作内容包括作业技术和活动，也就是包括专业技术和管理技术两个方面。围绕产品质量形成全过程的各个环节，对影响工作质量的人、机、料、法、环五大因素进行控制，并对质量活动的成果进行分阶段验证，以便及时发现问题，采取相应措施，防止不合格现象重复发生，尽可能地减少损失。

①质量控制应贯彻预防为主与检验把关相结合的原则。必须对做什么、为何做、怎么做、谁来做、何时做、何地做等问题做出规定，并对实际质量活动进行监控。

②为了满足新的质量要求，就要注意质量控制的动态性，要随着工艺、技术、材料、设备的不断改进而研究新的控制方法。

（4）施工项目质量控制的原则

①坚持质量第一。工程质量是建筑产品使用价值的集中体现，用户最关心的就是工程质量的优劣，或者说用户的最大利益在于工程质量。在项目施工中必须树立"百年大计，质量第一"的思想。

②坚持以人为控制核心。人是质量的创造者，质量控制必须"以人为核心"，发挥人的积极性、创造性。

③坚持全面控制。

a. 施工项目全过程的质量控制。施工项目从签订承包合同一直到竣工验收结束，质量控制贯穿于整个施工过程。

b. 全员的质量控制。质量控制依赖于项目部全体人员的共同努力，所以，质量控制必须把项目所有人员的积极性和创造性充分调动起来，做到人人关心质量控制，人人做好质量控制工作。

④坚持质量标准。质量标准是评价工程质量的尺度，数据是质量控制的基础。工程质量是否符合质量要求，必须通过严格检查，以数据为依据。

⑤坚持预防为主。预防为主，是指事先分析影响产品质量的各种因素，采取措施加以重点控制，将质量问题消灭在发生之前或萌芽状态，做到防患于未然。

4. 质量保证

要想保证质量，需要建立质量保证体系。质量保证体系是指企业为生产出符合合同要求的产品，满足质量监督和认证工作的要求而对外建立的质量体系。

质量保证体系包括向用户提供必要的保证质量的技术和管理"证据"，这种证据虽然往往是以书面的质量保证文件形式提供的，但它是以现实的质量活动作为坚实后盾的，即表明该产品或服务是在严格的质量管理中完成的，具有足够的管理和技术上的保证能力。

5. 质量改进

质量改进是一个持续性的过程，旨在通过识别和分析现有产品或服务中的质量问题，采取纠正措施和预防措施，以提高其满足顾客需求和期望的能力，并可能涉及流程优化、技术创新、员工培训等多个方面，以达成更高的质量标准和顾客满意度。因此，要想做好质量改进工作，需要建立质量管理体系。

质量管理体系是指在企业内部建立的、为保证产品质量或质量目标所必需的、系统的质量活动。质量管理体系根据企业特点选用若干体系要素加以组合，加强从设计研制、生产、检验到销售、使用全过程的质量管理活动，并予以制度化、标准化，已成为企业内部质量工作的要求和活动程序。

8.1.3　施工项目质量管理

1. 施工项目质量管理的内容

①规定控制的标准，即详细说明控制对象应达到的质量要求。
②确定具体的控制方法，例如工艺规程、控制用图表等。
③确定控制对象，例如一道工序、一个分项工程、一个安装过程等。
④明确所采用的检验方法，包括检验手段等。
⑤进行工程实施过程中的各项检验。
⑥分析实测数据与标准之间产生差异的原因。
⑦解决差异所采取的措施和方法。

2. 施工项目质量管理的特点

(1)影响质量的因素多

设计、材料、机械、地形、地质、水文、气象、施工工艺、操作方法、技术措施、管理制度等因素均会直接影响施工项目的质量。

(2)质量检查不能解体、拆卸

工程项目建成后，不可能像某些工业产品那样再拆卸或解体检查内在的质量，或重新更换零件；即使发现质量有问题，也不可能像工业产品那样实行"包换"或"退款"。

(3)质量要受投资、进度的制约

施工项目的质量受投资、进度的制约较大，如一般情况下，投资大、进度慢，质量就好；反之，质量则差。因此，项目在施工中，还必须正确处理质量、投资、进度三者之间的关系，使其达到对立的统一。

(4)容易产生第一、第二判断错误

施工项目由于工序交接多、中间产品多、隐蔽工程多，若不及时检查实质，事后再看表面，就容易产生第二判断错误，也就是说，容易将不合格的产品认定为合格的产品；反之，若检查不认真，测量仪表不准，读数有误，就会产生第一判断错误，也就是说容易将合格产品认定为不合格的产品。

(5)容易产生质量变异

项目施工不像工业产品生产那样有固定的自动性和流水线，有规范化的生产工艺和完善的检测技术，有成套的生产设备和稳定的生产环境，有相同系列规格和相同功能的产品；同时，由于影响施工项目质量的偶然性因素和系统性因素较多，因此，很容易产生质量变异。为此，在施工中要严防出现系统性因素的质量变异，要把质量变异控制在偶然性因素范围内。

3. 施工项目质量管理的原理

(1)PDCA 循环原理

PDCA 循环原理是项目目标控制的基本方法，也同样适用于建筑工程项目质量控制。实施 PDCA 循环原理时，将质量控制全过程划分为计划 P(plan)、实施 D(do)、检查 C(check)、处理 A(action)四个阶段。

①计划 P(plan)：质量计划阶段，明确目标并制定行动方案。

②实施 D(do)：组织对质量计划或措施的执行，计划行动方案的交底和按计划规定的方法与要求展开工程作业技术活动。

③检查 C(check)：检查采取措施的效果，包括作业者的自检、互检和专职管理者专检。各类检查都包含两个方面：一是检查是否严格执行了计划的行动方案，实际条件是否发生了变化，不执行计划的原因；二是检查计划执行的结果，即产出的质量是否达到标准的要求，对此进行确定和评价。

④处理 A(action)：总结经验，巩固成绩，对于检查所发现的质量问题或质量不合格现象，应及时进行原因分析，采取必要的措施予以纠正，保持质量形成的受控状态。

PDCA 循环的关键不仅在于通过 A(action)去发现问题、分析原因、予以纠正及预防，更重要的是对于发现的问题在下一 PDCA 循环中某个阶段(如计划阶段)要予以解决。于是不断地发现问题，不断地进行 PDCA 循环，使质量不断改进、不断上升，如图 8-1 所示。

建筑工程施工技术与项目管理

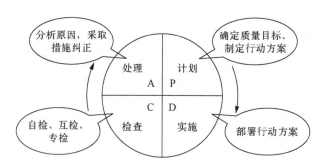

图 8-1　PDCA 循环过程

PDCA 循环的特点：四个阶段的工作完整统一、缺一不可；大环套小环，小环促大环，阶梯式上升，循环前进，如图 8-2 所示。

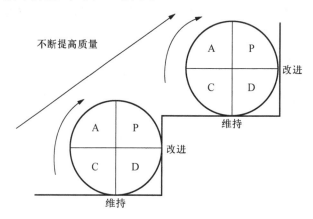

图 8-2　PDCA 循环示意图

PDCA 循环的八个步骤以及相应的方法见表 8-1。

表 8-1　PDCA 循环的步骤

阶段	步骤	方法
P	分析现状，找出问题	排列图、直方图、控制图
	分析各种影响因素或原因	因果图
	找出主要影响因素	排列图、相关图
	针对主要原因，制定措施、计划	回答"5W1H"的问题： 为什么制定该措施（why）？ 达到什么目标（what）？ 在何处执行（where）？ 由谁负责完成（who）？ 什么时间完成（when）？ 如何完成（how）

阶段	步骤	方法
D	执行、实施计划	
C	检查计划执行结果	排列图、直方图、控制图
A	总结成功经验，制定相应标准	制定或修改工作规程、检查规程及其他有关规章制度
	把未解决或新出现的问题转入下一个 PDCA 循环	

（2）三阶段控制原理

三阶段控制包括事前质量控制、事中质量控制和事后质量控制。这三阶段控制构成了质量控制的系统控制过程。

上述三阶段控制之间构成有机的系统过程，实质上也就是 PDCA 循环的具体化，并在每一次滚动循环中不断提高，达到质量管理或质量控制的持续改进。

三阶段控制原理如图 8-3 所示。

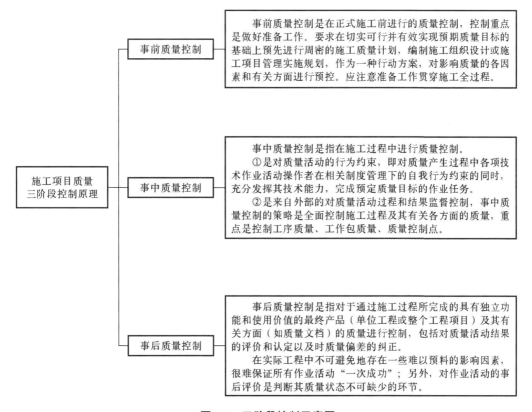

图 8-3　三阶段控制示意图

（3）全面质量管理

全面质量管理是指生产企业的质量管理应该是全面的、全过程的和全员参与的。此原理对建筑工程项目管理以及施工项目管理的质量控制同样有理论和实践的指导意义。

①全面质量控制。全面质量控制是指对工程（产品）质量和工作质量以及人的质量（素质）的全面控制，工作质量是产品质量的保证，工作质量直接影响产品质量的形成，而人的质量（素质）直接影响工作质量的形成。因此，提高人的质量（素质）是关键。

②全过程质量管理。全过程质量管理是指根据工程质量的形成规律，从源头抓起，全过程推进。

③全员参与管理。从全面质量管理的观点看，无论组织内部的管理者还是作业者，每个岗位都承担着相应的质量职能。一旦确定了质量方针目标，就应组织和动员全体员工参与到实施质量方针的系统活动中去，发挥自己的角色作用。

全面质量管理的特点是把以事后检验和把关为主转变为以预防及改进为主；把以就事论事、分散管理转变为以系统的观点进行全面的综合治理；从管结果转变为管因素，查出影响质量的诸多因素，抓住主要方面，发动全面、全过程和全员参与的质量管理，使生产（作业）的全过程都处于受控状态。

8.2　建筑工程项目质量影响因素和控制过程的质量控制

8.2.1　建筑工程项目质量影响因素的控制

在项目形成的每一个阶段和环节，都应对影响其工作质量的人、机械设备、材料、施工方法和环境，即"4M1E"["4M"指 man（人）、machine（机器）、material（物）、method（方法），简称人、机、物、法；"1E"指 environments（环境）]因素进行控制，并对质量活动的成果进行分阶段验证，以便及时发现问题，查明原因，采取措施。

1. 人的控制

人的控制的方法及具体内容见表 8-2。

表 8-2　人的控制的方法及具体内容

方法	具体内容
提高人的素质	加强思想政治教育、劳动纪律教育、职业道德教育，不断提高人的思想素质、领导者的素质和领导层的整体素质，是提高工作质量和工程质量的关键； 施工管理人员、班组长和操作人员的技能和知识应满足工程质量对人员素质的要求

续表

方法	具体内容
加强人员专业技术培训	开展专业技术培训，提高劳动人员的技术水平（做好施工管理人员上岗前的岗位培训，保证掌握施工工艺，操作考核合格，持有上岗证后方可上岗；对工程技术人员集中培训，学习新规范、新法律法规，尤其是要加强对工程建设标准强制性条文的学习）； 对施工管理人员进行施工交底，使全部管理人员做到心中有数； 对劳务队全体人员进行进场前安全、文明施工及管理宣传动员，对特殊工作作业人员集中培训，考核合格取证后方可上岗； 对各专业队伍进行施工前技术质量交底
健全岗位责任制，提高人的质量意识	明确规定各种工作岗位的职能及其责任，明确各种岗位的工作内容、数量、质量和应承担的责任等并予以严格执行，以保证各项业务活动能有秩序进行
引入竞争机制和奖惩机制	从人的业务水平、思想素质、行为活动、违纪违章等几个方面综合考虑，引入竞争机制和奖惩机制，促进人员的不断进步，优胜劣汰，把好用人关，让人的流动始终处于全面受控状态，从而靠人去实现质量目标

2. 机器的控制

机器的控制的方法及具体内容见表 8-3。

表 8-3　机器的控制的方法及具体内容

方法	具体内容
从源头控制，严把采购关	施工单位应高度重视机械设备及配件采购工作，建立机械设备采购制度，优选供货厂家，购置的建筑机械设备应具备生产（制造）许可证、产品合格证、产品作用说明书； 严禁购置和租赁国家明令淘汰、规定不准再使用的机械设备； 严禁购置和租赁经检验达不到安全技术标准规定的机械设备
严格机械设备进场制度	设备进场时，监理机构要对机械设备的名称、型号、数量、技术性能、设备状况进行现场核对，保证投入生产作业的机械设备的性能、数量及设备状态能够满足正常施工的要求； 有特殊安全要求的设备进场后，须经当地劳动部门鉴定，符合要求并办好相关手续后方可投入使用； 设备安装检验合格后，必须进行试压和试运转，从而确保配套投产正常运转

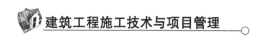

续表

方法	具体内容
操作人员持证上岗，实行"三定"制度	垂直运输机械作业人员、安装拆卸工、起重信号工等特种作业人员，必须取得特种作业操作资格证书后，方可上岗作业； 贯彻"人机固定"原则，实行定机、定人、定岗位责任的"三定"制度
建立机械档案，做好日常保养维修	做好机械设备原始技术资料和交接验收凭证、历次大修改造、运转时间、事故记录及其他有关资料的记录，并由专人负责保管； 定期对机械设备进行检查并做好相应记录，出现质量问题时要及时维修，避免因机器故障影响工程质量； 施工单位要按照说明书进行保养、润滑、检修，加强设备的储存、保管，以维护、养护为中心，以维修为辅助，从而正常使用
建立健全机械使用制度，合理使用施工机械	建立交接班制度，交接完善后方可开始工作； 配合机械作业辅助人员，听从指挥，应密切配合； 作业人员应遵守安全施工的强制性标准、规章制度和操作规程，合理使用施工机械

3. 物(材料)的控制

物(材料)的控制的方法及具体内容见表 8-4。

表 8-4　物(材料)的控制的方法及具体内容

方法	具体内容
严格控制材料构配件采购订货	要从源头上把好建筑材料质量关，严格控制材料构配件采购订货，优选材料生产厂家，大宗器材或材料的采购应实行招标采购的方式； 承包单位负责采购的原材料、半成品或构配件，在采购订货前应向监理工程师申报，审查合格后，方可进行采购订货； 对于某些材料(如瓷砖等装饰材料)，订货时应尽量一次性备足，避免出现分批采购导致色泽不一的质量问题
材料搬运、存放质量控制	材料在搬运、储存或保管过程中，如果方法不当会影响材料的质量，甚至造成材料的报废； 不同的材料应该根据材料特性选择适宜的搬运工具、防护措施，安排适宜的存放条件，以保证存放质量； 保持材料标志，以确保对原物质质量状况的可追溯性

续表

方法	具体内容
严格检验进场的材料和设备	进入现场的工程材料必须有产品合格证或质量保证书，并应符合设计规定要求，不合格材料不得进入现场，需复检的材料必须经复检合格后才能使用； 使用进口的工程材料必须符合我国相应的质量标准，并持有商检部门签发的商检合格证书
严格执行限额领料制度，收发料具手续齐全	超出限额时须办理手续，说明超用原因，经批准后方可领用
材料在使用过程中材料人员要进行跟踪监督	材料使用要求工完场清，严禁乱丢乱放； 材料使用后，余料必须回收，钢筋、模板、土方、混凝土、包装等回收到指定地点

4. (施工)方法的控制

(施工)方法的控制的方法及具体内容见表 8-5。

表 8-5　(施工)方法的控制的方法及具体内容

方法	具体内容
遵守施工顺序	分部工程一般应遵循"先地下、后地上，先主体、后围护，先结构、后装饰，先土建、后设备"的原则； 科学、合理的施工顺序能够在时间、空间上优化施工过程； 在保证质量的情况下，尽量做到施工的连续性、紧凑性、均衡性
控制工序质量	分部分项工作都是按照一定的施工工艺展开的，前后施工工序之间有一定的客观规律和制约关系； 要保证每道工序的质量，对于重点部位、隐蔽工程等，要严格控制工序质量，验收合格后才能进入下一道工序
在每一分项工程施工前，做到"方案先行，样板先行"	严格执行施工方案分级审批制度，方案审批通过后做出样板，反复对样板中存在的问题进行修改，直至达到设计要求方可执行

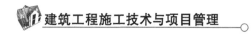

续表

方法	具体内容
认真编制施工方案，细化施工方法	施工方案的制定、论证选择，其前提是满足技术的可行性，目的是确保质量目标的实现； 在制定和审核施工方案时，必须结合工程实际，从技术、经济、工艺、操作、组织、管理等方面进行全面分析、综合考虑，力求方案技术可行、经济合理、工艺先进、操作方便、组织得当、管理科学； 施工方法是施工方案的重要组成部分，属于施工方案的技术方面； 在编制施工方案时，对工程中工程质量影响较大的重要部位、关键部位，施工技术复杂的分部分项工程，要求施工方法详细而具体，必要时可单独编制单独的分部分项工程的施工作业设计
推广新技术、新材料、新工艺和新设备的应用	"四新"技术的推广应用，可以降低投资成本，加快工程进度，确保工程质量目标的实现

5. 环境的控制

环境的控制的方法及具体内容见表 8-6。

表 8-6　环境的控制方法及具体内容

方法	具体内容
施工作业环境的控制	对于精度要求高的施工，要求有良好的照明，保证操作条件满足操作要求； 保持交通道路通畅，保证混凝土的运输，减少干扰与延误； 根据施工要求设置道路、组织排水、堆放材料和机械设备、安排围墙与入口等的位置，做到分区明确、合理定位； 充分考虑交通、水电、消防、环保及卫生等因素，对场区进行合理划分，作业区与办公生活区分开设置，并保持安全距离和设置防护措施； 在施工危险部位有针对性地设置和悬挂明显的安全警示标志； 监理工程师应事先检查承包单位对施工作业环境条件方面的有关准备工作是否妥当，确认其准备可靠、有效后，方准许进行施工； 健全施工现场管理制度，使施工现场秩序化、标准化，实现文明施工，从而达到对施工作业环境的监控，以确保工程质量为第一要务

184

方法	具体内容
施工质量管理环境的控制	作为工程实体质量的直接实施者,施工单位的质量管理在整个管理过程中有着举足轻重的作用。因此,施工单位要优化自身的管理环境,建立完善的质量管理体系和质量控制自检体系,明确系统的组织结构,制定相应的质量管理制度和质量检测制度,合理进行人员配备,落实质量责任制
自然环境条件的控制	自然环境因素对工程质量的影响具有复杂多变的特点,施工现场的防洪与排水、夏季高温与冬季严寒、地下水位及土质情况都会对工程施工质量产生影响; 在施工前,结合工程特点、当地自然条件、施工现场环境特征等,充分分析可能对工程质量产生影响的自然环境条件因素,事先制定对策,做好充分的准备,综合分析、全面考虑,达到有效控制的目的

8.2.2 建筑工程项目各控制过程的质量控制

1. 建筑工程项目的事前质量控制

事前质量控制是指在正式施工前进行的质量控制,其控制重点是做好施工准备工作。施工准备是保证施工生产正常进行而必须事先做好的工作。施工准备工作不仅要在工程开工前做好,而且要贯穿于整个施工过程。施工准备的基本任务就是为施工项目建立一切必要的施工条件,确保施工生产顺利进行及工程质量符合要求。

(1)技术准备的质量控制

技术准备是指在正式开展施工作业活动前进行的技术准备工作。这类工作内容繁多,主要在室内进行。例如,熟悉施工图纸,进行详细的设计交底和图纸审查;进行工程项目划分和编号;细化施工技术方案和施工人员、机具的配置方案,编制施工作业技术指导书,绘制各种施工详图(如测量放线图、大样图及配筋、配板、配线图表等),进行必要的技术交底和技术培训。技术准备的质量控制,包括对上述技术准备工作成果的复核审查,检查这些成果是否符合相关技术规范、规程的要求和对施工质量的保证程度;制定施工质量控制计划,设置质量控制点,明确关键部位的质量管理点等。

(2)现场施工准备的质量控制

①工程定位及标高基准控制。工程施工测量放线是施工中事前质量控制的一项基础工作,是施工准备阶段的一项重要内容,施工承包单位要对原始基准点、基准线和标高等测量控制点进行复核,建立施工测量控制网,通过抽检建筑方格网、水准点及标桩埋设位置等对施工测量控制网进行复测,并将复测结果上报监理工程师审核,批准后施工单位才能建立施工测量控制网,进行工程定位和标高基准的控制。

②施工平面布置的控制。建设单位应按照合同约定并考虑施工单位施工的需要,事先

划定并提供施工用地和现场临时设施用地的范围。施工单位要合理、科学地规划使用好施工场地,保证施工现场的道路畅通、材料的堆放合理、防洪排水能力良好、给水和供电设施充分以及机械设备的安装布置正确。

(3)材料准备的质量控制

建筑工程采用的主要材料、半成品、成品、建筑构配件等(统称"材料"),均应进行现场验收。凡涉及工程安全及使用功能的有关材料,应按各专业工程质量验收规范规定进行复验,并应经监理工程师(建设单位技术负责人)检查认可。为了保证工程质量,施工单位应从采购订货、进场检验、存储和使用三个方面把好原材料的质量控制关。

(4)施工机械设备的质量控制

施工机械设备的质量控制,就是要使施工机械设备的类型、性能、参数等与施工现场的实际条件、施工工艺、技术要求等因素相匹配,符合施工生产的实际要求。机械设备的选型、选择,应按照技术上先进、生产上适用、经济上合理、使用上安全、操作上方便的原则进行。其质量控制主要从机械设备的选型、主要性能参数指标的确定和使用操作要求等方面进行。

(5)劳动组织准备的质量控制

劳动组织涉及从事作业活动的操作人员和进行管理的管理人员,以及相关的规章制度。操作人员的配备数量要满足作业活动的需要,保证作业能持续、有序地进行;管理人员在施工现场要落实管理责任,明确管理要求,管理要到位;施工技术人员和特殊工种进场前要进行技术培训,培训考核合格后方可进入岗位;对所有施工人员进行安全交底;从事特殊作业的人员(如电焊工、起重工、爆破工等)必须持证上岗。

2. 建筑工程项目的事中质量控制

事中质量控制是指在施工过程中进行的质量控制。事中质量控制的策略是全面控制施工过程,重点控制工序质量。

(1)技术交底

在施工过程中,施工作业人员必须清楚了解技术交底中的要求和施工步骤,避免造成工程质量存在安全隐患或工程返工等情况。做好技术交底是保证施工质量的重要措施之一。项目开工前应由项目技术负责人向承担施工的负责人或分包人进行书面技术交底。技术交底应围绕施工材料、机具、工艺、工法、施工环境和具体的管理措施等方面进行,应明确具体的步骤、方法、要求和完成的时间等。

技术交底的形式有:书面、口头、会议、挂牌、样板、示范操作等。

技术交底的内容主要包括:任务范围、施工方法、质量标准和验收标准,施工中应注意的问题,可能出现意外的措施及应急方案,文明施工和安全防护措施以及成品保护要求等。技术交底的主要内容详见表8-7。

表 8-7 技术交底的内容

技术交底名称	技术交底的主要内容	技术交底负责人	技术交底审批人	接收交底人
施工组织设计技术交底	工程概况、工程特点、设计意图；施工准备要求；主要施工方法；工程施工的注意事项；保证工期、质量、安全主要技术措施	项目技术负责人	项目经理	施工员技术员质检员材料员计量员试验员设备员安全员
技术复杂的分部分项工程施工技术交底	分部分项工程概况；影响该分部分项工程施工的关键因素；该分部分项工程施工的技术难点、施工步骤；该分部分项工程的施工方法、工艺标准；保证工期、质量、安全的主要技术措施	项目技术负责人	项目经理	
"四新"(新材料、新产品、新技术、新工艺)技术推广应用技术交底	该新技术的主要内容；该新技术的应用范围和适用条件；该新技术的使用方法或操作程序；保证工期、质量、安全的注意事项	项目技术负责人	项目经理	
特殊过程、关键工序施工技术交底	施工准备及作业条件；施工工艺和施工方法；质量要求及质量控制方法，技术参数；保证工期、质量、安全的技术措施和注意事项	项目技术负责人	项目技术负责人	施工员质检员材料员计量员试验员设备员安全员
主要、关键结构部位或易发生安全事故的部位	设计图纸的具体要求；质量要求；施工中可能出现的质量、安全问题；施工方法和技术措施	项目技术负责人	项目技术负责人	
雨期施工技术交底	需在雨期进行施工的分部分项工程；受雨期影响较大的分部分项工程；施工方法和施工工艺；保证工期、质量、安全的技术措施	项目技术负责人	项目技术负责人	作业班组等
分部分项工程施工技术交底	施工准备；施工组织与施工部署；施工方法和操作工艺；质量要求、安全要求；成品保护	项目技术负责人	项目技术负责人	作业班组等

(2)测量控制

项目开工前应编制测量控制方案，经项目技术负责人批准后实施。其复核结果应报送监理工程师复验确认后，方能进行后续相关工序的施工。

（3）计量控制

计量控制是保证工程项目质量的重要手段和方法，是施工项目开展质量管理的一项重要基础工作。施工过程中的计量工作，包括施工生产时的投料计量、施工测量、监测计量以及对项目、产品或过程的测试、检验、分析计量等。计量控制的工作重点是：建立计量管理部门和配置计量人员；建立健全和完善计量管理的规章制度；严格按规定有效控制计量用具的使用、保管、维修和检验；监督计量过程的实施，保证计量的准确性。

（4）工序施工质量控制

工程项目是由一系列相互关联、相互制约的工序构成，因此，控制工程项目施工整体的质量，必须控制各道工序的施工质量。工序施工质量控制主要包括工序施工条件质量控制和工序施工效果质量控制。

①工序施工条件质量控制。工序施工条件是指从事工序活动的各生产要素质量及生产环境条件。控制工序施工条件的质量，即检查每道工序投入品的质量是否符合要求。控制的依据主要是：设计质量标准、材料质量标准、机械设备技术性能标准、施工工艺标准以及操作规程等。

②工序施工效果质量控制。工序施工效果主要反映工序产品的质量特征和特性指标。控制工序操作过程的质量，即检查工序施工中操作程序、操作质量是否符合要求，加强工序质量的检验评定。按有关施工验收规范规定，对地基基础工程、主体结构工程、建筑幕墙工程和钢结构及管道工程的工程质量必须进行现场质量检测，合格后才能进入下道工序。

（5）特殊过程的质量控制

特殊过程是指该施工过程或工序质量不易或不能通过其后的检验和试验而得到充分的验证，或者万一发生质量事故则难以挽救的施工过程。特殊过程的质量控制应根据特殊过程的施工工艺、施工方法和作业环境，以及国家或行业的规范、规程、标准、法令、法规的要求，编制相应的施工方案、作业指导书并确定质量控制点。

①选择质量控制点的原则。对施工质量形成过程产生影响的关键部位、工序或环节及隐蔽工程；施工过程中的薄弱环节，或者质量不稳定的工序、部位或对象；对下道工序有较大影响的上道工序；采用新技术、新工艺、新材料的部位或环节；施工上无把握的、施工条件困难的或技术难度大的工序或环节；用户反馈的过去返工的不良工序。

②质量控制点重点控制的对象。选择质量控制的重点部位、重点工序和重点的质量因素作为质量控制的对象，进行重点预控和控制，从而有效地控制和保证施工质量。

（6）工程变更的控制

在施工过程中，施工条件的变化、建设单位的要求或设计等原因均会导致工程变更。工程变更可能来自建设单位、设计单位或施工单位，凡是需要变更的，必须履行工程变更手续，提出变更申请，由监理工程师进行有关方面的研究，确认其变更的必要性，通过审核后，由监理工程师发布变更指令方能生效予以实施。

（7）做好技术复核工作

凡涉及施工作业技术活动基准和依据的技术工作，都应该严格进行技术复核，以免基准失误给整个工程带来巨大的、难以补救的损失。例如工程的定位、标高、预留孔洞的尺寸及位置、混凝土配合比、管线的坡度等。施工单位将技术复核的结果报监理工程师复验确认后，才能进行后续相关的施工。

(8)建立完善的质量自检体系

施工单位是施工质量的直接实施者和责任者，工程实体质量与施工单位的一系列施工活动息息相关。在工程施工过程中，施工单位要建立完善的质量自检体系，做好质量自检工作。作业活动的人员在作业结束后必须自检；不同工序交接、转换必须由相关人员交接检查，由承包单位专职质检员进行专检。

(9)做好施工过程中的验收工作

要保证工程的最终质量，就要首先保证施工过程中中间产品的质量。施工过程中对其后续工作的质量影响较大的重点环节，要作为质量验收的重点环节。例如，基槽开挖验收要有勘察设计单位的有关人员及主管质量监督的部门参加；隐蔽工程必须验收合格才能覆盖，进入下一道工序。

3. 建筑工程项目的事后质量控制

事后质量控制主要是进行已完施工的成品保护、质量验收和不合格的处理，以确保最终验收的工程质量。

(1)成品保护的控制

在施工过程中，半成品、成品的保护工作应贯穿于施工的全过程，避免因保护不当造成操作损坏或污染，影响工程整体质量。产品保护控制的主要工作包括：加强教育，提高全体员工的成品保护意识，同时要合理安排施工顺序，采取有效的保护措施。成品保护的措施一般有防护(提前保护，针对被保护对象的特点采取各种保护措施，防止对成品的污染及损坏)、包裹(将被保护物包裹起来，以防损伤或污染)、覆盖(用表面覆盖的方法防止堵塞或损伤)、封闭(采取局部封闭的办法进行保护)等几种方法。

(2)施工过程的工程质量验收

施工质量检查验收作为事后质量控制的途径，强调按照《建筑工程施工质量验收统一标准》(GB 50300—2013)规定的质量验收划分，从施工作业工序开始，依次做好检验批、分项工程、分部工程及单位工程的施工质量验收。通过多层次的设防把关，严格验收，控制建筑工程项目的质量目标。

(3)建筑工程项目竣工质量验收

建筑工程项目竣工质量验收的依据主要包括：上级主管部门的有关工程竣工验收的文件和规定；国家和有关部门颁发的施工规范、质量标准、验收规范；批准的设计文件、施工图纸及说明书；双方签订的施工合同；设备技术说明书；设计变更通知书；有关的协作配合协议书等。

建筑工程项目竣工验收工作，通常可分为三个阶段，即竣工验收的准备、初步验收(预验收)和正式验收。

①竣工验收的准备。参与工程建设的各方均应做好竣工验收的准备工作。其中，建设单位应组织竣工验收班子，审查竣工验收条件，准备验收资料，做好建立建设项目档案、清理工程款项、办理工程结算手续等方面的准备工作；监理单位应协助建设单位做好竣工验收的准备工作，督促施工单位做好竣工验收的准备；施工单位应及时完成工程收尾，做好竣工验收资料的准备(包括整理各项交工文件、技术资料并提出交工报告)，组织准备工程预验收；设计单位应做好资料整理和工程项目清理等工作。

②初步验收(预验收)。当工程项目达到竣工验收条件后，施工单位应在自检合格的基础上，填写工程竣工报验单并将全部资料报送监理单位，申请竣工验收。监理单位应根据施工单位报送的工程竣工报验申请，由总监理工程师组织专业监理工程师，对竣工资料进行审查，并对工程质量进行全面检查，对检查中发现的问题督促施工单位及时整改。经监理单位检查验收合格后，应由总监理工程师签署工程竣工报验单，并向建设单位提出质量评估报告。

③正式验收。项目主管部门或建设单位在接到监理单位的质量评估和竣工报验单后，经审查，确认符合竣工验收条件和标准，即可组织正式验收。

竣工验收由建设单位组织，验收组由建设、勘察、设计、施工、监理和其他有关方面的专家组成，验收组可下设若干个专业组。建设单位应在工程竣工验收 7 个工作日前将验收的时间、地点以及验收组人员名单书面通知当地工程质量监督站。

当参与工程竣工验收的建设、勘察、设计、施工、监理等各方不能形成一致意见时，应协商提出解决方法，待意见一致后重新组织工程竣工验收，必要时可提请住房城乡建设主管部门或质量监督站调解。正式验收完成后，验收委员会应形成《竣工验收鉴定证书》，给出验收结论并确定交工日期。

(4)对质量不合格的处理

在竣工验收过程中，对质量不符合验收标准、达不到质量要求的部位，应根据其质量问题采取加固、补强、返修等一系列措施，解决存在的质量问题。某些工程质量缺陷虽不符合规定的要求或标准，但经过分析、论证，不影响结构安全和使用功能，或经过后续工序可以弥补，经复核验算仍能满足设计要求的，可以不做处理。通过返修或加固仍不能满足安全使用要求的，不予验收。

8.3 建筑工程项目质量控制的方法

8.3.1 建筑工程项目质量控制的基本方法

1. 审核有关技术文件、报告或报表

审核是项目经理对工程质量进行全面管理的重要手段，其具体审核内容包括有关技术资质证明文件、开工报告、施工单位质量保证体系文件、施工方案和施工组织设计及技术措施、有关文件和半成品机构配件的质量检验报告、反映工序质量动态的统计资料或控制图表、设计变更和修改图纸及技术措施、有关工程质量事故的处理方案、有关应用"新技术、新工艺、新材料"现场试验报告和鉴定报告、签署的现场有关技术签证和文件等。

2. 现场质量检查

(1)现场质量检查的内容

开工前的检查，主要检查是否具备开工条件，开工后是否能够保持连续正常施工，能否保证工程质量；工序交接检查，对于重要的工序或对工程质量有重大影响的工序，应严

格执行"三检"制度，即自检、互检、交接检，未经监理工程师（建设单位技术负责人）检查认可，不得进行下道工序施工；隐蔽工程的检查，施工中凡是隐蔽工程必须检查认证后方可进行隐蔽掩盖；停工后复工的检查，因客观因素停工或处理质量事故等停工复工时，经检查认可后方能复工；分项分部工程完工后，应经检查认可并签署验收记录后，才能进行下一工程项目的施工；成品保护的检查，检查成品有无保护措施以及保护措施是否有效、可靠。

（2）现场质量检查的方法

①目测法即凭借感官进行检查，也称观感质量检验，其方法可概括为"看、摸、敲、照"四个字。所谓看，就是根据质量标准要求进行外观检查，如检查清水墙面是否洁净，混凝土外观是否符合要求等。摸，就是通过触摸手感进行检查、鉴别，如检查油漆的光滑度等。敲，就是运用敲击工具进行音感检查，如对地面工程应进行敲击检查。照，就是通过人工光源或反射光照射，检查难以看到或光线较暗的部位，如检查管道井、电梯井内的管线等。

②实测法是指通过实测数据与施工规范、质量标准的要求及允许偏差值进行对照，以此判断质量是否符合要求。其方法可概括为"靠、量、吊、套"四个字。所谓靠，就是用直尺、塞尺检查诸如墙面、地面、路面等的平整度。量，就是指用测量工具和计量仪表等检查断面尺寸、轴线、标高、湿度、温度等的偏差，如混凝土坍落度的检测等。吊，就是利用托线板以及线坠吊线检查垂直度，如砌体垂直度检查等。套，就是以方尺套方，辅以塞尺检查，如对阴阳角的方正、门窗口及构件的对角线检查等。

③试验法是指通过必要的试验手段对质量进行判断的检查方法，主要包括理化试验和无损检测。

a. 理化试验：工程中常用的理化试验包括物理力学性能方面的检验和化学成分及其含量的测定两个方面。

b. 无损检测：利用专门的仪器仪表从表面探测结构物、材料、设备的内部组织结构或损伤情况。常用的无损检测方法有超声波探伤、X 射线探伤、γ 射线探伤等。

8.3.2　建筑工程项目质量控制的数理统计方法

建筑工程项目质量控制用数理统计方法可以科学地掌握质量状态，分析存在的质量问题，了解影响质量的各种因素，达到提高工程质量和经济效益的目的。建筑工程上常用的统计方法有排列图法、因果分析图法、直方图法、控制图法、相关图法、散点图法、统计调查表法、分层法等八种。

1. 排列图法

排列图法又称主次因素排列图法或巴雷特图法。其作用是寻找主要质量问题或影响质量的主要原因，以便抓住提高质量的关键，取得好的效果。

排列图由两个纵坐标、一个横坐标、几个长方形和一条曲线组成。左侧的纵坐标表示频数或件数，右侧的纵坐标表示累计频率，横轴则表示项目（或影响因素），按项目频数大小顺序在横轴上自左而右画长方形，其高度为频数，并根据右侧纵坐标画出累计频率曲线，又称巴雷特曲线。根据累计频率把影响因素分成三类：A 类因素，对应于累计频率 0～80%，是影响产品质量的主要因素；B 类因素，对应于累计频率 80%～90%，为次要因素；C 类因素，对应于累计频率 90%～100%，为一般因素。运用排列图可便于找出主次矛盾，以采取措施加以改进，如图 8-4 所示。

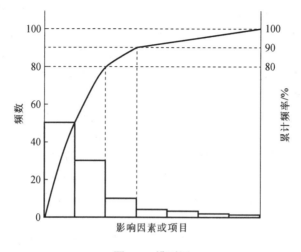

图 8-4　排列图

现以砌砖工程为例，按有关规定对项目进行检查测试，然后把收集的数据按不合格的大小依次排列，计算出各自的频数，据此绘制排列图。如图 8-5 所示，影响砌砖质量的主要因素是门窗孔洞偏差和墙面垂直度。所以，在砌砖时应在门窗孔洞砌筑和墙面垂直度方面主动采取措施，以确保砌砖工程的质量。

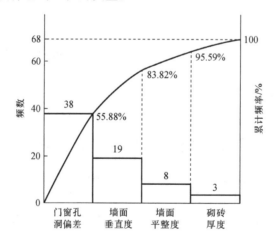

图 8-5　砌砖工程不合格项目按大小次序排列图

2. 因果分析图法

因果分析图又称特性要因图，因其形状像树枝或鱼骨，故又称鱼骨图、鱼刺图、树枝图。

因果分析图法是分析质量问题产生原因的有效工具。通过排列图，找到影响质量的主要问题(或主要因素)，但找到问题不是质量控制的最终目的，目的是搞清楚产生质量问题的各种原因，以便采取措施加以纠正。因果分析图的画法是将要分析的问题放在图形的右侧，用一条带箭头的线指向要解决的质量问题，一般可以从人、机械设备、材料、工艺、环境等五个方面进行分析，这就是所谓的大原因。对具体问题来说，这五个方面的原因不一定同时存在，要找到解决问题的方法，还需要对上述五个方面进一步分解，这就是中原因、小原因以及更小原因，它们之间的关系也用带箭头的线表示。找出影响质量的因素以后，要有效列出对策，并落实到解决问题的人和时间，限期改正，见表8-8。

表 8-8　混凝土质量问题对策计划

项目	序号	问题原因	采取对策	负责人	期限
人	1	基本知识差	对新工人进行教育； 做好技术交底工作； 学习操作规程及质量标准		
	2	责任心不强、 工人干活有情绪	建立工作岗位责任制，采用挂牌制； 关心职工生活		
工艺	3	配比不准	试验室重新适配		
	4	水胶比控制不严	修理水箱、计量器		
材料	5	水泥量不足	对水泥计算进行检查		
	6	砂、石含泥量大	组织人清洗过筛		
机械	7	振捣器、搅拌机常坏	增加设备、及时修理		
环境	8	场地狭窄	清理现场、增加空间		
	9	气温低	准备草袋覆盖、保温		

现以某工程在施工过程中发现混凝土强度不足的质量问题为例绘制因果分析图，分析可能出现的原因，如图 8-6 所示。

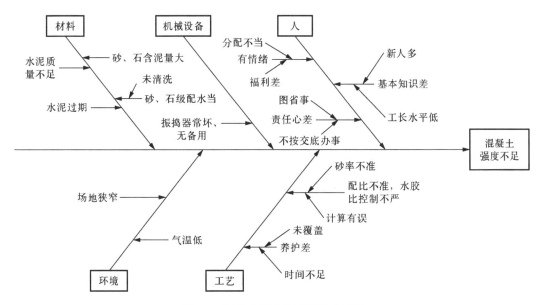

图 8-6　混凝土强度不足因果分析图

3. 直方图法

直方图法即频数分布直方图法，是将收集到的质量数据进行分组整理，绘制成频数分布直方图，用以描述质量分布状态的一种分析方法，所以又称质量分布图法。通过直方图的观察与分析，可以清楚统计数据的分布特征，即数据分布的集中或离散状况，从而掌握质量能力状态，并且可以观察、分析生产过程质量是否处于正常、稳定和受控状态以及质量水平是否保持在公差允许的范围内。

正常直方图呈正态分布，其形状呈中间高、两边低、对称分布。正常直方图反映生产过程质量处于正常、稳定状态。数理统计研究证明，当随机抽样方案合理且样本数量足够大时，在生产能力处于正常、稳定状态时，质量特性检测数据趋于正态分布。

①所谓位置观察分析，是指将直方图的分布位置与质量控制标准的上、下限范围进行比较分析，如图 8-7 所示。

②生产过程的质量正常、稳定和受控，还必须在公差标准上、下界限范围内达到质量合格的要求。只有这样的正常、稳定和受控，才是经济、合理的受控状态，如图 8-7(a)所示。

③图 8-7(b)中，质量特性数据分布偏下限，易出现不合格，在管理上必须提高总体能力。

④图 8-7(c)中，质量特性数据的分布宽度边界达到质量标准的上、下界限，其质量能力处于临界状态，易出现不合格，必须分析原因，采取措施。

⑤图 8-7(d)中，质量特性数据的分布居中且边界与质量标准的上、下界限有较大的距离，说明其质量能力偏大，不经济。

⑥图 8-7(e)、图 8-7(f)中的数据分布均已超出质量标准的上、下界限，这些数据说明生产过程存在质量不合格的情况，需要分析原因，采取措施进行纠偏。

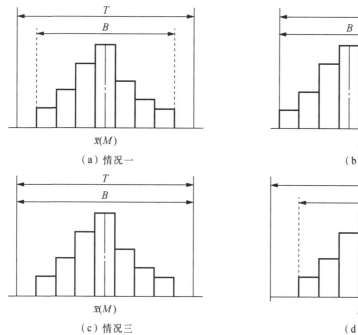
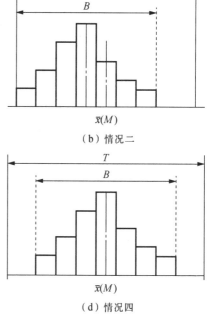

（a）情况一 （b）情况二

（c）情况三 （d）情况四

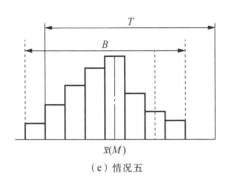（e）情况五

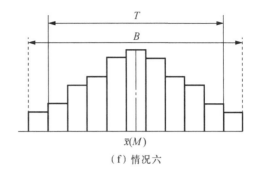（f）情况六

图 8-7　直方图与质量标准上、下界限

注：T—质量标准要求的上、下限范围区间；B—实际质量特性数据的分布范围；
$\bar{x}(M)$—质量特性的平均值或中位数

4. 控制图法

控制图又称管理图，是能够表达施工过程中质量波动状态的一种图形。

在控制图中，以横坐标为样本（子样）序号或抽样时间，以纵坐标为被控制对象，即被控制的质量特性值。控制图上一般有三条线：在上面的一条虚线称为上控制界限，用符号 UCL 表示；在下面的一条虚线称为下控制界限，用符号 LCL 表示；中间的一条实线称为中心线，用符号 CL 表示。中心线标志着质量特性值分布的中心位置，上、下控制界限标志着质量特性值允许波动范围，如图 8-8 所示。

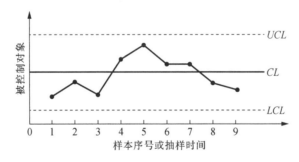

图 8-8　控制图示意图

控制图的主要作用有两点：一是过程分析，即分析生产过程是否稳定；二是过程控制，即控制生产过程质量状态。

在生产过程中通过抽样取得数据，把样本统计量标在图上来分析判断生产过程状态。如果点随机地落在上、下控制界限内，则表明生产过程正常，处于稳定状态，不会产生不合格品；如果点超出控制界限或点子排列有缺陷，则表明生产条件发生了异常变化，生产过程处于失控状态。

当控制图同时满足两个条件（一是点几乎全部落在控制界限内；二是控制界限内的点排列没有缺陷）时，可以认为生产过程基本处于稳定状态。如果点的分布不满足其中任何一个条件，都应判断生产过程异常。

①点几乎全部落在控制界限内，是指应符合下述三个要求。

a. 连续 25 个点以上处于控制界限内。

b. 连续 35 个点以上仅有 1 个点超出控制界限。

c. 连续 100 个点中不多于 2 个点超出控制界限。

②点排列没有缺陷，是指点的排列是随机的，没有出现异常现象。

5. 相关图法

相关图又称散布图，相关图法不同于前述各种方法之处在于，它不是对一种数据进行处理和分析，而是对两种测定数据之间的相关关系进行处理、分析和判断。它也是一种动态的分析方法。在工程施工中，工程质量的相关关系有三种类型：第一种是质量特性和影响因素之间的关系，如混凝土强度与温度的关系；第二种是质量特性与质量特性之间的关系；第三种是影响因素与影响因素之间的关系。

通过对相关关系的分析、判断可以掌握对质量目标进行控制的信息。

分析质量结果与产生原因之间的相关关系，有时从数据上比较容易看清，但有时从数据上很难看清，这就必须借助于相关图进行相关分析。

6. 散点图法

散点图是将两个变量之间的相关关系用直角坐标系表示的图形。

散点图法是根据影响质量特性因素的各对数据，用点的形式描述在直角坐标图上，以观察判断两个质量特性值之间的关系，从而对产品或工序进行有效控制。

7. 统计调查表法

统计调查表又称检查表、核对表、统计分析表，可利用其来记录、收集和累计数据并对数据进行整理和粗略分析。

8. 分层法

分层法又称分类法或分组法，就是将收集到的质量数据，按统计分析的需要进行分类整理，使之系统化，以便找到产生质量问题的原因并及时采取措施加以纠正。

分层的结果使数据各层间的差异突显，减少了层内数据的差异。在此基础上再进行层间、层内的比较分析，可以更深入地发现和认识质量问题的原因。

分层法的关键是调查分析的类别和层次划分，根据管理需要和统计目的，通常可按照以下分层方法取得原始数据。

①按施工时间分，如季节、月、日、上午、下午、白天、晚间。

②按地区部位分，如区域、城市、乡村、楼层、外墙、内墙。

③按产品材料分，如产地、厂商、规格、品种。

④按检测方法分，如方法、仪器、测定人、取样方式。

⑤按作业组织分，如工法、班组、工长、工人、分包商。

⑥按工程类型分，如住宅、办公楼、道路、桥梁、隧道。

⑦按合同结构分，如总承包、专业分包、劳务分包。

8.4 建筑工程项目质量改进和质量事故的处理

8.4.1 建筑工程项目质量改进

建筑工程项目应利用质量方针、质量目标定期分析和评价项目管理现状，识别质量持续改进区域，确定改进目标，实施选定的解决办法，改进质量管理体系的有效性。

1. 改进的步骤

①分析和评价现状，以识别改进的区域。

②确定改进目标。

③寻找可能的解决办法以实现这些目标。

④评价这些解决办法并做出选择。

⑤实施选定的解决办法。

⑥测量、验证、分析和评价实施的结果以确定这些目标已经实现。

⑦正式采纳更正(形成正式的规定)。

⑧必要时对结果进行评审，以确定进一步改进的机会。

2. 改进的方法、范围及内容

(1)持续改进的方法

①通过建立和实施质量目标，营造一个激励改进的氛围和环境。

②确立质量目标，以明确改进方向。

③通过数据分析、内部审核不断寻求改进的机会，并做出适当的改进活动安排。

④通过纠正和预防措施及其他适用的措施实现改进。

(2)持续改进的范围及内容

持续改进的范围包括质量体系、过程和产品三个方面，改进的内容涉及产品质量、日常的工作和企业长远的目标，不仅不合格现象必须纠正、改进，目前合格但不符合发展需要的也要不断改进。

8.4.2 建筑工程项目质量事故的处理

1. 质量事故的概念

根据《质量管理体系 基础和术语》(GB/T 19000—2016)的规定，凡工程产品没有满足某个规定的要求，就称为质量不合格；而没有满足某个预期使用要求或合理的期望(包括安全性方面)要求，称为质量缺陷。

凡工程质量不合格，必须进行返修、加固或报废处理，由此造成的直接经济损失低于5000 元的称为质量问题。

凡工程质量不合格，必须进行返修、加固或报废处理，由此造成的直接经济损失在5000 元以上(含 5000 元)的称为质量事故。

2. 施工质量事故的处理程序

(1)事故调查

事故调查应力求及时、客观、全面，以便为事故的分析与处理提供正确的依据。根据调查结果撰写事故调查报告，其主要内容包括以下几项。

①工程概况。

②事故情况。

③事故发生后采取的临时防护措施。

④事故调查中的有关数据、资料，事故原因及初步判断。

⑤事故处理的建议方案与措施。

⑥事故涉及人员与主要责任者的情况等。

(2)事故原因分析

在完成事故调查的基础上，对事故的性质、类别、危害程度以及发生的原因进行分析，为事故处理提供必需的依据。进行原因分析时，分析人员往往会发现原因具有多样性和综合性。要正确区别同类事故的各种不同原因，通过详细的计算与分析，鉴别事故发生的主要原因。在综合原因分析中，除确定事故的主要原因外，应正确评估相关原因对工程质量事故的影响，以便能采取切实有效的综合加固修复方法。

(3)制定事故处理方案

事故的处理要建立在原因分析的基础上，并广泛听取专家及有关方面的意见。在制定事故处理方案时，应做到安全可靠、技术可行、不留隐患、经济合理、满足建筑和使用要求。

(4)事故处理

根据制定的事故处理方案，对质量事故进行认真的处理。处理的内容主要包括：事故的技术处理，以解决施工质量不合格和缺陷问题；事故的责任处理，根据事故的性质、损失情况、情节轻重等对事故的责任单位和责任人做出相应的行政处分乃至追究刑事责任。

(5)事故处理的鉴定验收

质量事故的技术处理是否达到了预期目的，是否消除了工程质量不合格，是否仍留有隐患，应通过组织检查和必要的鉴定予以最终确认。为确保工程质量事故的处理效果，凡涉及结构承载力等使用安全和其他重要性能的处理工作，常需做必要的试验和检验鉴定工作。事故处理后，还必须提交事故处理报告，其内容包括：事故调查报告，事故原因分析，事故处理依据，事故处理方案、方法及技术措施，处理施工过程的各种原始记录资料、检查验收记录、事故结论等。

3. 施工质量事故的处理方法

(1)修补处理

当工程某些部分的质量虽未达到规定的规范、标准或设计的要求，存在一定的缺陷，但经过修补后可以达到质量标准又不影响使用功能或外观的要求时，可采取修补处理的方法。

(2)加固处理

加固处理主要是针对承载力缺陷的质量事故的处理。通过对缺陷的加固处理，使建筑结构恢复或提高承载力，重新满足结构安全性、可靠性的要求，使结构能继续使用或改做其他用途。例如对混凝土结构常用的加固方法主要有：增大截面加固法、外包角钢加固法、粘钢加固法、增设支点加固法、增设剪力墙加固法、预应力加固法等。

（3）返工处理

当工程质量缺陷经过修补处理后仍不能满足规定的质量标准要求，或不具备补救的可能性时，必须采取返工处理。

（4）限制使用

在工程质量缺陷按修补方法处理后无法保证达到规定的使用要求和安全要求，而又无法返工处理的情况下，不得已时可做出诸如结构卸荷或减荷以及限制使用的决定。

（5）不做处理

某些工程质量问题虽然达不到规定的要求或标准，但其情况不严重，对工程或结构的使用及安全影响很小，经过分析、论证、法定检测单位鉴定和设计单位等认可后可不做专门处理。一般可不做专门处理的情况有以下几种。

①不影响结构安全、生产工艺和使用要求的。例如有的工业建筑物出现放线定位的偏差且严重超过规范、标准规定，若要纠正会造成重大经济损失，但经过分析、论证，其偏差不影响生产工艺和正常使用，在外观上也无明显影响，可不做处理；又如某些部位的混凝土表面的裂缝，经检查分析，属于表面养护不够的伸缩微缝，不影响使用和外观，也可不做处理。

②后道工序弥补的质量缺陷。例如混凝土结构表面的轻微麻面，通过后续的抹灰、刮涂、喷涂等弥补，也可不做处理。

③法定检测单位鉴定合格的。例如经检验某批混凝土试块强度值不满足规范要求，但经法定检测单位对混凝土实体强度进行实际检测后，其实际强度达到规范允许和设计要求值时，可不做处理。对经检测未达到要求值但相差不多的对象，经分析论证，只要使用前经再次检测达到设计强度，也可不做处理，但应严格控制施工荷载。

④出现的质量缺陷，经检测鉴定达不到设计要求，但经原设计单位核算，仍能满足结构安全和使用功能的。例如某结构构件截面尺寸不足或材料强度不足，影响结构承载力，但按实际情况进行复核验算后仍能满足设计要求的承载力，可不进行专门处理。这种做法实际上是挖掘设计潜力或降低设计的安全系数，应谨慎处理。

（6）报废处理

通过分析或实践，采取上述处理方法后仍不能满足规定的质量要求或标准，则必须予以报废处理。

8.5　建筑工程项目质量保证体系

8.5.1　质量保证体系的概念

工程项目质量保证体系是指承包商以保证工程质量为目标，依据国家的法律、法规、国家和行业相关规范、规程和标准以及自身企业的质量管理体系，运用系统方法，策划并建立必要的项目部组织结构，针对工程项目施工过程中影响工程质量的因素和活动制订工程项目施工的质量计划，并遵照实施的质量管理活动的总和。

8.5.2　质量保证体系的建立

1. 施工质量计划的内容

为了确保工程质量总目标的实现，必须对具体资源安排和施工作业活动合理地进行策划，并形成一个与项目规划大纲和项目实施规划共同构成统一计划体系的、具体的建筑工程项目施工质量计划，该计划一般包含在施工组织设计中或包含在施工项目管理规划中。

建筑工程项目施工的质量策划需要确定的内容如下。

①确定该工程项目各分部分项工程施工的质量目标。

②相关法律、法规要求；建筑工程的强制性标准要求；相关规范、规程要求；合同和设计要求。

③确定相应的组织管理工作、技术工作的程序，工作制度，人力、物力、财力等资源的供给，并使之文件化，以实现工程项目的质量目标，满足相关要求。

④确定各项工作过程效果的测量标准、测量方法，确定原材料，半成品构配件和成品的验收标准，验证、确认、检验和试验工作的方法和相应工作的开展。

⑤确定必要的工程项目施工过程中产生的记录（如工程变更记录、施工日志、技术交底、工序交接和隐蔽验收等记录）。

策划的过程中针对工程项目施工各工作过程和各类资源供给做出的具体规定，并将其形成文件，这个（些）文件就是工程项目施工质量计划。

施工质量计划的内容一般应包括以下几点。

①工程特点及施工条件分析（合同条件、法规条件和现场条件）。

②依据履行施工合同所必须达到的工程质量总目标制定各分部分项工程分解目标。

③质量管理的组织机构、人力、物力和财力资源配置计划。

④施工质量管理要点的设置。

⑤为确保工程质量所采取的施工技术方案、施工程序，材料设备质量管理及控制措施，以及工程检验、试验、验收等项目的计划及相应方法等。

⑥针对施工质量的纠正措施与预防措施。

⑦质量事故的处理。

2. 施工质量总目标的分解

进行作业层次的质量策划时，首先必须将项目的质量总目标层层分解到分部分项工程施工的分目标上，以及按施工工期实际情况将质量总目标层层分解到项目施工过程的各年、季、月的施工质量目标。

各分质量目标较为具体，其中部分质量目标可量化，不可量化的质量目标应该是可测量的。

承包商依据工程总目标，可把各分部分项工程的分目标设定如下。

①检验批合格率：主控项目为100%，一般项目为90%以上。

②分项工程合格率：100%。

③分部工程合格率：100%。

④室内检测一次通过率：95%。

3. 建立质量保证体系

设立项目施工组织机构，并确定各岗位的岗位职责。

(1)施工组织机构

①决策层。

项目经理：作为项目的全面负责人，项目经理不仅负责项目的整体规划和执行，还亲自监督质量管理体系的建设和运行，确保施工质量符合国家和行业标准。

②管理层。

现场执行经理：负责施工现场的日常管理和协调工作，确保施工活动按照计划和质量要求进行。其与项目经理和技术负责人紧密沟通，及时解决现场出现的问题，确保施工质量和进度。

技术负责人：专门负责项目的质量管理，包括制定质量计划、监督质量执行、组织质量检查和质量问题的整改等。与项目经理紧密合作，确保质量目标得以实现。

③执行层。

专业质量工程师：各专业施工队或班组应设立质量负责人，负责本专业施工范围内的质量管理，确保施工质量和进度同步推进。

质检员：由经验丰富的质量检查员组成，负责施工现场的日常质量检查，包括原材料检验、施工过程控制、成品保护等。他们及时发现问题并提出整改建议，确保施工质量符合设计要求。

④支持层。

材料员：负责施工过程中的质量检测和分析，为质量控制提供数据支持。实验室应配备先进的检测设备，确保检测结果的准确性和可靠性。

资料员：负责质量相关文档的收集、整理、归档和保密工作。这包括质量计划、质量检查记录、质量问题整改报告等，为项目质量管理提供完整的证据链。

(2)项目主要岗位的人员安排

①项目经理将由担任过同类型工程项目管理、具备丰富施工管理经验的国家一级建造师担任。

②项目技术负责人将由具有较高技术业务素质和技术管理水平的工程师担任。

③项目经理部的其他组成人员均经过大型工程项目的锻炼。

④组成后的项目经理部具备以下特点。

a. 领导班子具有良好的团队意识，班子精炼，组成人员在年龄和结构上有较大的优势，精力充沛，年富力强，施工经验丰富。

b. 文化层次高、业务能力强，主要领导班子成员均具有大专以上学历，并具有中高级职称，各业务主管人员均有多年共同协作的工作经历。

c. 项目部班子主要成员及各主要部室的负责人严格执行《质量手册》《环境和职业健康安全管理手册》和相关程序文件。在施工过程中，充分发挥各职能部门、各岗位人员的职能作用，认真履行管理职责。

（3）各岗位具体岗位职责

项目经理：项目施工现场管理工作的全面领导者和组织者，项目质量、安全生产的第一责任人，统筹管理整个项目的实施。负责协调项目甲方、监理、设计、政府部门及相关施工方的工作关系，认真履行与业主签订的合同，保证项目合同规定的各项目标顺利完成，及时回收项目资金；领导编制施工组织设计、进度计划和质量计划，并贯彻执行；组织项目例会、参加公司例会，掌握项目工、料、机动态，按规定及时准确向公司报表；实行项目成本核算制，严格控制非生产性支出，自觉接受公司各职能部门的业务指导、监督及检查，重大事情、紧急情况及时报告；组织竣工验收资料收集、整理和编册工作。

现场执行经理：对项目经理负责，现场施工质量、安全生产的直接责任人，安排协调各专业、工种的人员保障、施工进度和交叉作业，协调处理现场各方施工矛盾，保证施工计划的落实，组织材料、设备按时进场，协调做好进场材料、设备和已完工程的成品保护，组织专业产品的过程验收和系统验收，办理交接手续。

技术负责人：工程项目主要现场技术负责人。领导各专业责任师、质检员、施工队等技术人员保证施工过程符合技术规范要求，保证施工按正常秩序进行；通过技术管理，使施工建立在先进的技术基础上，保证工程质量的提高；充分发挥设备潜力，充分发挥材料性能，完善劳动组织，提高劳动生产率，完成计划任务，降低工程成本，提高经营效果。

专业质量工程师：熟悉图纸和施工现场情况，参加图纸会审，做好记录，及时办理洽商和设计变更；编制施工组织设计和专业施工进度控制计划（总计划、月计划、周计划），编制项目本专业物资材料供应总体计划，交物资部、商务部审核；负责所辖范围内的安全生产、文明施工和工程质量，按季节、月、分部、分项工程和特殊工序进行安全和技术交底，编写项目作业指导书》，编制成品保护实施细则；负责工序间的检查、报验工作，负责进场材料质量的检查与报验，确认分承包方每月完成实物工程量，记好施工日志，积累现场各种见证资料，管理、收集施工技术资料；掌握分承包方劳动力、材料、机械动态，参加项目每周生产例会，发现问题及时汇报；工程竣工后负责编写《用户服务手册》。

质检员：负责整个施工过程中质量检查工作。熟悉工程运用施工规范、标准，按标准检查施工完成质量，及时发现质量不合格工序，报告主任工程师，会同专业工长提出整改方案，并检查整改完成情况。

材料员：认真执行材料检验与施工试验制度；熟悉工程所用材料的数量、质量及技术要求；按施工进度计划提出材料计划，会同采购人员保证工程所用材料按时到达现场；协助有关人员做好材料的堆放与保管工作。

资料员：负责整个工程资料的整理及收藏工作；按各种材料要求合验进场材料的必备资料，保证进场材料符合规范要求；填写并保存各种隐检、预检及评定资料。

4. 质量控制点的设置

作为质量计划的一部分，施工质量控制点的设置是施工技术方案的重要组成部分，是施工质量控制的重点对象。

（1）施工质量控制点的设置原则

①对工程的安全和使用功能有直接影响的关键部位、工序、环节及隐蔽工程应设立控制点。例如主要受力构件的钢筋位置、数量、钢筋保护层厚度、混凝土强度；砖砌体的强度、接槎质量、拉结筋质量、轴线位置、垂直度；基础级配砂石垫层密实度、屋面和卫生

间防水性能、门窗正常的开启功能；水、暖、卫无"跑冒滴漏堵"；电气安装工程的安全性能等。

②对下一道工序质量形成有较大影响的工序应设立控制点。例如梁板柱模板的轴线位置；卫生间找平层泛水坡度；悬臂构件上部负弯矩筋位置、数量、间距和钢筋保护层厚度；上人吊顶中吊杆位置、间距、牢固性和主龙骨的承载能力；室外楼梯、栏杆和预埋铁件的牢固性等。

③对质量不稳定、经常出现不良品的工序、部位或对象应设立控制点，如易出现裂缝的抹灰工程等。例如预应力空心板侧面经常开裂；砂浆和混凝土的和易性波动；混凝土结构出现蜂窝麻面；铝合金窗和塑钢窗封闭不严；抹灰常出现开裂空鼓等。

④采用新技术、新工艺、新材料的部位或环节。

⑤施工质量无把握的、施工条件困难的或技术难度大的工序或环节。

(2)施工质量控制点设置的具体方法

根据工程项目施工管理的基本程序，结合项目特点，在制定项目总体质量计划时，列出各基本施工过程对局部和总体质量水平有影响的项目作为具体实施的质量控制点。例如在建筑工程施工质量管理中，材料、构配件的采购，混凝土结构件的钢筋位置、尺寸，用于钢结构安装的预埋螺栓的位置以及门窗装修和防水层铺设等均可作为质量控制点。

质量控制点的设定使工作重点更加明晰，事前预控的工作更有针对性。事前预控包括明确控制目标参数、制定实施规程(包括施工操作规程及检测评定标准)、确定检查项目和数量及其跟踪检查或批量检查方法、明确检查结果的判断标准及信息反馈要求。

(3)质量控制点的管理

①做好施工质量控制点的事前质量控制工作。

a. 明确质量控制的目标与控制参数。

b. 编制作业指导书和质量控制措施。

c. 确定质量检查检验方式及抽样的数量与方法。

d. 明确检查结果的判断标准及质量记录与信息反馈要求等。

②向施工作业班组进行认真交底。确保质量控制点上的施工作业人员知晓施工作业规程及质量检验评定标准，掌握施工操作要领；技术管理和质量控制人员必须在施工现场进行重点指导和检查验收。

③做好施工质量控制点的动态设置和动态跟踪管理。施工质量控制点的管理应该是动态的，一般情况下，在工程开工前、设计交底和图纸会审时，可确定一批整个项目的质量控制点，随着工程的展开、施工条件的变化，定期或不定期进行质量控制点的调整，并补充到原质量计划中成为质量计划的一部分，以始终保持对质量控制重点的跟踪，并使其处于受控状态。

对于危险性较大的分部分项工程或特殊施工过程，除按一般过程质量控制的规定执行外，还应由专业技术人员编制专项施工方案或作业指导书，经施工单位技术负责人、项目总监理工程师、建设单位项目负责人签字后执行。超过一定规模的危险性较大的分部分项工程还要组织专家对专项方案进行论证。作业前，施工员、技术员进行技术交底，使操作人员能够正确作业。严格按照三级检查制度进行检查控制。在施工中发现质量控制点有异常时，应立即停止施工，召开分析会议，查找原因并采取对策予以解决。

施工单位应主动支持、配合监理工程师的工作。将施工作业质量控制点细分为"见证点"和"待检点"接受监理工程师对施工质量的监督和检查。凡属"见证点"的施工作业，如重要部位、特种作业、专门工艺等，施工方必须在该项作业开始前24 h书面通知现场监理机构到位旁站，见证施工作业过程；凡属"待检点"的施工作业，如隐蔽工程等，施工方必须在完成施工质量自检的基础上，提前通知项目监理机构进行检查验收，然后才能进行工程隐蔽或下一道工序的施工。未经监理工程师检查验收合格的，不得进行工程隐蔽或下一道工序的施工。

5. 质量保证的方法和措施的制定

(1)质量保证方法的制定

质量保证方法的制定就是在针对建筑工程施工项目各个阶段各项质量管理活动和各项施工过程，为确保各质量管理活动和施工成果符合质量标准的规定，经过科学分析、确认，规定各项质量管理活动和各项施工过程必须采用的正确的质量控制方法、质量统计分析方法、施工工艺、操作方法和检查、检验及检测方法。

质量控制方法的制定需针对以下三个阶段的质量管理活动来进行。

①施工准备阶段的质量管理。施工准备是指项目正式施工活动开始前，为保证施工生产正常进行而必须事先做好的工作。

施工准备阶段的质量管理就是对影响质量的各种因素和准备工作进行的质量管理。其具体管理活动包括以下内容。

a. 文件、技术资料准备的质量管理包括工程项目所在地的自然条件及技术经济条件调查资料、施工组织设计、工程测量控制资料。

b. 设计交底和图纸审核的质量管理。设计图纸是进行质量管理的重要依据。做好设计交底和图纸审核工作可以使施工单位充分了解工程项目的设计意图、工艺和工程质量要求，同时也可以减少图纸的差错。

c. 资源的合理配置。通过策划，合理确定并及时安排工程施工项目所需的人力和物力。

d. 质量教育与培训。通过教育培训和其他措施提高员工适应本施工项目具体工作的能力。

e. 采购质量管理。采购质量管理主要包括对采购物资及其供应商的管理，制定采购要求和验证采购产品。物资供应商的管理，即对可供选用的供应商进行逐个评价，并确定合格供应商名单。采购要求是采购物资质量管理的重要内容。采购物资应符合相关法规、承包合同和设计文件要求。通过对供方现场检验、进货检验和(或)查验供方提供的合格证明等方式来确认采购物资的质量。

②施工阶段的质量管理。

a. 技术交底。各分项工程施工前，由项目技术负责人向施工项目的所有班组进行交底。交底内容包括图纸交底、施工组织设计交底、分项工程技术交底和安全交底等。通过交底明确施工方法，工序搭接以及进度、质量、安全要求等。

b. 测量控制。测量控制是施工阶段质量管理的重要环节，具体包括以下内容。

(a)建立测量控制体系。根据工程特点，建立满足精度要求的测量控制网，确保测量结果的准确性和可靠性。

(b)施工测量与复核。在施工过程中，按照设计要求进行各项测量工作，如高程测量、轴线测量、尺寸测量等，并对测量结果进行复核，确保施工精度符合设计要求。

(c)测量仪器管理。定期对测量仪器进行校准和维护，确保仪器精度满足测量要求。同时，建立测量仪器台账，记录仪器的使用情况、校准记录等信息。

(d)测量数据记录与分析。对测量数据进行记录和分析，及时发现测量误差和偏差，并采取相应措施进行纠正和调整，确保施工质量的稳定性和可靠性。

c. 材料、半成品、构配件的控制。其主要包括对供应商质量保证能力进行评定；建立材料管理制度，减少材料损失、变质；对原材料、半成品、构配件进行标识；加强材料检查验收；发包人提供的原材料、半成品、构配件和设备；材料质量抽样和检验方法。

d. 机械设备控制。机械设备控制包括机械设备使用的决策；确保配套；机械设备的合理使用；机械设备的保养与维修。

e. 环境控制。

(a)对影响工程项目质量的环境因素的控制。影响工程项目质量的环境因素主要包括工程技术环境；工程管理环境；劳动环境。

(b)计量控制。施工中的计量工作包括对施工材料、半成品、成品以及施工过程的监测计量和相应的测试、检验、分析计量等。

(c)工序控制。工序亦称"作业"。工序是施工过程的基本环节，也是组织施工过程的基本单位。

一道工序是指一个(或一组)工人在一个工作地对一个(或几个)劳动对象(工程、产品、构配件)所进行的一切连续活动的总和。

工序质量管理首先要确保工序质量的波动必须限制在允许的范围内，使得合格产品能够稳定地生产。如果工序质量的波动超出了允许范围就要立即对影响工序质量波动的因素进行分析，找出解决办法，采取必要的措施，对工序进行有效的控制，使其波动回到允许范围内。

f. 质量控制点的管理。必须进行技术交底工作，使操作人员在明确工艺要求、质量要求、操作要求后方能上岗，并做好相关记录。

建立三级检查制度，即操作人员自检，组员之间互检或工长对组员进行检查，质量员进行专检。

g. 工程变更控制。

工程变更的范围：设计变更；工程量的变动；施工进度的变更；施工合同的变更等。

工程变更可能导致工程项目施工工期、成本或质量的改变。因此，必须对工程变更进行严格的管理和控制。

h. 成品保护。成品保护要从两个方面着手：首先，应加强教育，提高全体员工的成品保护意识；其次，要合理安排施工顺序，同时采取有效的保护措施。

成品保护的方法包括以下几种。

(a)护。护就是提前保护，防止成品被污染受损伤。如对外檐水刷石大角或柱子，采用立板固定保护。

(b)包。包就是对成品进行包裹，避免成品被污染及受损伤。如在喷浆前对电气开关、插座、灯具等设备进行包裹；铝合金门窗采用塑料布包扎。

（c)盖。盖就是表面覆盖，防止堵塞、损伤。如高级水磨石地面工程面完成后，可采用苦布覆盖；落水口、排水管安装好后加覆盖，以防堵塞。

（d)封。封就是局部封闭。如室内墙纸、木地板油漆完成后，立即锁门封闭；屋面防水完成后，封闭上屋面的楼梯门或出入口。

③竣工验收阶段的质量管理。

a. 最终质量检验和试验。单位工程质量验收也称质量竣工验收，是对已完工程投入使用前的最后一次验收。验收合格的先决条件是：单位工程的各分部工程应该合格；有关的资料文件完整。另外，还需对涉及安全和使用功能的分部工程进行检验资料的复查，对主要使用功能进行抽查，参加验收的各方人员共同进行观感质量检查。

b. 技术资料的整理。技术资料，特别是永久性技术资料是工程项目施工情况的重要资料，也是施工项目进行竣工验收的主要依据。工程竣工资料主要包括工程项目开工报告；工程项目竣工报告；图纸会审和设计交底记录；设计变更通知单；技术变更核定单；工程质量事故的调查和处理资料；材料、设备、构配件的质量合格证明；材料、设备、构配件等的试验、检验报告；隐蔽工程验收记录及施工日志；竣工图；质量验收评定资料；工程竣工验收资料。

施工单位应该及时、全面地收集和整理上述资料，监理工程师应对上述技术资料进行审查。

c. 施工质量缺陷的处理包括返修；返工；限制使用；不做处理。

d. 工程竣工文件的编制和移交准备。

e. 产品防护。工程移交前，要对已完的工程采取有效的防护措施，确保工程不被损坏。

f. 撤场。工程交工后，项目经理部应编制撤场计划，使撤场工作有序、高效地进行，确保施工机具、暂设工程、建筑残土、剩余材料在规定时间内全部被拆除运走，达到场清地平；有绿化要求的，达到树活草青。

（2)质量保证措施的制定

质量保证措施的制定就是针对原材料、构配件和设备的采购管理，针对施工过程中各分部分项工程的工序施工和工序间交接的管理，针对分部分项工程阶段性成品保护的管理，从组织方面、技术方面、经济方面、合同方面和信息方面制定有效、可行的措施。

①针对工程性质组建有丰富施工经验的项目经理部负责该工程的施工，保证工程按照业主要求保质按时地进行施工(组织措施)。

②该项目经理部成员需具备丰富的施工现场管理经验和专业知识，且均有"上岗证书"，现场各工种操作人员具备熟练的操作技能(组织措施)。

③本工程所选用的材料、半成品，严格按照国家行业标准进行选择。施工方采购的材料应按照甲方的要求进行选料采购。经业主选定的材料或材料半成品必须经业主认可后方可进行采购(技术措施、合同措施)。

④材料、材料半成品进入施工现场后，严格按照合同上的规定及有关规范的要求由材料员、施工员共同进行检查验收，不合格的材料半成品绝不使用在工程上(技术措施、合同措施)。

⑤运至施工现场的各种材料、材料半成品要根据其特点进行分类码放，并安排专人看管(信息措施)。

⑥分项工程开工前应根据现场情况对工人班组进行书面的技术交底(技术措施)。

⑦施工过程中每道工序完毕后，操作人员必须进行自检并做好自检记录，不合格处由原操作人员进行整改，直至合格，责任工程师、班组长要在自检记录上签字认可(技术措施、经济措施)。

⑧施工过程中不同的工种、工序、班组之间进行交接检，由施工员组织双方人员参加并做好交接检记录，不合格的项目由原操作人员进行整改，直至合格(技术措施、经济措施)。

⑨每一分项工程完成后，责任工程师对分项工程进行检查验收，不合格的要下发书面的整改通知单，直至整改合格(技术措施、经济措施)。

⑩分项工程完成后，按照合同及有关的规范要求，施工员对分项工程进行质量评定(技术措施、合同措施)。

⑪在项目组织对各分项工程的检查验收后，由施工员填写书面的工程报验资料，报业主做最终的分项工程检查验收，凡涉及隐蔽工程，施工完毕后，经检查合格，必须书面报业主进行验收，合格后方可进入下一道工序的施工(技术措施、合同措施、组织措施)。

⑫工程完工后，项目对工程进行检查验收，做好书面验收记录，以保证四方验收一次通过(技术措施、合同措施、组织措施)。

⑬工程交付使用后，按照合同及标准规范要求及时对损坏的部位进行修复，保证施工质量(技术措施)。

⑭组织项目部技术人员认真学习贯彻国家规范、标准、操作规程和各项制度。明确岗位责任制，熟悉图纸、洽商、施工组织设计和施工工艺，做好技术交底，及时进行隐检、预检和各种规定的检验实验(组织措施、技术措施)。

⑮推行全面质量管理，构建质量保证体系，设专职质量检查员，实行质检员一票否决制。工程施工实行样板制、产品挂牌制，每进入一道新工序先做好质量样板，经各级质量控制人员检查认可后，组织操作者观摩、交底，然后再展开施工(组织措施、技术措施)。

⑯对于各种材料、半成品按要求实行质量控制，对于双控材料要检查出厂合格证和实验报告，主要装饰材料要检验环保达标资料。资料不全的拒绝接受(技术措施)。

⑰现场水准点、轴线控制点、50 线等重要质量控制点应会同甲方技术人员及监理单位现场认定，做出明确标记并做好保护(组织措施、合同措施、技术措施)。

⑱组成专职放线小组，负责工程全过程测量放线，由专人保管使用测量仪器，定期校验，未经计量部门鉴定的仪器禁止使用(技术措施)。

⑲材料设备送审和采购如下。

a. 严格送审制度，设备和重要材料都要进行对业主、监理、设计和总包的送审；得到书面的批准后方可进行采购(合同措施、技术措施)。

b. 及时和提前充分准备设备、材料资料，以保证设备、材料早日确定，以免延误工期(组织措施)。

6. 质量技术交底制度的制定

为确保施工各阶段的施工人员明确知道目前工作的质量标准和施工工艺方法，使质量保证方法和措施能够得到有效的执行，必须建立质量技术交底制度。

技术交底制度大致包括如下内容。

①必须严格遵循规范及标准要求，对每一道工序均需进行交底。

②必须在各工序开始前进行交底。

③技术交底的组织者、交底人和交底对象。

④交底应口头和书面同时进行。

⑤交底内容包括操作工艺、质量要求、安全、文明施工及成品保护要求。

⑥必须保证技术交底后的施工人员明确理解技术交底的内容。

⑦交底内容必须记录并保留。

7. 质量验收标准和质量检查制度的制定

(1)质量验收标准的引用和制定

《建筑工程施工质量验收统一标准》(GB 50300—2013)、《建筑装饰装修工程质量验收标准》(GB 50210—2018)等标准是建筑工程项目施工的成品、半成品必须满足的国家强制性标准。同时也是施工单位制定质量检查验收制度的重要依据。此外，施工单位还必须将施工质量管理与《建设工程质量管理条例》提出的事前控制、过程控制结合起来，以确保对工作质量和工程成品、半成品质量的有效控制。

作为国家强制性标准，《建筑工程施工质量验收统一标准》(GB 50300—2013)规定了建筑工程各分部分项工程的合格指标。它不仅是施工单位必须达到的施工质量指标，也是建设单位(监理单位)对建筑工程进行设计和验收时，工程质量所必须遵守的规定，同时还是质量监督机构对施工质量进行判定的依据。

在符合国家强制性标准的前提下，如果合同有特殊要求，或者施工单位针对本项目承诺施工质量有更高的验收标准，质量计划需明确规定相应验收标准；如合同无特殊要求，施工单位针对本项目承诺施工质量符合国家验收规范和标准，则在质量计划需引用相应规范或标准。

(2)质量检查验收制度的制定

质量检查验收制度必须明确规定建筑工程各分部分项工程质量检查验收的程序和步骤、施工质量检验的内容以及检查验收的方法和手段。

①施工质量验收的程序与方法。工程项目施工质量验收是对已完工的工程实体的外观质量及内在质量按规定程序检查后，确认其是否符合设计要求及确认其是否符合相关行政管理部门制定的各项强制性验收标准的要求、确认其是否可交付使用的一个重要环节。正确地进行工程施工质量的检查评定和验收是确保工程质量的重要手段之一。

工程质量验收分为过程验收和竣工验收，其程序及组织包括以下内容。

a. 施工过程中，隐蔽工程在隐蔽前通知建设单位或监理工程师进行验收，并形成验收文件；分部分项工程完成后，应在施工单位自行验收合格后，通知建设单位和监理工程师验收，重要的分部分项应请设计单位参加验收。

b. 单位工程完工后，施工单位应自行组织检查、评定，认为工程质量符合验收标准后，向建设单位提交验收申请。

c. 建设单位收到验收申请后，应组织质量监督机构、设计单位、监理单位、施工单位等共同进行单位工程验收，明确验收结果，并形成验收报告。

d. 按国家现行管理制度，房屋建筑工程及市政基础设施工程应依照验收程序，即在规定的时间内，将验收文件报政府有关行政管理部门备案。

②施工质量验收的要求与标准。

a. 工程质量验收均应在施工单位对工程自行检查评定为"合格"后进行。

b. 参加工程施工质量验收的各方人员，应该具有规定的资格。

c. 工程项目的施工质量必须满足设计文件的要求。

d. 隐蔽工程在隐蔽前，由施工单位通知有关单位进行验收，并形成验收文件。

e. 单位工程施工质量必须符合相关验收规范的标准。

f. 涉及结构安全的材料及施工内容，应按照规定对材料及施工内容进行见证取样并保持检测资料。

g. 对涉及结构安全和使用功能的重要部分工程、专业工程应进行功能性抽样检测。

h. 工程外观质量应由验收人员通过现场检查后共同确认。

③施工质量检查评定验收的基本内容。

a. 分部分项工程内容的抽样检查。

b. 施工质量保证资料的检查，包括施工全过程的质量管理资料和技术资料，其中又以原材料、施工检测、测量复核及功能性试验资料为重点检查内容。

c. 工程外观质量的检查。

④工程质量不符合要求时的处理规定。

a. 经返工的工程应该重新检查验收。

b. 经有资质的检测单位检测鉴定，能达到设计要求的工程应该予以验收。

c. 经返修或加固处理的工程，虽局部尺寸等不符合设计要求，但仍然能满足使用要求，可按技术处理方案和协商文件进行验收。

d. 经返修和加固后仍不能满足使用要求的工程严禁验收。

8. 纠正措施与预防措施的制定

纠正措施就是分析某不合格项产生的原因，找寻消除该原因的措施并实施该措施，以确保在后续工作中该不合格项不会再次发生。

预防措施就是分析那些潜在的不合格项（即有可能会发生的不合格项）以及其产生的原因，寻找消除该原因的措施并实施该措施，以确保在工作中该不合格项不会再次发生。

在建筑工程项目的施工质量计划中，纠正措施是针对各分部分项工程施工中可能出现的质量问题来制定的，目的是使这类质量问题在后续施工中不再发生；预防措施是针对各分部分项工程施工中可能出现的质量问题来制定的，目的是在施工中预防这类质量问题的发生。通常纠正措施与预防措施在工程上以相应工程质量通病防治措施的形式出现。

9. 质量事故处理

质量计划必须对质量事故的性质、质量事故的程度、质量事故产生的原因分析要求、质量事故采取的处理措施以及质量事故处理所遵循的程序等方面做出明确规定。

质量计划必须引用国家关于质量事故处理的规定。

8.5.3 质量保证体系的运行

1. 项目部各岗位人员的就位和质量培训

建筑工程的施工项目部必须严格按照质量计划中的规定建立并运行施工质量管理体系。

①必须将满足岗位资格和能力要求的人员安排在体系的各岗位上，并进行质量意识的培训。

②能力不足的人员必须经过相应的能力培训，经考核能胜任工作，方可安排在相应岗位上。

2. 质量保证方法和措施的实施

建筑工程的施工项目部必须严格按照质量计划中关于质量保证方法和措施的规定开展各项质量管理活动、进行各分部分项工程的施工，使各项工作处于受控状态，确保工作质量和工程实体质量。

当施工过程中遇到在质量计划中未做出具体规定，但对工程质量产生影响的事件时，施工项目部各级人员需按照主动控制、动态控制原则，按照质量计划中规定的控制程序和岗位职责，及时分析该事件可能的发展趋势，明确针对该事件的质量控制方法，制定针对性的纠正和预防措施并实施，以确保因该事件导致的工作质量偏差和工程实体质量偏差均得到必要的纠正而处于受控状态。

上述情况下产生的质量控制方法和针对性的纠正和预防措施，经实施验证对质量控制有效，则将其补充到原质量计划中成为质量计划的一部分，以始终保持对施工过程的质量控制，使施工过程中的各项质量管理活动和各分部分项工程的施工工作随时处于受控状态。

确定工程的质量控制点的原则根据工程的重要程度来确定，设置质量管理要点时首先要对施工对象进行全面的分析、比较，以明确质量的控制点，然后分析所设置的质量管理要点在施工中可能出现的质量问题，最后针对可能出现的质量问题提出预防措施。

工序质量管理的控制步骤为：实测、分析、判断。

3. 质量技术交底制度的执行

为确保建筑工程的各分部分项工程的施工工作随时处于受控状态，必须严格按照质量计划中的质量技术交底制度，进行技术交底工作，并做好相关记录。

4. 质量检查制度的执行

施工人员、施工班组和质量检查人员在各分部分项工程施工过程中要严格按照质量验收标准和质量检查制度及时进行自检、互检和专职质检员检查，经三级检查合格后报监理工程师检查验收。

及时的三级检查，可以验证工程施工的实际质量情况与质量计划的差异程度，确认工程施工过程中的质量控制情况，并依据必要性适时采取相应措施，确保工程施工的顺利进行。

在执行质量检查制度时，除严格按照检查方法、检查步骤和程序外，还必须充分重视质量计划列出的各分部分项工程的检查内容和要求。

5. 按质量事故处理的规定执行

当发生质量事故时，项目部各级人员必须根据岗位的相应职责，严格按照质量保证计划的规定对该质量事故进行有效的控制，避免该事故进一步扩展；同时对该质量事故进行分类，分析事故原因，并及时处理。

在质量事故处理中科学地分析事故产生的原因是及时有效地处理质量事故的前提。下面介绍一些常见的质量事故原因分析。

(1)违背建设程序

常见的情况有：未经可行性论证，不做调查分析就拍板定案；未进行地质勘查就仓促开工；无证设计；随意修改设计；无图施工；不按图纸施工；不进行试车运转，不经竣工验收就交付使用等。这些做法导致一些工程项目留有严重隐患，房屋倒塌事故也常有发生。

(2)工程地质勘察工作失误

未认真进行地质勘察，提供的地质资料和数据有误；地质勘察报告不详细；地质勘察钻孔间距过大，勘察结果不能全面反映地基的实际情况；地质勘察钻孔深度不够，未能查清地下软土层、滑坡、墓穴等地层构造等工作失误，均会导致采用错误的基础方案，造成地基不均匀沉降、失稳，极易使上部结构及墙体发生开裂、破坏和倒塌事故。

(3)未加固处理好地基

对软弱土、冲填土、杂填土、湿陷性黄土、膨胀土、岩层出露、溶岩和溶洞等各类不均匀地基未进行加固处理或处理不当，均是导致质量事故发生的直接原因。

(4)设计错误

结构构造不合理，计算过程及结果有误，变形缝设置不当，悬挑结构未进行抗倾覆验算等错误都是诱发质量问题的隐患。

(5)建筑材料及制品不合格

钢筋物理力学性能不符合标准；混凝土配合比不合理，水泥受潮、过期、安定性不满足要求，砂石级配不合理、含泥量过高，外加剂性能、掺量不满足规范要求时，均会影响混凝土强度、密实性、抗渗性，导致混凝土结构出现强度不足、裂缝、渗漏、蜂窝、露筋等质量问题；预制构件断面尺寸过小，支承锚固长度不足，施加的预应力值达不到要求，钢筋漏放、错位、板面开裂等，极易发生预制构件断裂、垮塌的事故。

(6)施工管理不善、施工方法和施工技术错误

许多工程质量问题是由施工管理不善和施工技术错误所造成的。

①不熟悉图纸，盲目施工；未经监理、设计部门同意擅自修改设计。

②不按图施工。如把铰接节点做成刚接节点，把简支梁做成连续梁；在抗裂结构中用光圆钢筋代替变形钢筋等，极易使结构产生裂缝而破坏；对挡土墙的施工不按图纸设滤水层、留排水孔，易使土压力增大，造成挡土墙倾覆。

③不按有关施工验收规范施工，如对现浇混凝土结构不按规定的位置和方法，随意留设施工缝；现浇混凝土构件强度未达到规范规定的强度时就拆除模板；砌体不按组砌形式砌筑，如留直槎不加拉结条，在小于 1 m 宽的窗间墙上留设脚手眼等错误的施工方法。

④不按有关操作规程施工。如用插入式振捣器捣实混凝土时，不按插点均布、快插慢

拔、上下抽动、层层扣搭的操作法操作，致使混凝土振捣不实，整体性差。又如砖砌体的包心砌筑、上下通缝、灰浆不均匀饱满等现象都是导致砖墙、砖柱破坏、倒塌的主要原因。

⑤缺乏基本结构知识，施工蛮干。如不了解结构使用受力和吊装受力的状态，将钢筋混凝土预制梁倒放安装；将悬臂梁的受拉钢筋放在受压面；结构构件吊点选择不合理；施工中在楼面超载堆放构件和材料等均会给工程质量和施工安全带来重大隐患。

⑥施工管理混乱，施工方案考虑不周，施工顺序错误，技术措施不当，技术交底不清，违章作业，质量检查和验收工作敷衍了事等都是导致质量问题的祸根。

(7)自然条件影响

施工项目周期长、露天作业多，受自然条件影响大，温度、湿度、雷电、大风、大雪、暴雨等都能造成重大的质量事故，在施工中应予以特别重视，并采取有效的预防措施。

(8)建筑结构使用问题

建筑物使用不当也易造成质量问题。如不经校核、验算就在原有建筑物上任意加层，使用荷载超过原设计的容许荷载；任意开槽、打洞、削弱承重结构的截面等。

6. 持续改进

施工过程中对质量管理活动和施工工作的主动控制和动态控制，对出现影响质量的问题及时采取纠正措施，对经分析、预计可能发生的问题及时、主动地采取预防措施，在使整个施工活动处于受控状态的同时，也使整个施工活动的质量得到改进。

纠正措施和预防措施的采取既针对质量管理活动，也针对施工工作，尤其是针对建筑工程项目的各分部分项工程施工中质量通病所采取的防治措施。

第9章 建筑工程项目安全管理

9.1 建筑工程项目安全管理概述

建筑工程项目施工具有露天作业多、高空作业多、劳动强度大等特点，生产活动危险性大、不安全因素多，作为承担工程建设主要力量的施工单位人员，所处的是一个安全条件较差的作业环境。在建筑行业中，存在因职业环境不良等因素导致的现场人身伤害甚至死亡事件，这就要求建设单位在整个工程建设中从源头抓起，施行安全管理，合理安排和协调各施工单位的作业。

建筑工程安全管理主要包括施工项目的职业健康安全管理、施工现场安全管理、文明管理和环境管理等主要内容。为顺利实现投资、进度和质量三大目标，应重视职业健康与安全管理，这也是建设工程项目管理工作中贯彻"以人为本"方针的具体体现。因此，提高安全生产工作的管理水平，预防和减少伤亡事故的发生，确保职工的健康和安全，实现职业健康与安全管理工作的标准化和规范化，是一项十分重要的工作。

9.1.1 安全管理的含义与作用

1. 安全管理的含义

建筑工程安全管理指在施工过程中组织安全生产的全部管理活动，包括建设行政主管部门对建设活动中的安全问题所进行的行业管理，以及从事建设活动中的安全问题的管理。安全管理以国家的法律、规定和技术标准为依据，采取各种手段，通过对生产要素过程的控制，使生产要素的不安全行为和不安全状态得以减少或消除，达到减少一般事故、杜绝伤亡事故的目的，从而保证安全管理目标的实现。

在施工过程中，应运用科学的管理理论、方法，通过法规、技术、组织等手段，规范劳动者行为，控制劳动对象、劳动手段和施工环境条件，消除和减少不安全因素，使人、物、环境构成的施工生产体系达到最佳安全状态，最终实现安全目标。

施工项目职业健康安全管理的目的是保护产品生产者和使用者的健康与安全。其实现手段是通过控制影响工作场所内员工、临时工作人员、访问者和其他有关部门人员健康和安全的条件和因素，避免因使用不当而对使用者造成健康和安全方面的危害。

2. 安全管理的作用

①提高企业安全生产管理水平和管理效益。

②提高劳动者身心健康，提高职工劳动生产率。

③发现危险隐患和作业条件的缺陷，采取有效的预防和保护措施，减少伤亡事故的发生，降低不利因素造成损失导致的企业成本增加，有利于和谐社会的建设和发展。

④培养施工人员按章作业、规范操作的职业习惯。

⑤提高建筑工程安全管理相关法律、法规、标准和规范的普及程度，增强作业者的法治观念。

9.1.2　施工项目危险源

1. 危险源的概念及分类

危险源指的是可能导致伤害或疾病、财产损失、工作环境破坏或这些情况组合的根源或状态。人们常讲"安全无小事"，实际上建筑业的施工活动和工作场所中的危险源很多，存在的形式也较复杂，但归结起来有两类危险源，即根据和状态。

根据。能量或危险物质的意外释放是伤亡事故发生的物理源。在建筑业施工中使用的燃油、油漆等易燃物质都存在能量，机械运转中的机械能、临时用电的电能、起重吊装及高空作业中的势能，都是属于第一类的危险源。

状态。正常情况下，生产过程中能量或危险物质受到约束或限制不会发生意外的释放。但是，一旦这些约束或限制能量的措施失效，就将发生事故。导致能量或危险物质约束或限制措施失效的各种因素，称为第二类危险源。第二类危险源主要有以下三种情况。

（1）物的故障

物的故障是指机械设备、装置、零部件等由于性能低下而不能实现预定的功能的现象，主要由设计缺陷、使用不当、维修不及时，以及磨损、腐蚀、老化等原因造成。例如：电线绝缘损坏发生漏电；管路破裂引起其中的有毒、有害介质泄漏等。

（2）人的失误

人的失误是指人的行为结果偏离了被要求的标准，不按规范要求操作以及人的不安全行为等原因造成事故。例如：合错了开关引起检修中的线路带电；非岗位操作人员操作机械等。

（3）环境因素

环境因素是指人和物存在的环境，即施工作业环境中的温度、湿度、噪声、照明、通风等方面的因素，会促使人的失误或物的故障的产生。如潮湿环境会加速金属腐蚀而降低结构强度；工作场所强烈的噪声会影响人的情绪，分散人的注意力而产生失误等。

事故的发生往往是两类危险源共同作用的结果，第一类危险源是伤亡事故发生的能量主体，决定事故后果的严重程度；第二类危险源是事故发生的必要条件，决定事故发生的可能性。两类危险源互相联系、互相依存，前者为前提，后者为条件。

2. 建筑施工企业危险源的辨识

（1）危险源辨识与辨识方法

识别危险源的存在并确定其特性的过程，就是危险源辨识。要识别整个施工全过程中的危险源，包括所有的常规活动和非常规活动，施工现场内所有的设备设施，所有的人员包括临时人员及供方人员等。

辨识的方法通常有：询问交谈、调查表、现场观察、安全检查表、危险与可操作性研究、事故树分析法等。

（2）建筑施工企业危险源辨识

①按工序进行危险源辨识。施工生产项目按分项、分部和单位工程进行施工，在对危险源进行辨识中采取从施工准备到工程竣工的全过程危险源辨识，对危险源进行全过程的排查，以便在施工策划时就提出控制管理方案和措施，充分体现预防为主的方针。如一个桥梁工程，可以从施工准备、临时工程、施工用电、基础工程、墩台工程、预制梁、架梁、桥面铺装、附属工程等大的过程入手，再将每个具体的过程细分工序，如从基础施工中的开挖、模板支架的加工和安装、钢筋的加工和安装、混凝土的拌制运输浇筑、机械的使用等具体的工序中查找危险源，这样才能全面地排查隐患。

②从建筑业的五大伤害入手辨识危险源。建筑施工现场复杂又变化不定，在有限的场所集中了大量的作业工人、建筑材料、机械设备，这样就存在较多的不安全因素，容易导致多种伤亡事故的发生。根据有关部门的统计结果，建筑施工企业在施工中的高处坠落、触电事故、物体打击、机械伤害、坍塌事故，是建筑施工企业的五大伤害。

a. 高处坠落：随着生产的进行，建筑物向高处发展，高空作业现场较多，因此，高处坠落事故是主要的事故，多发生在洞口、临边处作业、脚手架、模板、龙门架等作业中。

b. 触电事故：建筑施工离不开电力、电动机具和电器照明等。外电线路触电、施工机械漏电、电线电缆绝缘皮老化或破损、照明电压不安全、违章用电等情况均可能引发触电事故。

c. 物体打击：建筑工程由于受到工期的约束，在施工中必然安排部分或全面的交叉作业，因此，物体打击是建筑施工中的常见事故。

d. 机械伤害：主要指垂直运输机械或机具、钢筋加工、混凝土拌和、木材加工等机械设备对操作者造成的伤害。

e. 坍塌事故：在土石方开挖、基础工程、隧道工程的施工中容易造成坍塌事故。

建筑施工中的五大伤害是建筑施工企业安全控制的重点。当然，施工的项目不同，项目本身还具有特点，也应对实际的项目进行具体的分析和辨识。

9.1.3　施工项目安全管理应处理的关系与基本原则

1. 施工项目安全管理应处理好的五种关系

（1）安全与危险的并存关系

安全与危险往往存在于同一事物的运动之中，两者相互对立、相互依存。正是因为危险存在，才需要进行安全管理，从而预防危险的发生。保持生产的安全状态，必须采取多种措施，以预防为主，这样危险因素就完全可以控制。

（2）安全与生产的统一关系

安全是生产的客观需求，生产有了安全保障，才能持续而稳定地发展。生产活动中事故层出不穷，生产势必陷入混乱甚至瘫痪状态。当生产与安全发生矛盾、危及职工生命或国家财产安全时，生产活动应停下来整治，待消除危险因素后再进行生产，生产形势才会变得更好。

(3)安全与质量的包含关系

质量包含安全，安全也影响质量，两者相互作用、互为因果。安全为质量服务，质量又需要安全保驾护航。忽视任意一方，生产过程都会陷入混乱。

(4)安全与进度的互保关系

施工项目应追求安全加速度。一味强调速度，而置安全于不顾的做法是极其有害的。当进度与安全发生矛盾时，暂时减缓施工进度，保证安全才是顺利实现目标的做法。

(5)安全与效益的兼顾关系

安全和效益两者协调一致，安全有利于促进效益的增长。在安全管理中，投入要适度、适当，做好统筹安排。投入既要保证安全生产，又要经济、合理。另外，还要考虑企业的经济实力和成本计划。

2. 施工项目安全管理的基本原则

(1)管理生产必须管理安全的原则

管理生产的同时管理安全，不仅是对各级领导人员明确安全管理责任，也是向一切与生产有关的机构、人员明确业务范围内的安全管理责任。

(2)贯彻"安全第一、预防为主"的原则

安全生产的原则是"安全第一、预防为主"。进行安全管理不是处理事故，而是在生产活动中针对生产的特点，对生产因素采取管理措施，从而有效控制不安全因素的发展与扩大，把可能发生的事故消灭在萌芽状态，以保证施工人员的安全。

(3)动态控制的原则

安全管理是一种动态管理。在施工生产活动中，随时随地都会遇到、接触到各个方面的危险因素。因此，对生产中不安全因素的控制是动态安全管理的重点。

(4)全面控制的原则

安全管理不是少数人和安全机构的事，而是一切与施工生产有关人员共同的事。生产组织者在安全管理中的作用固然重要，全员性参与管理也不能忽视。因此，生产活动中必须坚持全员、全过程、全方位的全面管理。

(5)现场安全为重点的原则

施工现场是所有施工活动进行的"舞台"，大量的物资、劳动力、机械设备都需要通过这个"舞台"转变为建筑物。同时，施工现场也是最复杂的施工活动空间，不安全因素更多，有的甚至是隐蔽的，造成的危害或损失更大。所以，施工现场的安全应作为安全管理的重点。

9.2 安全生产责任制、安全教育与安全技术措施

工程施工前必须明确安全生产责任目标，建立安全生产责任制，签订安全生产协议书，使每个人都明确自己在安全生产工作中所应承担的责任。

9.2.1　安全生产责任制

施工项目承担控制、管理施工生产进度、成本、质量、安全等目标的责任。因此，必须同时承担进行安全管理、实现安全生产的责任。

（1）建立组织

建立、完善以项目经理为首的安全生产领导组织，有组织、有领导地开展安全管理活动。承担组织、领导安全生产的责任。

（2）建立责任制度

建立各级人员安全生产责任制度，明确各级人员的安全责任。抓制度落实、抓责任落实，定期检查安全责任落实情况，及时报告。

①项目经理是施工项目安全管理的第一责任人。

②各级职能部门、人员，在各自业务范围内，应对实现安全生产的要求负责。

③全员承担安全生产责任，建立安全生产责任制，从经理到工人的生产系统做到纵向到底，一环不漏。各职能部门、人员的安全生产责任做到横向到边，人人负责。

（3）持有资质

施工项目应通过监察部门的安全生产资质审查，并得到认可。一切从事生产管理与操作的人员、依照其从事的生产内容，分别通过企业、施工项目的安全审查，取得安全操作认可证，持证上岗。

特种作业人员，除经企业的安全审查，还需按规定参加安全操作考核；取得中华人民共和国应急管理部核发的《中华人民共和国特种作业操作证》和《安全生产知识和管理能力考核合格证》，坚持"持证上岗"。施工现场出现特种作业无证操作现象时，施工项目必须承担管理责任。

（4）承担责任与损失

施工项目负责施工生产中物的状态的审验与认可，承担物的状态的漏验、失控的管理责任，接受由此而出现的经济损失。

（5）签订协议

一切管理、操作人员均需与施工项目签订安全协议，向施工项目做出安全保证。

（6）严格把关

安全生产责任落实情况的检查，应认真、详细地记录，作为分配、补偿的原始资料之一。

为保障劳动者在施工生产中的生命安全和身体健康，根据国家和省市有关规定，结合施工现场实际情况，具体制定相符合的安全生产责任制。

9.2.2　安全教育

1. 安全教育的内容

三级安全教育是指公司、项目经理部、施工班组三个层次的安全教育。三级教育的内容、时间及考核结果要有记录。

（1）工人进场公司一级安全教育内容

①我国建筑业安全生产的指导方针是必须贯彻"安全第一，预防为主"的思想。

②安全生产的原则是坚持"管生产必须管安全"。讲效益必须讲安全，是生产过程中必须遵循的原则。

③必须遵守本公司的一切规章制度和"工地守则"及"文明施工守则"。

④建筑企业，根据历年来工伤事故统计：高处坠落占40%~50%，物体打击约占20%，触电事故约占20%，机械伤害占10%~20%，坍塌事故占5%~10%，因此，预防以上几类事故的发生，就可以大幅度降低建筑工人的工伤事故率。

⑤提高自我防护意识，做到不伤害自己、不伤害他人，也不被他人伤害。

⑥企业职工、合同工、临时工、承包工要热爱本职工作，努力学习提高政治、文化、业务水平和操作技能；积极参加安全生产的各项活动，提出改进安全工作的意见，一心一意搞好安全。

⑦在施工过程中，必须严格遵守劳动纪律，服从领导和安全检查人员的指挥，工作时思想要集中，坚守岗位，未经变换工种培训和项目经理部的许可，不得从事非本工种作业；严禁酒后上班；不得在禁火的区域吸烟和动火。

⑧施工时要严格执行操作规程，不得违章指挥和违章作业；对违章作业的指令有权予以拒绝施工，并有责任和义务制止他人违章作业。

⑨按照作业要求，正确穿戴个人防护用品。进入施工现场必须戴安全帽，在没有防护设施的高空、临边和陡坡进行施工时，必须系上安全带；高空作业不得穿硬底和带钉易滑的鞋，不得往下投掷物体，严禁赤脚或穿高跟鞋、拖鞋进入施工现场作业。

⑩在施工现场行走要注意安全，不得攀登脚手架、井字架和随吊盘上下。

⑪正确使用防护装置和防护设施。对各种防护装置、防护设施和安全禁示牌等，不得任意拆除和随意挪动。

⑫建筑业属于高空作业，如班组因工作需要招用临时性工人时，严禁招有高血压、心脏病、癫痫病和年龄未满16周岁的儿童从事建筑生产。

⑬在工棚（包括木制品生产车间）吸烟时，应该将烟火和火柴梗放在有水的盆里，不要随地乱丢，不要躺在床上吸烟，电灯泡距离可燃物应大于30 cm。

⑭如发现有人触电时，应立即采取如下措施。

a. 切断电源，如拉下闸刀、保险丝等。

b. 用木棍挑开电源。

c. 站在干木板或木凳上拉开触电者的干衣服，使其脱离电源，万一触电者因抽筋而紧握电线，可用干燥的木棍、胶把钳等工具切断电源；或用干燥木板、干胶木板等绝缘物插入触电者身下，以隔断电流。

⑮施工现场要按规定悬挂灭火器，工地一旦发生火灾，无论任何人发现火警都有义务迅速向当地消防部门报警，报警时要讲清楚起火原因、地点，并要派人在路口接应消防车。

⑯发生火灾时，现场所有人员都要积极扑救火势并保护好现场，积极配合火灾事故的调查工作。

⑰如工地发生伤亡事故，应立即报告公司和主管部门，不得瞒报和谎报。

⑱发生伤亡事故后，因抢救人员的需要要移动现场物件时，应绘制现场简图并妥善保存现场重要痕迹、物证，有条件的可以进行拍照。

⑲事故现场必须经过劳动安全机构和司法部门的调查组同意，方可进行现场的清理工作。

(2)工人进场项目部二级安全教育内容

①建筑施工现场的特点是一个露天、多工种的立体交叉作业环境，临时设施多、作业环境多变、人机流动性大的生产场所。因此，存在着多种不安全因素，是事故多发的作业场所。

②应遵守公司和项目部的一切规章制度和"工地守则""现场文明施工条例"。

③努力学习本工种的安全技术操作规程和有关的安全防护知识，积极参加各项安全活动，提出改正安全工作的意见，从而使安全管理水平再上新台阶。

④提高自我防护意识，做到不伤害自己、不伤害他人、不被他人伤害。

⑤进入施工现场必须戴好安全帽、扣好帽带，并正确使用个人防护用品。

⑥高处作业时，不准往下或向上抛掷工具、材料等物体。

⑦建筑业属于高空作业，生产班组如果因工作需要招用临时性工人，严禁招用患有高血压、心脏病、精神病、癫痫病、高度近视眼等不宜在建筑行业劳动的人员。

⑧高空作业不得穿硬底鞋和带钉易滑的鞋，严禁赤脚或穿高跟鞋、拖鞋进入施工现场。

⑨在施工现场行走要注意安全，不得攀登脚手架、井架；井架的吊篮严禁乘人上下。

⑩严禁酒后上班，不得在工地打架斗殴、嬉闹、猜拳、酗酒、赌博、寻衅滋事和耍流氓等违法行为。

⑪施工作业时要严格执行安全操作规程，不得违章指挥和违章作业；对违章作业的指令班组有权拒绝施工，并有责任和义务制止他人违章作业的行为。

⑫正确使用个人防护用品和爱护防护设施。对各种防护装置、防护设施和安全警示牌等，未经工地安全员同意，不得随便拆除和挪动。

⑬拆除井架、竹架和倾倒土头杂物，必须有专人监护。

⑭防止触电事故发生，要做到以下几点。

a. 非电工、机械人员，不要乱动电和机械设备。

b. 实行一机一闸一漏电保护。

c. 不要把衣服和杂物挂在可能触电的物体上。

⑮外脚手架、卸料平台架的防护栏杆，严禁坐人和挤压。

(3)工人进场班组三级安全教育内容

班组安全教育按工种展开。比如，钢筋班组安全生产教育的内容如下。

①每个工人都应自觉遵守法律法规和公司、项目部的各种规章制度。

②钢材、半成品等应按规格、品种分别堆放整齐。制作场地要平整，操作台要稳固，照明灯具必须加网罩。

③拉直钢筋，卡头要卡牢，地错要结实牢固，拉筋沿线 2 m 区域内禁止行人。人工绞磨拉直，禁止用胸、肚接触推杆；并缓慢松解，不得一次松开。

④展开圆盘钢筋要一头卡牢，防止回弹，切断时要先用脚踩牢。

⑤在高空、深坑绑扎钢筋和安装骨架，须搭设脚手架和马道。

⑥绑扎立柱、墙体钢筋，不得站在钢筋骨架上和攀登骨架上下。柱筋在 4 m 以下且重

量不大时，可在地面或楼面上绑扎，整体竖起；柱筋在 4 m 以上应搭设工作台；柱、梁骨架应用临时支撑拉牢，以防倾倒。

⑦绑扎基础钢筋时，应按施工操作规程摆放钢筋支架(马凳)架起上部钢筋，不得任意减少支架或马凳。

⑧多人合运钢筋，起、落、转、停动作要一致，人工上下传送不得在同一垂直线上；钢筋堆放要分散、稳当，防止倾倒和塌落。

⑨点焊、对焊钢筋时，焊机应设在干燥的地方；焊机要有防护罩并放置平稳牢固，电源通过漏电保护器，导线绝缘良好。

⑩电焊时应戴防护眼镜和手套，并站在胶木板或木板上。电焊前应先清除易燃易爆物品，停工时确认无火源后，方准离开现场。

⑪钢筋切断机应机械运转正常，方准断料。手与刀口距离不得少于 15 cm。电源通过漏电保护器，导线绝缘良好。

⑫切断钢筋禁止超过机械负载能力；切长钢筋应有专人扶住，操作动作要一致，不得任意拖拉。切断钢筋要用套管或钳子夹料，不得用手直接送料。

⑬使用卷扬机拉直钢筋，地锚应牢固、坚实，地面平整。钢丝绳最少需保留三圈，操作时不准有人跨越。作业突然停电，应立即拉开闸刀。

⑭电机外壳必须做好接地，一机一闸，严禁把闸刀放在地面上，应挂 1.5 m 高的地方，并有防雨棚。

⑮严禁操作人员在酒后进入施工现场作业。

⑯每个工人进入施工现场，都必须头戴安全帽。

⑰班组如果因劳力不足需要再招新工人时，应事先向工地报告。

⑱新工人进场后应先经过三级安全交底，并经考试合格后方可让其正式上岗。

⑲新工人进场应具有四证，即劳动技能证、身份证、计划生育证和外来人口暂住证。

2. 安全教育工作开展要求

安全教育工作是整个安全工作中的一个重要环节。通过各种形式的安全教育，能增强全体职工及操作层工人的安全生产意识，提高安全生产知识，有效地防止人的不安全行为，减少人的失误。进行安全教育要适时、宜人，内容合理、方式多样，形成制度。组织安全教育做到严肃、严格、严密、严谨，讲求实效。

安全教育工作的开展要求如下。

①新进施工现场的各类施工人员，必须进行进场安全教育。新工人入场前，应完成三级安全教育。对学徒工、实习生的入场三级安全教育，重点偏重一般安全知识、生产组织原则、生产环境、生产纪律等。强调操作的非独立性。对季节工、农民工三级安全教育，以生产组织原则、环境、纪律、操作标准为主。两个月内安全技能不能达到熟练的，应及时解除劳动合同，废止劳动资格。

②变换工种时，要进行新工种的安全技术教育。

③进行定期和季节性的安全技术教育，其目的在于增强安全意识，控制人的行为，尽快地适应变化，减少人的失误。

④加强对全体施工人员节前和节后的安全教育。

⑤采用新技术，使用新设备、新材料，推行新工艺前，应对有关人员进行安全知识、技能、意识的全面安全教育，激励操作者实行安全技能的自觉性。

⑥坚持班前安全活动、周讲评制度。

9.2.3　安全技术措施

1. 施工安全技术措施基本概念

施工安全技术措施是施工组织设计中的重要组成部分，它是具体安排和指导工程安全施工的安全管理与技术文件。施工安全技术措施是针对危险源采取的技术手段。制定施工安全技术措施应遵循"消除、预防、减少、隔离、个体保护"的原则。针对每项工程在施工过程中可能发生的事故隐患和可能发生安全问题的环节进行预测，从而在防护、技术和管理上采取措施，消除或控制施工过程的不安全因素，防范发生事故。

2. 施工安全技术措施的内容

施工安全技术措施根据具体工程项目特点的不同而不同，其主要内容包括以下几点。

①施工平面布置的安全技术要求。

②高空作业。安全技术措施应主要从防护着手，包括职工的身体状况（不允许带病、疲劳、酒后上高空作业）和防护措施（佩戴安全带，设置安全网、防护栏等）。

③机械操作。除应要求严格按安全操作规程操作外，对一些特殊的机械，应制定特别的安全技术措施。

④起重吊装作业。起重吊装作业，尤其是大型吊装，具有重大风险，一旦出现安全事故，后果极其严重，应根据具体方案制定安全技术措施，并形成专门的安全技术措施方案。设置警戒区，凡是吊装事故发生后可能影响的区域均应进入警戒区。在吊装过程中，除吊装施工人员外，不允许其他人员进入警戒区，更不允许在警戒区内安排其他施工。

⑤动用明火作业。必须采取专门的防护措施和预备专门的消防设施和消防人员。

⑥在密闭容器内作业。在密闭容器内作业，空气不流通，很易造成工人窒息和中毒，必须采取空气流通措施。

⑦带电调试作业。必须采取相应的安全技术措施，防止触电和用电机械产生误动作。

⑧管道和容器的压力试验。管道和容器的压力试验中的气压试验，其安全技术措施主要是严格按试压程序进行，即先水压试验，后气压试验，分级试压，试压前严格执行检查、报批程序。

⑨临时用电。由于是临时的，施工现场的职工易对临时用电产生麻痹思想，乱拉乱接，很多触电事故和火灾事故均由此引起。采取的安全技术措施包括充分考虑施工现场的临时用电部位、规范布线、严格管理等。

⑩单机试车和联动试车等安全技术措施。应根据设备的工艺作用、工作特点、与其他设施的关联等制定安全技术措施方案。

此外还有冬季、雨季、夏季高温期、夜间等施工时安全技术措施；针对工程项目的特殊需求，补充相应的安全操作规程或措施；针对采用新工艺、新技术、新设备、新材料施工的特殊性，制定相应的安全技术措施；对施工各专业、工种、施工各阶段、交叉作业等编制针对性的安全技术措施等。

9.3　安全检查与安全生产监督

施工项目现场安全检查是及时发现施工中人的不安全行为和物的不安全状态的重要途径，是消除隐患、落实整改措施、防止事故、改善劳动条件及提高员工安全生产意识的重要手段，是安全管理工作的一项重要内容。

建筑工程安全生产监督管理，是建设行政主管部门依据法律、法规和工程建设强制性标准，对建筑工程安全生产实施监督管理，督促勘察设计、建设、监理、施工等各方责任主体履行相应安全生产责任，以控制和减少建筑施工事故发生，保障人民生命财产安全、维护公众利益的行为。

9.3.1　安全检查

1. 安全检查的类型

安全检查的类型主要有日常性检查，专业性检查，季节性检查，节假日前后的检查，不定期检查，突击性检查和特殊检查。

（1）日常性检查

日常性检查即经常性检查，普遍的检查。施工企业检查一般对施工项目每年进行1～4次；施工项目经理自检每月1～2次，至少进行1次；施工班组每周、每班次都应进行检查。专职安全技术人员的日常检查应该有计划，针对重点部位进行周期性检查。

（2）专业性检查

专业性检查是针对特殊作业、特殊设备、特殊场所进行的检查。如电焊、气焊、起重设备、运输车辆、锅炉压力容器和易燃易爆场所等。

（3）季节性检查

季节性检查是根据特点，为保障安全生产的特殊要求所进行的检查。如春季风大，要着重防火防爆；夏季高温多雨雷电，着重防暑、降温、防汛、防雷击、防触电；冬季着重防寒、防冻等。

（4）节假日前后的检查

节假日期间容易产生松懈，节假日前后的检查是针对此特点而进行的安全检查，包括节日前进行安全生产综合检查，节日后要进行遵章守纪的检查等。

（5）不定期检查

不定期检查是指在施工项目及专业工程开工前和停工前、检修中、工程竣工及运转时进行的安全检查。

（6）突击性检查

突击性检查指无固定检查周期，对特别部门、特别设备、小区域的安全检查。

（7）特殊检查

特殊检查是指针对新安装的设备、新采用的工艺、新建或改建的工程项目投入使用前，以发现其带来新的危险因素为专题的安全检查。

2. 安全检查的内容

(1)查思想

主要检查企业领导、施工项目经理部管理人员及施工作业工人对安全生产工作的认识。

(2)查管理

主要检查施工项目安全管理是否有效。主要内容包括安全生产责任制，安全技术措施计划，安全组织机构，安全保证措施，安全技术交底，安全教育，持证上岗，安全设施，安全标识，操作规程，违规行为，安全记录等。

(3)查隐患

主要检查作业现场是否符合安全生产、文明施工的要求。

(4)查整改

主要检查对以前提出问题的整改情况。

(5)查事故处理

对安全事故的处理应达到查明事故原因、明确责任并对责任者做出处理、明确和落实整改措施等要求。同时，还应检查对伤亡事故是否及时报告、认真调查、严肃处理。

安全检查的重点是违规指挥和违规作业。安全检查后应编制安全检查报告，说明已达标项目、未达标项目、存在问题、原因分析及纠正和预防措施等。

3. 安全检查的方法

常用安全检查的方法包括一般检查方法和安全检查表法。

(1)一般检查方法

常采用看、听、嗅、问、查、测、验和析等方法。

①看：看现场环境和作业条件，看实物和实际操作，看记录和资料等。

②听：听汇报、听介绍、听反应、听意见或批评、听机械设备的运转响声或承重物发出的微弱声等。

③嗅：对挥发物、腐蚀物、有毒气体进行辨别。

④问：分析影响安全的问题，详细询问，追根究底。

⑤查：查明问题，查对数据，查清原因，追查责任。

⑥测：测量、测试和监测。

⑦验：进行必要的试验和检验。

⑧析：分析安全事故死亡隐患和原因。

(2)安全检查表法

安全检查表法通过事前拟定的全检查明细表或清单，对安全生产进行初步分析和控制。安全检查表通常包括的内容有检查项目、内容、回答问题、改进措施、检查措施、检查人等。

4. 安全检查的注意事项

①安全检查要深入基层，紧紧依靠职工，坚持领导与群众相结合的原则，组织好检查工作。

②建立检查的组织领导机构，配备适当的检查人员，挑选具有较高技术业务水平的专

职人员参加。

③做好检查的各项准备，包括思想端正，重温业务知识与法规政策，准备检查设备、奖金。

④明确检查的目的和要求。既要严格检查，又要防止一刀切，坚持从实际出发，分清主次矛盾，力求实效。

⑤把自查和互查有机结合。基层以自检为主，作业队和智能管理部门之间应进行互查，取长补短，相互学习和借鉴。

⑥坚持查改结合。检查只是一种手段，而不是目的，整改才是最终目的。检查中一旦发现问题，应及时采取切实有效的防范措施进行整改，以消除隐患。

⑦建立检查档案。结合安全检查表的实施，建立健全检查档案，收集基本数据，掌握基本安全状况，为及时消除隐患提供数据。同时，也为以后的职业健康安全检查奠定基础。

9.3.2 安全生产监督

1. 安全生产监督管理制度

安全监督部门作为政府的代表进行安全行业管理。建筑工程安全生产监督管理坚持"以人为本"理念，贯彻"安全第一、预防为主"的方针，依靠科学管理和技术进步，遵循属地管理和层级监督相结合、监督安全保证体系运行与监督工程实体防护相结合、全面要求与重点监管相结合、监督执法与服务指导相结合的原则。

依据《中华人民共和国建筑法》《中华人民共和国安全生产法》《建设工程安全生产管理条例》《安全生产许可证条例》等有关法律、法规及《建筑工程安全生产监督管理工作导则》的规定，建设行政主管部门应当依照有关法律法规，针对有关责任主体和工程项目，健全完善以下安全生产监督管理制度。

①建筑施工企业安全生产许可证制度。

②建筑施工企业"三类人员"安全生产任职考核制度。

③建筑工程安全施工措施备案制度。

④建筑工程开工安全条件审查制度。

⑤施工现场特种作业人员持证上岗制度。

⑥施工起重机械使用登记制度。

⑦建筑工程生产安全事故应急救援制度。

⑧危及施工安全的工艺、设备、材料淘汰制度。

⑨法律法规规定的其他有关制度。

2. 安全生产监督的工作内容

安全监督包括施工安全和文明施工监督两项内容，监督单位应根据工程项目的实际情况，建立健全工程监督组织机构，落实安全监督责任制，实施切实有效的监督方法，将安全监督工作贯穿于整个工程监督之中，做到思想到位、人员到位、工作到位、管理到位，切实保障施工安全，杜绝安全事故的发生。只有摆正监督单位的角色定位，才能使监督单位明确自身的监督职责，确定合适的安全生产管理工作内容，采用有效的安全生产监督手段，排除影响业主投资目的实现的安全生产危险因素，达到维护委托人合法权益的目的。在具体的施工管理中，安全监督的主要内容有以下几点。

①贯彻执行"安全第一，预防为主"的方针，国家现行的安全生产的法律、法规，建设行政主管部门的安全生产的规章、检查标准和工程建设标准强制性条文。

②督促施工单位落实安全生产的组织保证体系、安全管理人员配备、安全设备设施、安全防护用品用具和安全生产资金投入，建立健全安全生产责任制和各项安全生产管理制度。

③督促施工单位对工人进行安全生产教育及分部分项工程的安全技术交底，检查特种作业人员的持证上岗情况和工人对安全操作规程的掌握情况。

④审核总体施工组织设计和各单项专业安全施工组织设计。

⑤督促施工单位按照有关规范标准要求，落实分部分项工程、各工序和关键部位的安全防护措施。

3. 安全生产监督的权利和义务

《中华人民共和国建筑法》第三十二条规定：建筑工程监理应当依照法律、行政法规及有关的技术标准、设计文件和建筑工程承包合同，对承包单位在施工质量、建设工期和建设资金使用等方面，代表建设单位实施监督。工程监理人员认为工程施工不符合工程设计要求、施工技术标准和合同约定的，有权要求建筑施工企业改正。工程监理人员发现工程设计不符合建筑工程质量标准或者合同约定的质量要求的，应当报告建设单位要求设计单位改正。该条虽然没有指明监督工程师在安全生产监督中的责任，但其中包含着监督工程师应了解设计、施工技术标准和合同中有关安全的规定，并对承包商的安全生产进行监督，并有权在承包商违背时要求其改正。

《建设工程监理规范》(GB/T 50319—2013)第 3.2.1 条规定了总监理工程师的职责：确定项目监理机构人员及其岗位职责；组织编制监理规划，审批监理实施细则；根据工程进展及监理工作情况调配监理人员，检查监理人员工作；组织召开监理例会；组织审核分包单位资格；组织审查施工组织设计、(专项)施工方案；审查开复工报审表，签发工程、开工令暂停令和复工令；组织检查施工单位现场质量、安全生产管理体系的建立及运行情况；组织审核施工单位的付款申请，签发工程款支付证书，组织审核竣工结算；组织审查和处理工程变更；调解建设单位与施工单位的合同争议，处理工程索赔；组织验收分部工程，组织审查单位工程质量检验资料；审查施工单位的竣工申请，组织工程竣工预验收，组织编写工程质量评估报告，参与工程竣工验收；参与或配合工程质量安全事故的调查和处理；组织编写监理月报、监理工作总结，组织整理监理文件资料。

《建设工程安全生产管理条例》第十四条规定：工程监理单位应当审查施工组织设计中的安全技术措施或者专项施工方案是否符合工程建设强制性标准。工程监理单位在实施监理过程中，发现存在安全事故隐患的，应当要求施工单位整改；情况严重的，应当要求施工单位暂时停止施工，并及时报告建设单位。施工单位拒不整改或者不停止施工的，工程监理单位应当及时向有关主管部门报告。工程监理单位和监理工程师应当按照法律、法规和工程建设强制性标准实施监理，并对建设工程安全生产承担监理责任。

9.4 安全隐患与安全事故

9.4.1 人的不安全行为与物的不安全状态

建筑工程项目安全事故的成因可归结为四类，即人(man)、机器(machine)、物(material)、方法(method)，简称"4M"因素，其中，人的不安全行为和物的不安全状态，是酿成安全事故的直接原因。

1. 人的不安全行为与人的失误

不安全行为是人表现出来的，是与人的心理特征相违背的非正常行为。人在生产活动中，曾引起或可能引起事故的行为，必然是不安全行为。人的自身因素是人的行为外因，是影响人的行为条件，甚至会产生重大影响。

人的失误是指结果偏离了规定的目标或超出了可接受的界限，并产生不良影响的行为。在生产作业中，人的失误往往是不可避免的。

(1)人的失误具有与人的能力的可比性

工作环境可诱发人的失误。由于人的失误是不可避免的，因此，在生产中凭直觉、靠侥幸是不能长期成功地维持安全生产的。当编制操作程序和操作方法时，侧重地考虑了生产和产品条件，忽视了人的功能和水平，就有促使人发生失误的可能。

(2)人的失误的类型

人的失误分为随机失误和系统失误。随机失误是由人的行为、动作和随机性质引起的人的失误。其与人的心理、生理有关。随机失误往往是不可预测的，也不会重复出现。而系统失误则是由系统设计不足或人的不正常状态引发的人的失误。系统失误与工作条件有关，类似的条件可能引发失误再出现或重复发生。改善工作条件、加强职业训练可以避免系统失误的发生。

(3)人的失误表现

人的失误一般很难预测，例如遗漏或遗忘现象、把事弄颠倒、没有按要求或规定时间操作、无意识动作、调整错误、进行规定外的动作等。

(4)信息处理过程中的失误

此类人的失误现象是人对外界信息刺激反应的失误，与人自身的信息处理过程与质量有关，与人的心理紧张程度有关。人在进行信息处理时，出现失误是客观的倾向。信息处理失误倾向，可能导致人的失误。在对工艺、操作、设备等进行设计时，采取一些预防失误倾向的措施，对克服失误倾向是极为有利的。

(5)心理紧张与人的失误的关联

人的大脑意识水平的降低会直接引起信息处理能力的降低，从而影响人对事物注意力的集中，降低警觉程度。意识水平的降低是发生人的失误的内在原因。经常进行教育、训练，合理安排工作，消除心理紧张因素，控制心理紧张的外部原因，使人保持最优的心理紧张程度，对消除失误现象是十分重要的。

(6)人的失误的致因

造成人的失误的原因是多方面的,有人的自身因素对过负荷的不适应原因,如精神状态不佳、疲劳、疾病时的超负荷操作,以及环境过负荷、心理过负荷等都会使人发生操作失误;也有与外界刺激要求不一致时,出现要求与行为偏差的原因,这种情况下,可能出现信息处理故障和决策错误;还有由于对正确的方法不清楚,有意采取不恰当的行为而出现完全错误的情况。

(7)不安全行为的心理原因

个性心理特征是指个体人经常、稳定表现的能力、性格、气质等心理特点的总和。这是在人的先天条件的基础上,在社会条件和具体实践活动的影响下而逐渐形成和发展起来的。一切人的个性心理特征不会完全相同。人的性格是个性心理的核心,因此,性格能决定人对某种情况的态度和行为。鲁莽、草率、懒惰等性格,往往成为产生不安全行为的心理原因。

2. 物的不安全状态

物是指在生产过程中发挥一定作用的机械、物料、生产对象以及其他生产要素的总和。物具有不同的形式、不同的能量,有时会出现能量意外释放,从而引发事故。

由于物的能量释放而引起事故的状态,称为物的不安全状态,这是从能量与人的伤害间的联系所下的定义。如果从发生事故的角度,也可以把物的不安全状态看作曾引起或可能引起事故的物的状态。

在生产过程中,物的不安全状态极易出现。所有的物的不安全状态,都与人的不安全行为或人的操作、管理失误有关。往往在物的不安全状态背后,隐藏着人的不安全行为或人的失误。物的不安全状态既反映了物的自身特性,又反映了人的素质和人的决策水平。

物的不安全状态的运输轨迹,一旦与人的不安全行为的运动轨迹交叉,就构成了发生事故的时间与空间。所以,物的不安全状态是发生事故的直接原因。因此,正确判断物的具体不安全状态,控制其发展,对预防、消除事故有直接的现实意义。

针对生产中物的不安全状态的形成与发展,在进行施工设计、工艺安排、施工组织与具体操作时,采取有效的安全技术措施,把物的不安全状态消除在生产活动进行之前,是安全管理的重要任务之一。

消除生产活动中物的不安全状态,既是生产活动所必需的,又是落实以预防为主的方针的需要,同时,也体现了生产组织者的素质状态和工作才能。

9.4.2　安全隐患的原因与处理

1. 建筑工程项目施工安全隐患的原因

建筑工程项目施工安全隐患是指未被事先识别或未采取必要防护措施的,可能导致安全事故的危险源或不利环境因素。安全隐患也指对人身构成潜在的伤害,可造成财产损失或兼具这些内容的起源或情况。安全隐患是在安全检查及数据分析时发现的,应利用"安全隐患通知单"通知负责人制定纠正和预防措施,限期整改,由安全员跟踪验证。

建筑工程项目施工安全隐患如不能及时发现并处理,往往会引起事故。建筑工程项目安全管理的重点之一是加强安全风险分析,并及时制定对策和进行控制,强化对建筑工程项目安全事故隐患的预防和处理，从而避免安全事故的发生。

(1)常见原因

建筑工程施工生产具有产品固定、施工周期长、露天作业、体积庞大、施工流动性大、工人整体素质差、手工作业多、体能消耗大以及产品多样性、工艺多样性、施工场地狭窄等特点，其导致施工安全生产作业环境的局限性、作业条件的恶劣性、作业的高空性、个体劳动保护的艰巨性以及安全管理与技术的保证性等。这些特性决定了施工生产存在诸多不安全因素，容易导致安全事故的发生。安全事故往往是多种原因引起的，尽管每次发生的安全事故的类型不相同，但通过大量的调查，并采用系统工程学的原理和数理统计的分析方法，可以发现安全隐患。安全事故的原因首先是违章，其次是设计、勘察不合理、有缺陷以及其他原因等。产生安全事故的基本原因有以下几个方面。

①违章作业、违章指挥和安全管理不到位。由于没有制定安全技术措施、缺乏安全技术知识、不进行逐级安全技术交底，施工单位会出现不落实安全生产责任制、违章指挥、违章作业、施工安全管理工作不到位等问题，从而导致安全事故的发生。

②设计不合理与缺陷。安全事故大多是由设计原因造成的，设计原因主要包括不按照法律、法规和工程建设强制性标准进行设计；未考虑施工安全操作和防护的需要，对涉及施工安全的重点部位和环节在设计文件中未注明，未对防范生产安全事故提出指导意见；对采用新结构、新材料、新工艺的建设工程和具有特殊结构的建设工程，未在设计中提出保障施工作业人员安全和预防生产安全事故的措施、建议等。

③勘察文件失真。勘察单位未认真进行地质勘察，或勘探时钻孔布置等不符合规定要求，勘察文件或报告不详细、不准确、不能真实全面地反映实际的地下情况等，从而导致基础、主体结构的设计错误，引发重大安全事故。

④使用不合格的安全防护用具、安全材料、机械设备、施工机械及配件等。许多建筑工程已发生的安全隐患、安全事故，往往是施工现场使用劣质、不合格的安全防护用具，安全材料、机械设备、施工机械及配件等造成的。因此，为了杜绝和防止不合格的安全物资进入施工现场，施工单位在采购、租赁安全物资时，应查验生产(制造)许可证、产品合格证等。

⑤安全生产资金投入不足。长期以来，建设单位、施工单位为了追求经济效益，置安全生产于不顾，挤占安全生产费用，致使在工程投入中用于安全生产的资金过少，不能保证正常安全生产措施的需要，这也是导致安全事故不断发生的重要原因。

⑥安全事故的应急措施和制度不健全。施工单位及施工现场未制定生产安全事故应急救援预案，未落实应急救援人员、设备、器材等，以致发生生产安全事故后相关人员得不到及时救助，事故得不到及时处理。

⑦违法违规行为。违法违规行为包括无证设计，无证施工，越级施工，边设计、边施工，违法分包、转包，擅自修改设计等，其往往会引发大量的安全事故。

⑧其他因素。其他因素包括工程自然环境因素，如恶劣气候诱发安全事故；工程管理环境因素，如安全生产监督制度不健全、缺少日常的具体监督管理制度和措施；安全生产责任不够明确等。

(2)建筑工程项目施工安全隐患原因分析方法

由于影响建筑工程项目施工安全隐患的因素众多，一个建筑工程安全隐患的出现，可能是上述原因之一或多种原因所致，要分析确定是哪种原因所引起的，必然对安全隐患的特征、表现，以及其在施工中所处的实际情况和条件进行具体分析，分析的基本步骤如下。

①现场调查研究，观察记录全部现象，必要时需拍照，充分了解与掌握引发安全隐患的现象和特征，以及施工现场的环境和条件等。

②在施工过程中，收集、调查与安全隐患有关的全部设计资料、施工资料。

③在施工过程中，指出可能产生安全隐患的所有因素。

④在施工过程中，分析、比较、剖析，找出最可能造成安全隐患的因素。

⑤在施工过程中，进行必要的计算分析并予以认证、确认。

⑥在施工过程中，必要时可征求设计单位、专家等的意见。

2. 建筑工程项目施工安全隐患的处理程序

①当发现施工项目存在安全隐患时，应立即进行整改，施工单位提出整改方案，必要时应经设计单位认可。

②当发现严重安全事故隐患时，应暂停施工，并采取安全防护措施与整改方案，报建设单位和监理工程师。整改方案经监理工程师审核后，由施工单位进行整改处理，处理结果应重新进行检查、验收。

安全事故隐患整改处理方案包括以下几项内容。

a. 存在安全事故隐患的部位、性质、现状、发展变化、时间、地点等详细情况。

b. 现场调查的有关数据和资料。

c. 安全事故隐患原因的分析与判断。

d. 安全事故隐患处理的方案。

e. 是否需要采取临时防护措施。

f. 确保安全事故隐患整改责任人、整改完成时间和整改验收人。

g. 该安全事故隐患所涉及的有关人员和责任及预防该安全事故隐患重复出现的措施等。

③安全事故隐患整改处理方案获准后，应按既定的整改处理方案实施并进行跟踪检查。

④安全事故隐患处理完毕，施工单位应组织人员检查、验收，自检合格后报监理工程师核验，施工单位写出安全事故隐患处理报告，报监理单位存档。其主要内容包括以下几项。

a. 基本整改处理过程描述。

b. 调查和核查情况。

c. 安全事故隐患原因分析结果。

d. 处理的依据。

e. 审核认可的安全隐患处理方案。

f. 实施处理中的有关原始数据、验收记录、资料。

g. 对处理结果的检查、验收结论。

h. 事故安全隐患处理结论。

9.4.3　安全事故的分类与分级

1. 安全事故分类

建设工程职业健康安全事故分为两大类型，即职业伤害事故和职业病。

（1）职业伤害事故

职业伤害事故是指因生产过程及工作原因或与其相关的原因造成的伤亡事故。其分类方法如下。

①按照事故发生的原因分类。按照我国《企业职工伤亡事故分类》（GB 6441—1986）的规定，职业伤害事故分为 20 类，包括物体打击、车辆伤害、机械伤害、起重伤害、触电、淹溺、灼烫、火灾、高处坠落、坍塌、冒顶片帮、透水、放炮、火药爆炸、瓦斯爆炸、锅炉爆炸、容器爆炸、其他爆炸、中毒窒息、其他伤害（包含扭伤、跌伤、冻伤等）。建筑工程项目中常见的主要有物体打击、起重伤、机械伤害、触电、火灾、高空坠落、中毒窒息、其他伤害等。

②按照事故后果严重程度分类。

a. 轻伤事故。造成职工肢体或某些器官功能性或器质性轻度损伤，表现为劳动能力轻度或暂时丧失的伤害，一般每个受伤人员须休息 1 d 以上、105 d 以下。

b. 重伤事故。一般指受伤人员肢体残缺或视觉、听觉等器官受到严重损伤，能引起人体长期存在功能障碍或劳动能力有重大损失的伤害，或者造成每个受伤人损失 105 工作日以上的失能伤害。

c. 死亡事故。一次事故中死亡职工 1～2 人的事故。

d. 重大伤亡事故。一次事故中死亡 3 人以上（含 3 人）的事故。

e. 特大伤亡事故。一次死亡 10 人以上（含 10 人）的事故。

f. 特别重大伤亡事故。铁路、水运、矿山、水利、电力事故造成一次死亡 50 人及以上的，或者一次造成直接经济损失 1000 万元及以上的；公路和其他发生一次死亡 30 人及以上或直接经济损失在 500 万元及以上的事故。

③按照受伤性质分类。常见的有电伤、挫伤、割伤、擦伤、刺伤、撕脱伤、扭伤、倒塌压埋伤、冲击伤等。

（2）职业病

经诊断因从事接触有毒有害物质或不良环境的工作而造成的急慢性疾病，属于职业病。2013 年 12 月 23 日，国家卫生健康委员会、人力资源社会保障部、安全监管总局、全国总工会 4 部门联合印发《职业病分类和目录》。该分类和目录将职业病分为职业性尘肺病及其他呼吸系统疾病、职业性皮肤病、职业性眼病、职业性耳鼻喉口腔疾病、职业性化学中毒、物理因素所致职业病、职业性放射性疾病、职业性传染病、职业性肿瘤、其他职业病共 10 类 132 种。

2. 安全事故分级

按照 2007 年国务院出台并施行的《生产安全事故报告和调查处理条例》，根据生产安全事故造成的人员伤亡或者直接经济损失，安全事故一般分为以下等级。

①特别重大事故，是指造成 30 人以上（含 30 人）死亡，或者 100 人以上（含 100 人）重

伤(包括急性工业中毒,下同),或者 1 亿元以上直接经济损失的事故。

②重大事故,是指造成 10 人以上(含 10 人)30 人以下死亡,或者 50 人(含 50 人)以上 100 人以下重伤,或者 5000 万元以上 1 亿元以下直接经济损失的事故。

③较大事故,是指造成 3 人以上(含 3 人)10 人以下死亡,或者 10 人以上(含 10 人)50 人以下重伤,或者 1000 万元以上 5000 万元以下直接经济损失的事故。

④一般事故,是指造成 3 人以下死亡,或者 10 人以下重伤,或者 1000 万元以下直接经济损失的事故。

9.4.4 安全事故的处理与预防

1. 安全事故的处理

(1)安全事故的处理原则

安全事故处理的四不放过原则:认真查处各类事故,坚持事故原因未查清不放过、责任人员未处理不放过、整改措施未落实不放过、有关人员未受到教育不放过的“四不放过”原则,不仅要追究事故直接责任人的责任,同时要追究有关负责人的领导责任。

(2)安全事故的处理程序

安全处理程序主要有以下几个步骤:报告安全事故,处理安全事故,抢救伤员,排除险情,防止事故蔓延扩大,做好标识,保护现场等,对安全事故进行调查,对安全事故责任者进行处理,填写调查报告并上报。

(3)伤亡事故的处理程序

①事故报告。

a. 伤亡事故发生后,负伤者或者事故现场有关人员应当立即直接或者逐级报告企业负责人。企业负责人接到重伤、死亡、重大死亡事故报告后,应当立即报告企业主管部门和企业所在地安全行政管理部门、劳动部门、公安部门、人民检察院、工会。

b. 企业主管部门和劳动部门接到死亡、重大死亡事故报告后,应当立即按系统逐级上报。

(a)特别重大事故、重大事故逐级上报至国务院安全生产监督管理部门和负有安全生产监督管理职责的有关部门。

(b)较大事故逐级上报至省、自治区、直辖市人民政府安全生产监督管理部门和负有安全生产监督管理职责的有关部门。

(c)一般事故上报至设区的市级人民政府安全生产监督管理部门和负有安全生产监督管理职责的有关部门。

安全生产监督管理部门和负有安全生产监督管理职责的有关部门依照前款规定上报事故情况,应当同时报告本级人民政府。国务院安全生产监督管理部门和负有安全生产监督管理职责的有关部门以及省级人民政府接到发生特别重大事故、重大事故的报告后,应当立即报告国务院。必要时,安全生产监督管理部门和负有安全生产监督管理职责的有关部门可以越级上报事故情况。

c. 发生死亡、重大死亡事故的企业应当保护事故现场,并迅速采取必要措施抢救人员和财产,防止事故扩大。

②事故调查。

调查组应迅速赶赴事故现场进行勘查。对事故现场的勘查必须及时、全面、准确、客观。

轻伤、重伤事故，由企业负责人或其指定人员组织生产、技术、安全等有关人员以及工会成员参加的事故调查组，进行调查。

死亡事故，由企业主管部门会同企业所在地设区的市(或者相当于设区的市一级)安全行政管理部门、劳动部门、公安部门、工会组成事故调查组，进行调查。

重大伤亡事故，按照企业的隶属关系由省、自治区、直辖市企业主管部门或者国务院有关主管部门会同同级安全行政管理部门、劳动部门、公安部门、监察部门、工会组成事故调查组，进行调查。

事故调查组应当邀请人民检察院派人员参加。

事故调查组在查明事故情况以后，如果对事故的分析和事故责任者的处理不能取得一致意见，劳动部门有权提出结论性意见；如果仍有不同意见，应当报上级劳动部门及有关部门处理；仍不能达成一致意见的，报同级人民政府裁决。

③事故处理。

事故调查组提出的事故处理意见和防范措施建议，由发生事故的企业及其主管部门负责处理。

伤亡事故处理工作应当在 90 d 内结案，特殊情况不得超过 180 d。

(4)安全事故统计规定

①企业职工伤亡事故统计实行以地区考核为主的制度。各级隶属关系的企业和企业主管单位，要按当地安全生产行政主管部门规定的时间报送报表。

②安全生产行政主管部门对各部门的企业职工伤亡事故情况实行分级考核。企业报送主管部门的数字要与报送当地安全生产行政主管部门的数字一致，各级主管部门应如实向同级安全生产行政主管部门报送。

③省级安全生产行政主管部门和国务院各有关部门及计划单列的企业集团的职工伤亡事故统计月报表、年报表，应按时报到国家安全生产行政主管部门。

(5)工伤认定

①职工有下列情形之一者，应当认定为工伤。

a. 在工作时间和工作场所内，因工作原因受到事故伤害的。

b. 在工作时间前后在工作场所内，从事与工作有关的预备性工作受到事故伤害的。

c. 在工作时间和工作场所内，因履行工作职责受到暴力等意外伤害的。

d. 患职业病的。

e. 因公外出期间，由于工作原因受到伤害或者发生事故下落不明的。

f. 在上下班途中，受到机动车事故伤害的。

g. 法律、行政法规规定应当认定为工伤的其他情形。

②职工有下列情形之一者，应视同为工伤。

a. 在工作时间和工作岗位，突然疾病死亡或者在 48 h 内经抢救无效死亡的。

b. 在抢险救灾等维护国家利益、公共利益活动中受到伤害的。

2. 安全事故的预防

(1)改进生产工艺，实现机械化、自动化

通过改进生产工艺和实现机械化、自动化，能够消除安全隐患、提高设备安全性、增强员工安全意识，并减少人为操作风险、提高生产过程的可控性以及提升应急响应能力，从而有效地预防安全事故的发生。

(2)设置安全装置

①防护装置。在"四口(楼梯口、电梯进口、预留洞口、通道口)"和"五临边(尚未安装栏杆的阳台周边、无外架防护的屋面周边、框架工程楼层周边、上下跑道及斜道的两侧边、卸料平台的侧边)"的处理上要按标准设置水平及立体防护，使劳动者有安全感；在机械设备上做到轮有罩、轴有套，使其转动部分与人体绝对隔离开来；在施工用电中，要做到"四级"保险。遗留在施工现场的危险因素，要有隔离措施，如高压线路的隔离防护设施等。应强调按规定使用"三宝(安全帽、安全带、安全网)"。项目经理和管理人员应正确使用安全防护装置并严加保护，不得随意破坏、拆卸和废弃。

②保险装置。指机械装备在非正常操作和运转中能够自动控制和消除危险的设施设备，也可以说它是保障机械设备和人身安全的装置。如锅炉、压力容器的安全阀，供电设施的触电保护器，各种提升设备的断绳保险器等。

③信号装置。信号装置是应用信号指示或警告工人该做什么、应躲避什么。信号装置本身无排除危险的功能，它仅是提醒施工人员或现场人员注意，遇到不安全的状况立即采取有效措施脱离危险区或采取预防措施。因此，它的效果取决于现场人员的注意力和识别信号的能力。信号装置可分为三种：颜色信号，如指挥起重工的红、绿手旗，场区道路上的红、绿、黄灯；音响信号，如塔吊上的电铃，指挥吹的口哨；指示仪表信号，如压力表、水位表和温度计等。

④危险警示标志。危险警示标志是警示现场人员进行施工现场应注意或必须做到的统一措施。通常它以简短的文字或明确图形符号来显示，如"禁止烟火！""危险！""有电！"等。各类图形通常配以红、黄、蓝、绿颜色。红色表示危险禁止，蓝色表示指令，黄色表示警告，绿色表示安全。

(3)预防性机械强度试验和电气绝缘检验

①预防性机械强度试验。施工现场的机械设备，特别是自行设计组装的临时设施的各种材料、构件、部件，均应进行机械强度试验，必须满足设计和使用功能，方可投入正常使用。有些还需定期或不定期地进行试验，如施工用的钢丝绳、钢材、钢筋、机件以及自行设计的吊栏架、外挂架子等，在使用前必须做载荷试验。

②电气绝缘检验。要保证良好的作业环境，使机电设施、设备正常运转，不断更新老化及被损坏的电气设备和线路是必须采取的预防措施。要求在施工前、施工中、施工后，应对电气绝缘进行检验。

(4)机械设备的维修、保养和计划检修

①机械设备的维修、保养。各种机械设备是根据不同的使用功能设计出来的，除了一般要求外，也具有特殊要求，即要严格坚持机械设备的维护和保养规则，要求按照其操作规程进行保护，使用后需及时加油清洗，使其减少磨损，确保正常运转，尽量延长寿命，提高完好率和使用率。

②计划检修。为了确保机械设备正常运转，对每台机械设备应建立档案，以便及时按每台机械设备的具体情况，进行定期地大、中、小修。在检验中应严格遵守规章制度，遵守安全技术规定，遵守先检查后使用的原则。绝不允许为了赶进度、违规指挥、违规操作，让机械设备"带病"工作。

(5)文明施工

如果一个施工现场做到整体规划有序，平面布置合理，临时设施整洁划一，原材料、构配件堆放整齐，各种防护设施齐全、有效，各种标志醒目，施工生产管理人员遵章守纪，那么这个施工项目就会获得较大的经济效益、社会效益和环境效益。因此，文明施工也是预防安全事故、提高施工项目管理水平的综合手段。

(6)合理使用劳动保护用品

适时供应劳动保护用品，是在施工生产过程中预防事故保护工人安全和健康的一种辅助手段。因此，统一采购、妥善保管、正确使用防护用品，也是预防事故、减轻伤害程度不可缺少的措施之一。

(7)认真执行安全操作规程，普及安全技术知识教育

通过规范操作行为、强化安全意识、及时发现并纠正违章行为，以及提高员工安全技能、增强员工自我保护能力、促进安全文化的形成等措施，企业可以显著提升员工的安全意识和操作技能，减少安全事故的发生，保障员工的生命安全和企业的稳定发展。

9.5 建筑工程项目现场安全管理

9.5.1 安全生产管理机构及其职责

1. 施工企业安全生产管理机构

施工现场应按建设工程规模设置安全生产管理机构或配专职安全生产管理员，建筑工程项目应当成立以施工总承包单位项目经理负责的安全生产管理小组，小组成员应包括企业派驻到项目的专职安全生产管理人员，并建立以施工总承包单位项目经理部、各专业承包单位、专业公司和施工作业班组参与的"纵向到底，横向到边"的安全生产管理组织网络。

按《建设工程安全生产管理条例》(国务院令第393号)的规定，施工单位应设立各级安全生产管理机构，配备专职安全生产管理人员。安全生产管理机构和专职安全生产管理人员是指协助施工单位各级负责人执行安全生产管理方针、政策和法律法规，实现安全管理目标的具体工作部门和人员。施工单位应设立各级安全生产管理机构，配备与其经营规模相适应的、具有相关技术职称的专职安全生产管理人员，在相关部门设兼职安全生产管理人员，在班组设兼职安全员。施工单位各管理层次应设安全生产管理机构，配备专职安全生产管理人员。

2. 施工企业安全生产管理机构的职责

根据《建设工程项目管理规范》(GB/T 50326—2017)的相关规定，项目经理、安全员、

作业队长、班组长、操作工人、分包人等的安全职责如下。

（1）项目经理的安全职责

①认真贯彻安全生产方针、政策、法规和各种制度，制定和执行安全生产管理办法，严格执行安全考核指标和安全生产奖惩办法，严格执行安全技术措施审批和安全技术措施交底制度。

②定期组织安全生产检查和分析，针对可能产生的安全隐患，制定相应的预防措施。

③当施工过程中发生安全事故时，项目经理必须按安全事故处理的有关规定和程序及时上报和处理，并制定防止同类事故再次发生的措施。

（2）建筑工程实行工程总分包时承包人对分包人的安全职责

①审查分包人的安全生产许可证、企业资质和安全管理体系，不应将工程分包给不具备安全生产许可证和不具备企业资质的分包人。

②在分包合同中应明确分包人的安全生产责任和义务。

③对分包人提出安全要求，并认真监督、检查。

④对违反安全规定冒险蛮干的分包人，应令其停工整改。

⑤承包人应统计分包人的伤亡事故，按规定上报，并按分包合同的约定协助处理分包人的伤亡事故。

（3）建设工程实行工程总分包时分包人的安全责任

①分包人对施工现场的安全工作负责，认真履行分包合同规定的安全生产责任。

②遵守承包人的有关安全生产制度，服从承包人的安全生产管理，及时向承包人报告伤亡事故并参与调查，处理善后事宜。

（4）施工单位项目经理部项目总工程师的安全职责

①对建设工程安全生产承担技术责任。

②贯彻执行安全生产法律法规与方针政策，严格执行施工安全技术规程、规范、标准。

③结合工程项目的特点，主持工程项目施工安全策划，识别、评价施工现场危险源与环境因素，参加或组织编制安全施工组织设计（专项施工方案）、工程施工安全计划；审查安全技术措施，保证其可行性与针对性，并随时检查、监督、落实及主持工程项目的安全技术交底。

④在主持制定技术措施计划和季节性施工方案的同时，制定相应的安全技术措施并监督执行，及时解决执行中出现的问题；工程项目应用新材料、新技术、新工艺时要及时上报，经批准后方可实施；要组织上岗人员的安全技术教育培训，认真执行相应的安全技术措施与安全操作工艺、要求。

⑤主持安全防护设施和设备的验收。若发现安全防护设施和设备出现不正常情况，应及时采取措施，严格控制不符合要求的安全防护措施、设备投入使用。

⑥参加安全检查，对施工中存在的不安全因素，从技术方面提出整改意见和办法予以消除。

⑦参加和配合对因工伤亡、严重安全隐患的调查，从技术角度分析事故的原因，提出防范措施与意见。

（5）安全员的安全职责

①进行施工现场安全生产巡视督查，并做好记录。

②落实安全设施的设置。

③对施工全过程的安全进行监督，纠正违章作业，配合有关部门排除安全隐患，组织安全教育和安全活动，监督劳保用品的质量和正确使用。

（6）作业队长的安全职责

①向作业人员进行安全技术交底，组织实施安全技术措施。

②对施工现场安全防护装置和设施进行验收。

③对作业人员进行安全操作规程培训，提高作业人员的安全意识，避免安全隐患。

④当发生重大伤亡事故时，应保护现场，立即上报并参与事故调查处理。

（7）班组长的安全职责

①安排生产施工任务时，向本工种作业人员进行安全技术措施交底。

②严格执行本工种安全操作技术规程，拒绝违章指挥。

③作业前应对本次施工的所有机具、设备、防护用具及作业环境进行安全检查，消除安全隐患，检查安全标牌是否按规定设置，标识方法和内容是否正确完整。

④组织班组开展安全活动，召开上岗前的安全会议。

⑤每周进行安全讲评。

（8）操作工人的安全职责

①认真学习并严格执行安全技术操作规程，不违规作业。

②自觉遵守安全生产规章制度，执行安全技术交底和有关安全生产的规定。

③服从安全人员的指导，积极参加安全活动。

④爱护安全设施，正确使用防护用具。

⑤对不安全作业提出建议，拒绝违章指挥。

9.5.2 安全管理程序与基本要求

1. 建筑工程项目安全管理的程序

（1）项目安全目标的确定

按"目标管理"方法，将安全目标在以项目经理为中心的项目管理系统内进行分解，从而确定各岗位的安全目标，实现全员安全控制。

（2）项目安全计划的编制

对生产过程中的不安全因素，用技术手段加以消除和控制，并用文件化的方式表示，这是落实"安全第一、预防为主"方针的具体体现，是进行工程项目安全控制的指导性文件。

（3）安全计划的落实和实施

建立健全安全生产责任制，设置安全生产设施，进行安全教育和培训，沟通和交流信息，通过安全控制，使生产作业的安全状况处于受控状态。

（4）安全计划的检查

根据实际情况补充和修改安全技术措施。

（5）持续改进

持续改进，直到完成工程项目的所有工作。

2. 建筑工程项目安全管理的基本要求

①施工单位必须取得安全行政主管部门颁发的安全施工许可证后才可开工。

②施工总承包单位和每一个分包单位都应持有《施工企业安全资格审查认可证》。

③各类人员必须具备相应的执业资格才能上岗。

④所有新员工必须经过三级安全教育，即进公司、进项目部和进班组的安全教育。

⑤特殊工种作业人员必须持有特种作业操作证，并严格按规定定期进行复查。

⑥对查出的安全隐患要做到"五定"，即定整改责任人、定整改措施、定整改完成时间、定整改完成人、定整改验收人。

⑦必须把好安全生产"六关"，即措施关、交底关、教育关、防护关、检查关、改进关。

⑧施工现场安全设备齐全，符合现行国家及地方的有关规定。

⑨施工机械(特别是现场安设的起重设备等)必须经安全检查合格后才能使用。

9.5.3　现场安全计划

1. 建筑工程项目现场安全计划的概念

建筑工程项目现场安全计划，简称安全计划，是施工项目安全策划结果的一项管理文件。安全计划主要是针对特定的施工项目，为完成预定的安全目标，编制专门的安全措施、资源和活动顺序的文件。

2. 建筑工程项目现场安全计划的内容

根据建筑工程项目安全管理原理，建筑工程项目安全计划包括编制实现安全目标及安全要求的计划、实施、检查及处理四个环节的相关内容，即 PDCA 循环。一般而言，安全计划的内容包括以下几项。

①项目安全目标。

②实施安全目标所规定的相关部门、岗位的职责和权限。

③危险源与环境因素识别、评价、论证的结果和相应的控制方式。

④适用法律法规、标准规范和其他要求的识别结果。

⑤实施阶段有关各项要求的具体控制程序和方法。

⑥检查、审核和改进活动安排以及相应的运行程序和准则。

⑦实施、控制和改进安全管理体系所需的资源。

⑧安全控制程序、规章制度、施工组织设计、专项施工方案、专项安全技术措施以及安全记录。

⑨为满足安全目标所采取的其他措施。

3. 建筑工程项目现场安全计划的编制步骤

建筑工程项目现场安全计划应由施工现场项目经理主持，负责安全、技术、工艺和采购方面的有关人员参与编制。安全计划的编制过程实际是各项安全管理和安全技术的优化组合和接口的协调过程。编制安全计划的步骤如下。

(1)明确工程概况

其包括建设工程组成状况及其建设阶段划分、每个建设阶段的工程项目组成状况、每个工程项目的单项工程组成状况等。

(2)明确安全控制程序

其包括确定建设工程施工总安全目标、编制安全计划、实施安全计划、验证安全计划、持续改进安全计划和兑现合同承诺。

（3）明确安全控制目标

其包括建设工程施工总安全目标，每个工程项目安全目标，每个工程项目的单项工程、单位工程和分部分项工程安全目标。

（4）确定安全管理组织结构和职责权限

其包括安全管理组织机构形式、安全组织管理层次、职责和权限、安全管理人员、安全管理的规章制度等。

（5）确保安全资源配置

其包括安全资源名称、规格、数量和使用部位，并将其列入资源总需要量计划。

（6）制定安全技术措施

其包括防火、防毒、防爆、防洪、防尘、防雷击、防塌陷、防物体打击、防溜车、防机械伤害、防高空坠落和防交通事故，防寒、防暑、防疫和防污染环境等各项措施。

（7）落实安全检查评价和奖励

其包括安全检查日期、安全人员组成、安全检查内容、安全检查方法、安全检查记录要求的确定，安全检查结果的评价，安全检查报告的编号，安全施工优胜者的奖励等。

9.5.4 现场安全控制

建筑工程项目现场安全控制的内容就是对施工生产中人的不安全行为、物的不安全状态、作业环境的不安全因素和管理缺陷的控制，以及对施工现场的环境的控制。从建筑工程的形成过程来看，建筑工程项目安全控制包括施工准备阶段的安全控制和施工过程中的安全控制。

1. 建筑工程项目准备阶段安全控制的手段

（1）审核技术文件、报告和报表

①施工组织设计（专项施工方案）或施工安全计划，是控制工程施工安全的、可靠的技术措施保障。

②审核有关应用新技术、新工艺、新材料、新结构等的技术鉴定书，审核其应用申请报告，确保新技术应用的安全。

③针对施工工程中需控制的活动，制定或确认必要的施工组织设计、专项施工方案、安全程序、规章制度或作业指导书，并组织落实。

（2）实施工程合约化管理

在不同的承包模式下，制定相互监督的合约化管理，签订安全生产合同和协议书并组织落实。合约化管理是双方严格执行安全生产和劳动保护的法律法规，其强化安全生产管理，逐步落实安全生产责任制，依法从严治理施工现场，确保施工人员的安全与健康，促使施工生产的顺利进行。

2. 建筑工程项目施工过程安全控制的手段

（1）审核安全技术文件、报告和报表

安全技术文件、报告和报表的审核，是对建筑工程施工安全进行全面控制的重要手段。审核的具体内容包括有关技术证明文件，专项施工方案的安全技术措施，有关安全物资的检验报告，反映工序控制的图表，有关新工艺、新材料、新技术，有关工序检查、验收的资料，有关安全问题的处理报告，现场有关安全技术签证、文件等。

(2)现场安全检查和监督

①现场安全检查的内容。现场安全检查，主要是对工序施工进行跟踪监督、检查与控制。在工序施工过程中，监督并检查机械设备、材料、施工方法和工艺或操作以及施工现场条件等是否处于良好状态，是否符合保证工程施工的要求，若发现有问题应及时纠正和加以控制。对于重要的和对工程施工安全有重大影响的工序、工程部位、活动，还应由专人监控。对安全技术资料进行检查，确保各项安全管理制度的有效落实。

②现场安全检查的类型、方式和要求。安全检查的类型主要包括日常安全检查、定期安全检查、专业性安全检查、季节性及节假日后安全检查等。

根据本工程项目施工生产的特点、法律法规、标准规范和企业规章制度的要求以及安全检查的目的，项目经理应确定安全检查的内容，包括安全意识、安全制度、机械设备、安全设施、安全教育培训、操作行为、劳保用品使用、安全事故处理等项目。

项目经理应根据安全检查的形势和内容，明确检查的牵头和参与部门及专业人员并进行分工；根据安全检查的内容，确定具体的检查项目及标准和评分方法，同时，编制相应的安全检查评分表，按检查评分表的规定逐项对照评分，并做好具体的记录。

(3)安全隐患的处理

安全隐患的处理应符合下列规定。

①项目经理部应区别"通病""顽症"、首次出现、不可抗拒等类型，修订和完善安全整改措施。

②项目经理部应对检查出现的隐患立即发出安全隐患整改通知单，受检查单位应对安全隐患进行分析，制定预防措施，纠正和预防措施应经检查单位负责人批准后实施。

③安全生产管理人员应向负责人当场指出检查中发现的违章指挥和违章作业行为，限期纠正。

④安全生产管理人员对纠正和预防措施过程和实施效果应进行跟踪检查，保存验证记录。

(4)工地例会和安全专题会议

工地例会是施工过程中参加建设项目各方沟通情况、解决分歧、达成共识、作出决定的主要渠道。通过工地例会，项目负责人检查分析施工过程中的安全状况，指出存在的安全问题，提出整改措施，并做好相应的保证。由于参加例会的人员较多，层次也较高，会上容易就问题的解决达成共识。

针对某些专门安全问题，项目负责人还应组织专题会议，集中解决较重大或普遍存在的问题。

(5)规定安全控制的工作程序

规定必须遵守的安全控制的工作程序，按规定的程序进行工作。

具体来说，就是针对识别出的安全控制点，制定具体的工作程序。这些程序应明确各项安全活动的执行步骤，包括准备工作、安全检查、作业执行、隐患排查、应急处理等。同时，程序还应规定责任分工，明确各项任务的具体负责人和协作人员。

安全控制工作程序应是一个动态的过程，随着项目进展和外部环境的变化，应及时对程序进行修订和完善。这包括根据新的安全法规、技术标准和施工经验，对工作程序进行更新和优化，以适应新的安全需求。

(6)安全生产奖惩制

施工单位应严格执行安全生产责任制中的安全生产奖惩制，确保施工过程中的安全，促使施工生产顺利进行。

对于在安全生产中表现突出的个人或团队，应给予物质奖励、荣誉表彰或晋升机会等形式的奖励。这可以激发员工的安全生产积极性，形成"人人讲安全、事事为安全"的良好氛围。

对于违反安全规定、造成安全隐患或安全事故的个人或团队，应根据情节轻重给予警告、罚款、停工整顿、吊销执业资格等处罚。惩罚的目的是警示他人，防止类似事故再次发生。

安全生产奖惩制应坚持公平公正的原则，确保奖惩有据可依、有理可循。同时，应建立申诉机制，允许被奖惩者对奖惩决定提出异议并进行申诉。

在实施奖惩制的同时，应注重对员工的安全教育和引导。通过举办安全讲座、安全知识竞赛等活动，提高员工的安全意识和技能水平，使他们能够自觉遵守安全规定，共同维护施工安全。

参考文献

[1]陈峰.建筑工程项目施工成本控制与管理措施研究[J].工程与建设,2024,38(01):221-224.

[2]陈光辉.建筑主体结构工程施工核心技术[J].工程建设与设计,2023(12):203-205.

[3]陈俊,常保光.建筑工程项目管理[M].北京:北京理工大学出版社,2009.

[4]国家安全生产监督管理局.企业职工伤亡事故分类:GB 6441—1986[S].北京:中国标准出版社,1986.

[5]国家广播电影电视总局.民用闭路监视电视系统工程技术规范:GB 50198—2011[S].北京:中国计划出版社,2012.

[6]何相如,王庆印,张英杰.建筑工程施工技术及应用实践[M].长春:吉林科学技术出版社,2021.

[7]环境保护部.建筑施工场界环境噪声排放标准:GB 12523—2011[S].北京:中国环境科学出版社,2012.

[8]黄敏,吴俊峰.装配式建筑施工与施工机械[M].2版.重庆:重庆大学出版社,2019.

[9]江苏省建筑工程集团有限公司,江苏省华建建设股份有限公司.建筑地面工程施工质量验收规范:GB 50209—2010[S].北京:中国计划出版社,2010.

[10]苗鹏.关于建筑工程安全管理中PDCA循环管理模式的应用分析[J].工程建设与设计,2019(17):284-286.

[11]庞业涛,何培斌.建筑工程项目管理[M].2版.北京:北京理工大学出版社,2018.

[12]钱冬富.房屋建筑装配式混凝土结构施工关键技术研究[J].工程建设与设计,2020(10):169-170.

[13]全国安全防范报警系统标准化技术委员会.入侵探测器 第1部分:通用要求:GB 10408.1—2000[S].北京:中国标准出版社,2001.

[14]全国消防标准化技术委员会防火材料分技术委员会.建筑材料及制品燃烧性能分级:GB 8624—2012[S].北京:中国标准出版社,2013.

[15]山西省住房和城乡建设厅.地下防水工程质量验收规范:GB 50208—2011[S].北京:中国建筑工业出版社,2012.

[16]山西省住房和城乡建设厅.屋面工程质量验收规范:GB 50207—2012[S].北京:中国建筑工业出版社,2012.

[17]陕西省住房和城乡建设厅.砌体结构工程施工质量验收规范:GB 50203—2011

[S].北京：中国建筑工业出版社，2012.

[18]史骏.建筑业工程进度管理信息化的现状与发展趋势[J].城市建设理论研究(电子版)，2024(20)：46-48.

[19]王鲁超，姜学磊.建筑施工中智能化施工技术的应用与发展趋势研究[C]//中国智慧工程研究会.2024新技术与新方法学术研讨会论文集.山东德衡政务服务外包有限公司；烟台建联发展有限公司，2024：3.

[20]王喜.建筑工程施工技术[M].银川：阳光出版社，2018.

[21]王云.建筑工程项目管理[M].北京：北京理工大学出版社，2012.

[22]徐宏庆.房屋建筑结构地基基础工程施工控制技术[J].价值工程，2024，43(06)：134-136.

[23]姚亚锋，张蓓.建筑工程项目管理[M].北京：北京理工大学出版社，2020.

[24]尹素花.建筑工程项目管理[M].北京：北京理工大学出版社，2017.

[25]袁志广，袁国清，罗水源.建筑工程项目管理[M].成都：电子科学技术大学出版社，2020.

[26]张广增.超高层建筑基础结构施工技术探究[J].工程建设与设计，2023(14)：194-196.

[27]张统华.建筑工程施工管理研究[M].长春：吉林科学技术出版社，2022.

[28]张现林.建筑工程项目管理[M].西安：西安交通大学出版社，2012.

[29]张晓宁，盛建忠，吴旭，等.绿色施工综合技术及应用[M].南京：东南大学出版社，2014.

[30]中国机械工业联合会.建筑物防雷设计规范：GB 50057—2010[S].北京：中国计划出版社，2011.

[31]中国建筑标准设计研究院，中国建筑科学研究院.装配式混凝土结构技术规程：JGJ 1—2014[S].北京：中国建筑工业出版社，2014.

[32]中国建筑防水协会，天津天一建设集团有限公司.种植屋面工程技术规程：JGJ 155—2013[S].北京：中国建筑工业出版社，2013.

[33]中国建筑科学研究院，歌山建设集团有限公司.预应力筋用锚具、夹具和连接器应用技术规程：JGJ 85—2010[S].北京：中国建筑工业出版社，2010.

[34]中国建筑科学研究院，荣盛建设工程有限公司.钢筋机械连接技术规程：JGJ 107—2016[S].北京：中国建筑工业出版社，2016.

[35]中国建筑科学研究院.建筑工程施工质量验收统一标准：GB 50300—2013[S].北京：中国建筑工业出版社，2014.

[36]中国建筑科学研究院.建筑基坑支护技术规程：JGJ 120—2012[S].北京：中国建筑工业出版社，2012.

[37]中国建筑科学研究院.现浇混凝土空心楼盖结构技术规程(附条文说明)：CECS 175—2004[S].北京：中国计划出版社，2005.

[38]中国移动通信集团设计院有限公司.综合布线系统工程设计规范：GB 50311—2016[S].北京：中国计划出版社，2017.

[39]中华人民共和国公安部.入侵和紧急报警系统 控制指示设备：GB 12663—2019

[S]. 北京：中国标准出版社，2019.

[40]中华人民共和国公安部. 视频安防监控系统工程设计规范：GB 50395—2007[S]. 北京：中国计划出版社，2007.

[41]中华人民共和国住房和城乡建设部. 钢结构工程施工质量验收标准：GB 50205—2020[S]. 北京：中国计划出版社，2020.

[42]中华人民共和国住房和城乡建设部. 混凝土结构工程施工质量验收规范：GB 50204—2015[S]. 北京：中国建筑工业出版社，2015.

[43]中华人民共和国住房和城乡建设部. 建设工程工程量清单计价规范：GB 50500—2013[S]. 北京：中国计划出版社，2013.

[44]中华人民共和国住房和城乡建设部. 建筑地基基础工程施工质量验收标准：GB 50202—2018[S]. 北京：中国计划出版社，2018.

[45]中华人民共和国住房和城乡建设部. 木结构工程施工质量验收规范：GB 50206—2012[S]. 北京：中国建筑工业出版社，2012.

后　记

　　建筑业作为我国国民经济的支柱产业之一，长期以来为国民经济的发展做出了突出的贡献。特别是进入 21 世纪以后，建筑业发生了巨大的变化，我国的建筑施工技术水平跻身于世界先进行列，在解决重大项目的科研攻关中取得了长足的进步，我国的建筑施工企业已成为发展经济、建设国家的重要的有生力量。

　　然而，随着建筑业市场日新月异的变化以及全球一体化进程的加快，市场竞争日趋激烈，现有的建筑技术、施工科技知识已难以跟上时代的步伐。实践证明，加强对建筑工程施工新技术方面的研究与应用具有重要意义。建筑工程施工新技术的发展，不仅可以解决用传统的施工方法难以解决的很多复杂的技术问题，而且在加快施工进度、降低工程成本、提高工程质量、保证施工安全等方面均起到十分重要的作用。建筑工程施工人员应根据工程具体条件选择科学、合理的施工方案，运用先进的新技术，达到安全、高效、文明施工的目的，最终在建筑工程施工中实现技术与经济的统一。

　　鉴于建设项目的一次性特性，为了减少投资、节能减排和实现建设预期目标、建造符合需求的建筑产品，建筑工程施工项目管理人员必须清醒地认识到建筑工程项目管理在工程建设过程中的重要性。随着建筑行业的不断发展，我国建筑工程项目管理水平得到了较大程度的提升，但其中仍然存在着许多问题，这些问题降低了建筑工程项目建设施工质量的控制标准，甚至还致使建筑工程项目建设在施工阶段出现严重的安全事故。针对这些问题，建筑工程施工项目管理人员需要积极找寻有效措施进行改善，不断提升我国建筑工程项目管理水平，促进我国建筑工程项目建设领域的进一步发展。